高等职业教育测绘地理信息类规划教材

无人机测绘技术

主　编　王冬梅

副主编　万保峰　王　懿　牛鹏涛　陈普智

WUHAN UNIVERSITY PRESS
武汉大学出版社

图书在版编目(CIP)数据

无人机测绘技术/王冬梅主编.—武汉：武汉大学出版社,2020.8(2024.8
重印)
高等职业教育测绘地理信息类规划教材
ISBN 978-7-307-21646-4

Ⅰ.无… Ⅱ.王… Ⅲ.无人驾驶飞机—航空摄影测量—高等学校—教
材 Ⅳ.P231

中国版本图书馆 CIP 数据核字(2020)第 129374 号

责任编辑:王 荣 责任校对:汪欣怡 版式设计:马 佳

出版发行:**武汉大学出版社** (430072 武昌 珞珈山)
(电子邮箱:cbs22@whu.edu.cn 网址:www.wdp.com.cn)
印刷:湖北诚齐印刷股份有限公司
开本:787×1092 1/16 印张:20.5 字数:496 千字 插页:1
版次:2020 年 8 月第 1 版 2024 年 8 月第 5 次印刷
ISBN 978-7-307-21646-4 定价:49.00 元

前　言

　　无人机测绘技术是以航空遥感为基础，利用先进的无人驾驶飞行器技术、遥感传感器技术、遥测遥控技术、通信技术、DGPS 定位技术和 RS 技术，实现自动化、智能化、专业化地应用于应急测绘保障、数字城市建设、国土资源领域、矿山监测、电力工程、环境保护、农林业领域及水利相关领域等方面，具有应用范围广、作业成本低、续航时间长、影像实时传输、高危地区探测、图像精细、机动灵活等优点，是卫星遥感与载人机航空遥感的有力补充，已经成为世界各国争相研究和发展的重要方向。

　　本书在系统归纳无人机测绘基本理论和方法的基础上，对无人机测绘系统结构、无人机飞行基本原理、无人机安全飞行操控、无人机航空摄影测量、像片控制测量、无人机解析空中三角测量、无人机影像 4D 产品生产、无人机倾斜摄影测量、无人机倾斜摄影数据处理的内容与要求、无人机倾斜摄影数据三维实景建模、无人机倾斜摄影数据模型精细化处理、无人机倾斜实景三维模型 DLG 生产及无人机测绘技术的应用等知识进行了深入的探讨与实践总结。本书的主要特色体现在 3 个方面。

　　(1)详细阐明了无人机的测绘系统、飞行原理、安全操控的要求、模拟器的操控、固定翼无人机和多旋翼无人机的安全操控，以及无人机摄影测量生产的整个技术过程，以武汉航天远景科技股份有限公司开发的空三加密软件 HAT 和数字摄影测量 MapMatrix 为平台完成空三加密以及 DEM、DOM 和 DLG 的制作。

　　(2)结合当前国际测绘领域发展起来的一项高新技术——倾斜摄影测量，讲述倾斜摄影测量的作业流程、关键技术、航摄的质量要求、布点及具体工程案例，利用全球最高端全自动高清三维建模软件 ContextCapture 完成无人机倾斜摄影三维实景建模；利用天际航 DP-Modeler 完成无人机倾斜数据模型精细化，利用清华山维 EPS 地理信息工作平台完成无人机倾斜实景三维模型 DLG 生产。

　　(3)在兼顾教学知识的系统性、逻辑性的同时，力求结构严谨、宽而不深、多而不杂，语言简洁、流畅，内容精练、通俗易懂。注重对基本知识、基本技能、基本方法的介绍，注重对航空摄影测量技术能力的培养，符合职业教育规律和高素质技能型人才培养规律，适应教学改革的要求。

　　本书共分 7 章，由王冬梅(黄河水利职业技术学院)担任主编，万保峰、王懿、牛鹏涛和陈普智担任副主编。第 1 章由牛鹏涛(河南工业职业技术学院)编写；第 2 章由万保峰(昆明冶金高等专科学校)编写；第 3 章，第 5 章 5.1 节、5.2 节、5.3 节和第 6 章 6.5 节由王冬梅编写；第 4 章由王懿(黄河水利职业技术学院)编写；第 5 章 5.4 节、5.5 节、5.6 节由朱水琴(河南恒旭力创测绘工程有限公司)编写；第 6 章 6.1 节、6.2 节和 6.3.1 小节、6.3.2 小节由黄继永(河南恒旭力创测绘工程有限公司)编写；第 6 章 6.3.3 小节、6.3.4 小节由张力(河南恒旭力创测绘工程有限公司)编写；第 6 章 6.4 节由杜鹏光(武汉天际航信息科技股份有限公司)编写;第 7 章由陈普智(黄河水利职业技术学院)编写。全书由王冬梅负责统稿、定稿,并对部分章节进行补充和修改。

本书的编写得到全国测绘地理信息职业教育教学指导委员会、武汉大学出版社和武汉航天远景科技股份有限公司的大力支持,同时在编写过程中,很多专家提出了宝贵的意见,为本书的成功出版作了诸多贡献,谨此表示感谢;在写作过程中,笔者参阅了大量的文献资料,在此向文献资料的作者们表示衷心的感谢。

限于笔者的水平,且时间仓促,书中难免有欠妥之处,敬请专家和广大读者不吝指教。

王冬梅

2020 年 5 月

目　　录

第1章 绪 论

【学习目标】 了解无人机的分类和特点，理解无人机的功能和作用。通过对国内外无人机发展情况的学习，结合当前无人机应用领域现状，能够深入理解和把握无人机的发展趋势。初步了解无人机在测绘领域的应用现状，结合已有的摄影测量与遥感相关知识，理解无人机测绘的作业流程。

1.1 无 人 机

1.1.1 认识无人机

1. 无人机的概念

无人机(Unmanned Aerial Vehicles, UAV)，是一种配备数据处理系统、传感器、自动控制系统和无线电通信系统等必要机载设备的不载人飞行器，可通过遥控设备人工干预，也可通过自备程序完全自主控制飞行。无人机技术涉及多个技术领域，包括通信技术、传感器技术、人工智能技术、图像处理技术、模式识别技术和控制理论等。

2. 无人机系统

无人机系统(Unmanned Aircraft System, UAS)，也称无人驾驶航空器系统(Remotely Piloted Aircraft Systems, RPAS)，随着无人机性能的不断发展和完善，无人机系统能够执行复杂任务。常规的无人机系统主要包括飞行器、飞控系统、数据链路、发射与回收等分系统，如图1.1所示。

飞行器系统是执行任务的载体，它携带遥控遥测设备和任务设备，到达目标区域完成要求的任务，包含飞行平台、动力装置(包括能源装置)、电力系统和任务设备等。其中任务设备可完成具体的遥感、拍摄、侦察、校射、电子对抗、通信中继、对目标的攻击和靶机等任务。

飞控系统又称为飞行管理与控制系统，相当于无人机系统的"心脏"部分，对无人机的稳定性和数据传输的可靠性、精确度、实时性等都有重要影响，对无人机飞行性能起决定性的作用。飞控系统的基本任务是当无人机在空中受到干扰时保持飞机姿态与航迹的稳定，以及按地面无线传输指令的要求，改变飞机姿态与航迹，并完成导航计算、遥测数据传送、任务控制与管理等。其中，导航制导分系统的基本任务是控制无人机按照预定的任

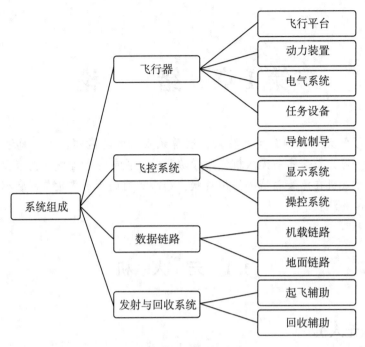

图 1.1 无人机系统组成

务航路飞行，实现导航的基本条件是必须能够确定无人机飞行的实时位置和速度等相关参数信息，制导的任务是确定无人机与目标的相对位置，操纵无人机飞行，在一定的准确度下，引导无人机沿预定的轨迹飞向目标。

数据链路系统可以保证对遥控指令的准确传输，以及无人机接收、发送信息的实时性和可靠性，以保证信息反馈的及时有效性并顺利、准确地完成任务。

发射与回收系统是指与发射(起飞)和回收(着陆)有关的设备或装置，可确保无人机顺利升空以达到安全的高度和飞行速度，在执行任务后从天空安全回落到地面。发射与回收系统包括如发射车、发射箱、助推器、起落架、回收伞、拦阻网等装备。

1.1.2 无人机的分类

无人机的飞速发展，形成了种类繁多、形态各异、丰富多彩的现代无人机家族，而且新概念还在不断涌现，创新的广度和深度也在不断加大，所以对于无人机的分类尚无统一、明确的标准。传统的分类方法中有按重量、大小分类的，也有按照航程、航时分类的，或是按照用途、飞行方式、飞行速度等分类的。本书将已有的各种分类方法整理、归纳如下，并尝试分析每种分类方法的局限。

1. 按照用途分类

按照无人机所能担负的任务或功能分类是一种最容易理解的分类。根据无人机所能承担的任务，可将无人机分为军用无人机和民用无人机。其中，军用无人机又可分为靶机、无人侦察机、通信中继无人机、诱饵(假目标)无人机、火炮校射无人机、反辐射无人机、电子干扰无人机、特种无人机、对地攻击无人机、无人作战飞机等。民用无人机涉及行业广泛,用途多样,如影视制作、农业、地产、新闻、消防、救援、能源、遥感测绘、野生动物保护等。因此分类更加精细。按照用途分类的方法突出的是无人机的任务特性,分类明显细致,但是这种分类过度依赖无人机平台搭载的任务载荷,存在同一无人机搭载不同荷载即归属不同分类的问题。

2. 按照尺度及重量分类

按照飞行平台的大小、重量,可以将无人机分为大型、中型、小型和微型无人机。其中,往往将起飞重量大于500kg的称为大型无人机,200~500kg之间的称为中型无人机,小于200kg的称为小型无人机。这种分类的最大局限在于难以适应无人机装备的最新发展。随着现代无人机技术的快速发展,一些大型无人机的起飞重量已达数吨以上,而一些仍被视作中小型战术无人机的起飞重量也突破了500kg的限制。另外,对于微型无人机,美国国防高级研究计划局(DARPA)的定义则是:翼展在15cm以下的无人机。微型无人机的诞生也引发了一系列关于微型无人机飞行机理、自主控制、制导导航、任务载荷、作战使用等方面的新问题。

3. 按照飞行方式分类

按照无人机的飞行方式或飞行原理,可将无人机分为固定翼无人机、旋翼无人机(单旋翼和多旋翼)、扑翼无人机、动力飞艇、临近空间无人机、空天无人机等,如图1.2所示。其中的新概念是"扑翼无人机",它是像昆虫和鸟一样通过拍打、扑动机翼来产生升力以进行飞行的一种飞行器,更适合于微小型飞行器。这种分类的局限主要在于仅突出了

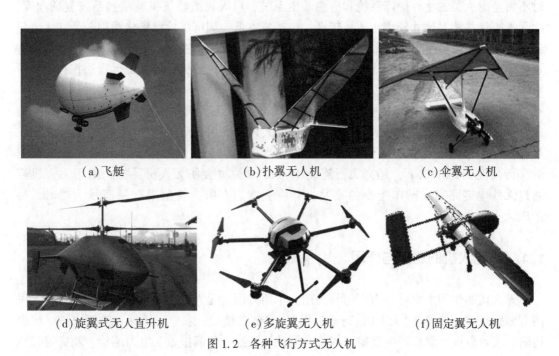

(a)飞艇   (b)扑翼无人机   (c)伞翼无人机

(d)旋翼式无人直升机   (e)多旋翼无人机   (f)固定翼无人机

图1.2 各种飞行方式无人机

平台的飞行原理，而不能反映使用方面的特性要求。另外，微型的固定翼无人机与稍大一些的无人机的飞行机理也有较大差别。临近空间无人机是指在临近空间飞行和完成任务的无人机，由于临近空间空气稀薄，无人机在其中巡航飞行必须采用新的飞行机理。空天无人机则是可在航空空间与航天空间跨越飞行的无人机，其飞行机理体现了航空航天技术的融合创新。

4. 按照活动半径分类

按照无人机单次飞行可活动半径，可将无人机分为超近程无人机、近程无人机、短程无人机、中程无人机和远程无人机。

超近程无人机活动半径在 15km 以内，近程无人机活动半径在 15~50km，短程无人机活动半径在 50~200km，中程无人机活动半径在 200~800km，远程无人机活动半径大于 800km。

5. 按照任务高度分类

按照任务高度，无人机可以分为超低空无人机、低空无人机、中空无人机、高空无人机和超高空无人机。超低空无人机任务高度一般在 0~100m，低空无人机任务高度一般在 100~1000m，中空无人机任务高度一般在 1000~7000m，高空无人机任务高度一般在 7000m~18km，超高空无人机任务高度一般大于 18km。

1.1.3　无人机的特点

由于无人机不需要飞行驾驶人员，可最大限度地保障人的生命安全，且在无人机设计时不需考虑人员的生存保障系统和应急救生系统，可大幅减轻飞机重量和系统复杂程度，故无人机往往相对尺寸较小，质量较轻，生产成本低，训练、检测维修费用较低；无人机还无需考虑驾驶员生理条件限制，因此又具有工作强度大、生存能力强、机动性能好的特点；无人机对起降场地的条件要求不高，通过无线电遥控或机载计算机远程遥控技术还可以实现定点起降，操作便捷，容易上手。

但是无人机也具有其相应的缺点，主要表现为：无人机体积小、动力小，客观上造成了其飞行速度慢、抗风抗气流能力差，在大风天气和乱流环境中飞行，无人机往往难以保持平稳的飞行姿态；而且无人机的飞行高度也受温度的限制，导致无人机普遍的飞行高度在 3km 以下，超高飞行连续 10~15 分钟将会使无人机受损；由于无人机需通过无线电链路完成操作指令的收发，其应变能力有限，甚至当有强信号干扰时，易造成无人机失联。

1.1.4　无人机的功能与作用

无人机的作用主要可分为军用与民用。军用方面，无人机主要用作侦察机和靶机。民用方面则更多地体现在"无人机+行业应用"，目前在航拍、农业、植保、微型自拍、快递运输、灾难救援、观察野生动物、传染病监控、测绘、新闻报道、电力巡检、救灾等领域的应用，大大拓展了无人机本身的用途，促使各个国家均在积极发展无人机技术并拓展行业应用。下面结合常见的无人机行业应用场景介绍其功能与作用。

1. 电力巡检工作

随着经济的不断发展，社会电力需求量日益增大，电网规模与复杂程度急剧上升，尤其是较多的架空输电线路覆盖范围区域广、穿越区域地形复杂、自然环境恶劣，人工定期电力巡检工作的难度急剧增加，也增加了电网事故的发生率。无人机集成定位系统并装配高清数码摄像机或照相机，可沿电网进行定位自主巡航，通过实时传送拍摄影像，监控人员可在地面控制中心同步查看与操控。无人机电力巡检通过集成多种传感器，可实现电力线路安全巡检工作高效和全自动智能化开展，提高了电力线路巡检的工作效率。尤其是在山洪暴发、地震灾害等紧急情况下，无人机可突破地面道路限制，快速前往勘测并紧急排查问题，帮助迅速恢复供电，提升了应急抢险水平和供电可靠度。

2. 农业监测工作

无人机通过集成高清数码相机、光谱分析仪、热红外传感器等装置对农田等飞行观测，可准确测算对应地块的农作物种植面积，还可通过所采集数据来评估农作物风险情况，甚至为受灾农田定损。如早在 2015 年，我国科学家利用无人机监测植物叶面积、株高等植被指数，并完成了特定区域的植物分布调查和产量预测。再如在 2018 年，国外有人基于无人机遥感的方法，检测了葡萄园中的害虫，提高了现有监测途径(人工检查和捕虫器)的效率。这些表明无人机遥感技术在监测农业产量、作物管理和病虫害防治等都具有重要的应用。

3. 环保监测治理

无人机在环保领域通过观测空气、土壤、植被和水质状况，可以实时快速跟踪和监测突发环境污染事件的发展。无人机在环保监测方面的应用大致可分为：水体监测、大气监测、排污监测取证、环境治理等。在水体监测方面，传统的水体取样方法效率低、风险大、成本高。无人机通过搭载取水模块，结合地面站系统可以在多个指定水域进行水体取样，安全高效；在大气监测方面，使用无人机搭载空气监测设备，可对高空垂直断面大气污染情况进行立体监测，还可以通过集成摄像、大气监测系统实现对大气数据检测装置微型化、高精度、高实时性的要求；排污监测方面，环境监测部门利用搭载了采集与分析设备的无人机在特定区域巡航，监测企业工厂的废气与废水排放，寻找污染源，提高了执法效率，甚至可实现夜间监测与执法；环境治理方面，利用携带了催化剂和气象探测设备的柔翼无人机在空中进行喷撒，与无人机播撒农药的工作原理一样，可在一定区域内消除雾霾。

4. 影视拍摄工作

2018 年 9 月，世界海关组织协调制度委员会(HSC)第 62 次会议作出了对中国无人机产品有利的决定，将无人机归类为"会飞的照相机"，为此类商品进入欧洲等市场尤其是影视市场扫除了部分障碍，受到了欧美影视业的普遍关注和好评。这主要是因为无人机在近年来的影视拍摄中起着"中流砥柱"的作用。无人机可以突破重重障碍深度参与影视拍摄环节，能多角度地展示拍摄素材，丰富镜头素材，满足人们对影视作品的期待，以致无人机在影视大片如《阿凡达》《变形金刚》中频频亮相。2019 年，我国科幻大片《流浪地球》在国际上名声大震，其中无人机在执行救援行动的环节尤为亮眼，引发观众的关注。

5. 街景全景拍摄

无人机+全景技术是目前全球范围内迅速发展并逐步流行的一种视觉新技术。无人机加载鱼眼镜头的拍摄视角可达到 180°，景深可达无限远，使被摄体在画面中显示出非常鲜明的纵深效果，再利用软件合成处理，发布为 3D 全景文件，制作街景真实场景，与传统的虚拟现实相比更具真实感。它可以实现全新的真实现场感和交互式的感受，目前已经广泛应用于三维电子商务，如在线房地产楼盘展示、虚拟旅游、虚拟教育等领域。

6. 无人机快递

利用无线电遥控设备和自备的程序控制装置操纵无人驾驶的低空飞行器运载包裹，自动送达目的地，其优点主要在于解决偏远地区的配送问题，提高配送效率，同时减少人力成本。2020 年新冠疫情期间，湖北武汉的快递企业用无人机把医疗防疫物资成功地降落在武汉金银潭医院，证明了无人机在交通限行、封闭管理等情况下进行物流运输的独特优势。早在 2013 年 6 月，美国 Matter Net 公司在海地和多米尼加共和国测试了无人机网络。2013 年 9 月，我国顺丰快递公司自主研发的用于派送快件的无人机完成了内部测试，在局部地区试运行。2014—2015 年，亚马逊、UPS、谷歌、DHL 和菜鸟快递等公司均推出各自的快递无人机。2016 年 9 月，国内初创公司与中国邮政浙江公司联合开通了中国第一条无人机快递邮路。2019 年 4 月，美国联邦航空局宣布，向谷歌母公司"字母表"旗下的无人机配送公司"翼航空"发放美国首个无人机配送许可。

7. 灾后救援工作

我国每年因自然灾害、事故灾害和社会安全事件等突发性公共事件造成的人员伤亡逾百万，经济损失高达数千亿元。[①] 而且在未来很长一段时间内都将面临突发性公共事件所带来的严峻考验。从自然角度来看，我国也是世界上受自然灾害影响最为严重的国家之一，灾害种类多、灾害发生频度高、损失严重。无人机通过空中监测、空中转信、空中喊话、灾后现场数据采集等方式参加灾后紧急救援，具有机动性能好、响应快速的特点，在处理自然灾害、事故灾难以及社会安全事件等方面能发挥重要作用。同时，无人机能够携带一些重要的设备从空中完成特殊任务，如搭载生命探测仪帮助搜寻生命迹象，使救援队伍更迅速、安全地采取救援行动；投递救援物资，为偏远地区运送医疗用品、食品和其他材料，帮助无法通行地区的群众及时获得救援物资。

---

① 刘磊，刘津，翟永，等. 国家应急测绘调度系统设计[J]. 测绘通报，2019(9)：135-138，146.

1.1.5 无人机发展现状与发展趋势

1. 国外无人机发展现状

当前，在无人机研制与生产领域占据领先位置的西方国家依然是美国，其应用主要集中在军事方面，美军目前拥有用于各指挥层次(从高级司令部到基础作战单位)的全系列无人机。许多无人机可以携带制导武器(炸弹、导弹)、目标指示和火力校射装置。最著名的是"火蜂"(Fire Bee)系列、"捕食者"(Predator)可复用无人机以及全球最大的无人机——"全球鹰"(Global Hawk RQ-4)，另外，"影子200"(RQ-7)低空无人机、"扫描鹰"(Scan Eagle)小型无人机、"火力侦察兵"(Fire Scout，RQ-8A)无人直升机等的应用也较为广泛。

2. 我国无人机发展现状

2010年起，无人机消费级市场逐渐打开，以成立于2006年的深圳市大疆创新科技有限公司为代表的相关企业凭借无人飞行器控制系统及无人机解决方案的研发优势，通过不断革新技术和产品，开启了全球"天地一体"影像新时代，在多个领域，重塑了人们的生产和生活方式，其产品迅速占领全球市场。在多旋翼无人机领域，大疆创新、科比特、飞马机器人、极飞科技、中海达、易瓦特等公司均有不错的成绩，尤其是大疆创新凭借其技术、人才、规模优势占据了全球超过70%的市场份额，呈现一家独大的局面。

当前，我国的无人机事业走过了一条具有中国特色的发展道路，随着世界新技术革命的深入，无人机技术领域的发展也愈来愈迅速。中国的无人机事业还要乘胜前进，继续赶超，以期更好地为国防建设和国民经济建设服务。

3. 无人机发展趋势

1)提升无人机安全性能

无人机技术已经在我国国防安全和国民经济建设领域发挥着十分重要的作用。而随着无人机执行任务的复杂程度不断提升，反无人机技术、干扰对抗技术不断发展，提高无人机安全性能，能够应对各类干扰、对抗和故障，适应复杂任务环境，显得尤为重要。目前，多源干扰和各类故障是导致无人机安全事故的主要因素，无人机元器件较多、工况复杂多变、系统动态跨域较大，在复杂高对抗环境中极易出现无人机结构受损、航电设备受扰(信号屏蔽、信道堵塞、信息欺骗)和失灵等状况，造成无人机控制性能退化甚至失稳，极大地限制了无人机的应用环境、应用对象和应用领域。这也是近年来无人机事故日益增多，安全问题日益凸显的"蛀牙"原因。例如，2018年5月，由于导航部件受到通信干扰，西安1374架无人机编队在表演时发生大面积坠落事故。无人机难以快速适应复杂环境，给现有的无人机控制理论方法和系统技术提出了巨大的挑战。同时由于无人机控制技术属于欧美出口管制技术，无人机安全控制已成为制约我国无人机发展的"卡脖子"技术。因此创新解决无人机安全问题的控制理论和控制方法已经刻不容缓。未来无人机的干扰估计、故障诊断、抗干扰控制、容错控制、任务重构等控制理论将成为研究热点，与之匹配的算法及控制软件、芯片、系统的研制工作也将受到广泛关注，以解决各类行业需求和工程实践中无人机的安全问题。

2）增强无人机互适应性能

随着无人机和各相关技术的发展，需要共享信息、数据、传感器的无人系统平台越来越多，可以预见的是各类无人机系统的多样性将在未来呈指数增长。传统无人机系统往往采用加密信道和专有接口，是典型的封闭系统，这不利于各类系统之间的相互连接，形成合力。以美国军方为代表的无人机应用平台正探索采用开放式系统结构，包括一系列相关原则、步骤和做法，以达到无人机系统性能整体优化的目的。

3）提升无人机自主性能

当前，无人机系统与人工智能技术的发展突飞猛进，运用广泛，这为无人机自主性能的提升创造了条件。如人工智能技术可以为无人机在高动态环境中实时处理大量数据提供解决方案。通过与人工智能、机器训练和自主学习等技术相结合，使无人机能够在复杂多变的环境中具有足够的感知能力和判断能力，在遵循预先规则和策略的基础上，通过自主选择实现人为导向目标，越来越趋向于内部控制，进而可以充分发挥无人机在各行各业的应用潜力。

4）优化无人机动力性能

美国在《无人机系统路线图（2005—2030）》中指出，"推进动力技术和处理器技术是无人机的两大关键技术"。当前中小型无人机动力以常规内燃机动力、电池和混合动力为主要方式，但随着蜂群理论的提出，无人机开始向着微型化发展，对无人机动力装置提出了更高要求。美军空军科学研究办公室和密歇根大学均正在开展以太阳能等可再生能源作为动力的无人机项目，尝试通过新型材料、能量传输和能量存储等技术上的融合与突破，为无人机提供更长巡航时间。这种以可再生能源作为动力的无人机，可以更少地依赖后勤补给系统，更加符合未来各类应用的要求。

5）实现无人机集群能力

所谓"集群"（Swarm），是受到自然现象启发，指蜜蜂、蚂蚁、鸟群、狼群、鱼群、菌群等大量的低/非智能个体，依据个体规则，在组成群体后涌现出异常复杂的集群智能行为。目前，集群在不同领域有不同的内涵，如计算机集群、产业集群、无人集群等，并没有一个统一定义，但总体上表示由一定数量个体组成的有机整体，是从系统观点出发的一个概念。集群并不是单纯的数量叠加，"一群"并不等于"集群"，集群强调的是"有机"整体，本质区别在于个体之间是否存在沟通和协作。因此，实现无人机由一定数量的独立个体通过相互关联、互相协作形成有机整体，在宏观层面涌现出集群智能（Swarm Inteligence，SI），从而具备更高级、多样化的功能，能够完成更加综合、复杂的任务。

1.2　无人机测绘

1.2.1　无人机测绘的定义

无人机测绘是以无人驾驶飞机作为空中平台，以机载测绘遥感设备，如高分辨率

CCD 数码相机、轻型光学相机、红外扫描仪、激光扫描仪、磁测仪等为载体获取地面空间信息，用计算机对图像信息进行处理，并按照一定精度要求制作成 DEM、DOM、DLG 和数字三维模型等测绘产品。

无人机测绘系统在设计和优化组合方面具有突出的特点，全面集成了高空拍摄、遥控、遥测技术、视频影像微波传输和计算机影像信息处理的新型应用技术。使用无人机进行小区域遥感测绘，已在实践中取得了明显的成效，在国家经济发展和建设发展应用方面积累了一定的经验。

1.2.2 无人机测绘的特点

无人机测绘是传统航空摄影测量手段的有力补充，具有机动灵活、高效快速、精细准确、分辨率高、作业成本低、适用范围广、生产周期短等特点，在小区域和飞行困难地区具有成像分辨率高、获取影像快速等优势。随着无人机及数码相机等传感器技术的发展，基于无人机平台的测绘技术已显示出其独特的优势：无人机与航空摄影测量相结合使得"无人机数字低空遥感"成为航空遥感测绘领域的一个崭新发展方向，无人机测绘成果可广泛应用于国家重大工程建设、灾害应急与处理、国土监察、资源开发、新农村和小城镇建设等方面，尤其在基础测绘、土地资源调查监测、土地利用动态监测、数字城市建设和应急救灾测绘数据获取等方面具有广阔应用前景。

（1）无人机测绘具有快速航测反应能力。无人机应用于测绘工作具有低空飞行，空域申请便利，受气候条件影响较小的优势。无人机对起降场地的要求限制较小，可通过一段较为平整的路面实现起降，在获取航拍影像时不用考虑飞行员的飞行安全，对获取数据时的地理空域以及气象条件要求较低，能够解决人工探测无法达到的地区监测功能。升空准备时间短、操作简单、运输便利。车载系统可迅速到达作业区附近设站，根据任务要求每天可获取数十平方千米至两百平方千米的测绘结果。

（2）无人机测绘具有高时效性和性价比。传统高分辨率卫星遥感测绘数据一般会面临两个问题，第一是数据时效性差；第二是编程拍摄虽然可以得到最新影像，但一般时间较长，时效性相对也不高。无人机测绘则可以很好地解决这一难题，工作组可随时出发，随时拍摄，相比卫星和载人机测绘，可做到短时间内快速完成，及时提供用户所需成果，且价格具有相当的优势。相比人工测绘，无人机每天至少几十平方千米的作业效率必将成为今后小范围测绘的发展趋势。

（3）无人机测绘可补充常规空天测绘缺陷。我们国家面积辽阔，地形和气候复杂，很多区域常年受积雪、云层等因素影响，导致卫星遥感数据的采集有一定限制。传统的大飞机航飞又有其他限制，如航高往往大于 5km 等。以上限制导致传统空天测绘难免存在云层等影响，妨碍成图质量。而无人机测绘工作不受航高限制，成像质量、精度都远远高于大飞机航拍。

（4）无人机测绘具有地表数据快速获取和建模能力。无人机携带的数码相机、数字彩色航摄相机、倾斜摄影相机等设备可快速获取地表信息，获取超高分辨率数字影像和高精度定位数据，生成 DEM、三维正射影像图、三维景观模型、三维地表模型等二维、三维可视化数据，便于进行各类环境下应用系统的开发和应用。

当然，无人机测绘也具有一定的缺点，即受无人机本身性能的限制和飞行环境的复杂性影响，无人机测绘具有数据幅宽较小、数据量巨大、重叠度不规则、相机畸变大、导航定位与姿态测量系统(Position and Orientation System，POS)信息不够精确等问题。无人机测绘的这些特点，给传统测绘技术带来了新机遇和新挑战，因此我们必须针对无人机测绘的特点在技术和方法上有所突破和创新。

1.2.3　无人机测绘的作业流程

无人机测绘一般采用"先内后外"的作业方法，在测区概况和已有资料收集完成之后，依照工程项目的技术要求，进行航线规划并设计出航飞参数，在良好的外部条件下完成飞行，利用专业的数据处理软件完成数字测绘产品的制作。如图 1.3 所示，以常规无人机DOM 生产为例，说明无人机测绘的作业流程。

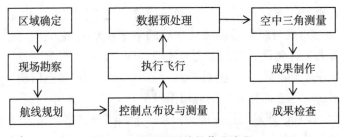

图 1.3　无人机测绘的作业流程

1. 区域确定

区域确定需要提供测绘区域矩形四角 WGS-84 坐标。

2. 现场勘察

通过现场勘察，了解测绘作业环境及地形情况，拟定起降场地。同时需要结合勘察情况选择无人机及相机，选择无人机时应当充分考虑无人机的续航和有效荷载情况，相机的选择主要考虑焦距、像元尺寸、像幅大小、芯片处理速度和镜头质量等因素。最后综合以上情况，提前完成空域申请。

3. 航线规划

按照规范要求，无人机航线规划时应考虑飞行方向、航高、飞行架次与重叠度等参数。其中，航高设计应当充分顾及地形起伏、飞行安全和影像的有效分辨率等因素；重叠度则包括航向重叠度和旁向重叠。另外，在航线的规划阶段应当考虑区域特殊天气因素的影响。

4. 控制点布设和测量

无人机测绘作业前应当进行外业控制测量，主要分为基础控制测量和像片控制点联测，前者保证了后续补测和检查测量具有统一的数学基础，后者提高了测绘工作的数学精度。在日常作业中，控制点分为平面控制点、高程控制点和平高控制点，控制点的布设应满足技术指标要求，可根据测区内已有的高等级控制点的分布情况适当加密地面控制点。地面控制点一般要均匀布设，在地形较为复杂或成图精度高的摄影区域，应尽量选择全野外布点方式，便于提高成图精度。测区边角区域加密，大面积纹理区域如水域、森林、农田等边界处需加密。地面控制点标记形状一般有三角标、圆形标、十字标、L 形标等，标志颜色一般建议蓝色和白色。

5. 执行飞行

由无人机搭载相应的测绘组件，依照设计好的飞行参数完成测区的飞行和数据采集。主要内容有：设备地面展开、飞行前设备检查、启动动力设备、飞机起飞、到达作业空域开展作业、返回降落等。在执行野外飞行的过程中，应确保无人机的运输和飞行安全。

6. 数据预处理与空中三角测量

数据预处理是通过成片数量、航摄范围、图像质量检查后，将获取的合格影像、相机参数和 POS 资料导入处理软件中，对获取的影像做预处理，包括畸变差改正、Wallis 滤波变换等。空中三角测量是通过记录相机在曝光瞬间的位置姿态 POS，用三个角元素和线元素来表达，通过影像的内方位元素、同名像点坐标和相对的外方位元素解算地面点坐标。

7. 成果制作

通过相应测绘软件的处理，生成 4D 产品。以 DOM 制作为例，其主要流程有根据空三加密成果生成粗 DEM，再完成数字微分纠正、正射影像镶嵌与匀色、DOM 裁剪与检查等。

1.2.4　无人机测绘的应用

1. 无人机倾斜摄影测量

无人机倾斜摄影测量技术是通过在同一飞行平台上搭载多台传感器，同时从多个角度采集地面影像，获取地面物体更完整、准确的信息，利用计算机视觉原理自动识别匹配同名点，生成三维密集点云，在点云的基础上构建不规则三角网(TIN)，结合影像 POS 数据以及地面控制点数据完成三维重构。该技术已经成为当前测绘技术的一个新的应用方向，得到了广泛的研究和应用。

倾斜影像重叠度高、偏角大、基高比小，这些问题给影像匹配、定向与空三等内业处理带来了一系列的挑战，多视影像的密集匹配、空中三角测量是倾斜摄影的关键技术。倾斜摄影测量多采用无人机飞行平台，无人机成本低、体积小、飞行高度较低，因此可获得更高分辨率的地面影像，得到更细致的地表纹理，有助于提高倾斜模型质量。目前倾斜摄影测量作业常见的无人机有大疆 M600、大疆精灵 4Pro 等。主流的倾斜摄影实景建模软件有美国的 ContextCapture、Skyline 公司的 Photo Mesh，法国 Astrium 公司的 Street Factory，瑞士的 Pix4D Mapper，我国天际航 DP-Modeler 和清华山维 EPS 地理信息工作站等。

2. 无人机土地确权测量

　　无人机测绘使用成本低、反应迅速、场地限制小、操作简便，自 2012 年前后在农村土地确权中得到广泛应用，并取得了令人瞩目的研究成果。2014 年蚌埠市勘测设计院为了确保质量、按时完成凤阳县农村土地承包经营权确权登记发证第二标段工作，采用无人机测绘技术，进行农村土地承包经营权确权，通过数据处理、外业指界标绘、调查底图制作、质量控制、结果分析等步骤，获取工作区内每一块农村承包土地的面积、权属和分布等信息。通过对比分析无人机测绘技术获得的成果与传统方式得到的成果，其在效率和精度方面具有很大优势，建议普遍推广。当前无人机土地确权工作得到了行业的广泛认可和应用。

3. 无人机应急测绘

　　一直以来，地震、山洪、泥石流及诸多突发次生灾害对人类的居住环境造成了巨大的破坏，严重威胁人民的生命财产安全。重大灾害发生后，第一时间获取准确的灾后影像地图，是了解灾情信息、指导救援的关键。2017 年修订的《中华人民共和国测绘法》第二十五条规定，县级以上人民政府测绘地理信息主管部门应当根据突发事件应对工作需要，及时提供地图、基础地理信息数据等测绘成果，做好遥感监测、导航定位等应急测绘保障工作。

　　2017 年 6 月 24 日，四川阿坝藏族羌族自治州茂县叠溪镇新磨村突发山体高位垮塌，当地测绘地理信息主管部门立即组织开展测绘应急保障服务，同日第一时间利用无人机获取了灾后影像，开展灾情研判和统计分析等工作，并全程提供地理信息技术保障。可见，无人机测绘技术从成熟的常规测绘保障服务，提升为国家应急测绘保障能力建设的重要手段之一。

4. 无人机海洋测绘

　　以海岛岸线测绘为例，海岛岸线是海岛面积量算的依据，也是海岛地形测量的重要要素，国家相关规范规定海岸线是以平均大潮高潮（Mean Higher High Water，MHHW）所形成的实际痕迹线进行测绘。然而，痕迹岸线高程不一致的现象普遍存在，如我国东部沿海地区的一些海岛，痕迹岸线的高程不符值高达 2m，有些甚至达到 3～5m。在实际应用中，通常将最接近海岸线理论定义的"痕迹线"作为海岸线。鉴于测绘学对地形要素几何和物理意义准确、唯一表示的要求，有学者建议将岸线定义为平均大潮高潮线；还有学者提出将海岸线修订为平均大潮高潮面或回归潮平均高潮位与海岸的交线更加科学。基于潮汐模型推算岸线，从机理上符合岸线的定义，也利于与无人机测绘等现代测绘技术相适应。

　　传统岸线提取的方法和技术，主要有实地量法和遥感影像获取法两种，传统方法需要进行大量的野外作业，效率低、周期长、劳动强度大、易受人为因素的影响。而且，遥感影像上获取的海岸线多为影像过境时的瞬时水边线，而非真正意义上的岸线。

　　无人机机载激光雷达（LiDAR）能够快速、准确地获取地表高密度、高精度的点云数据，已成为海岸线测绘的新技术和新手段。不少国内学者先后开展了基于无人机机载激光雷达(LiDAR)点云数据结合潮汐模型的岸线提取方法研究，取得了较好的效果。另外，利用高分辨率无人机影像密集匹配获取的 DSM(Digital Surface Model，数字地表模型)点云数据密度可达到像素级，引入控制点后，点云模型的地理精度可达到厘米级。将无人机影像 DSM 点云用于海岛、海岸线的提取，既实现了对无人机遥感数据成果的充分利用，又降低了点云数据获取的成本，对面积较小、分布零散的海岛区域进行岸线提取具有重要的实际应用价值。

5. 无人机矿山测量

随着测绘技术的进步，矿山测量的方法也在逐步优化，方法越来越多，精度也越来越高。传统矿山测绘采用最多的是全站仪以及 RTK(Real Fime Kinematic，实时动态)动态测量技术，这种技术自动化程度较高，在一定程度上提高了矿山测绘的精度和效率。但是这种传统测绘技术均是单点接触式测量，对于矿区中一些比较陡峭、大坡度的区域，以及深沟区域，测绘人员往往无法到达，并且存在测量安全隐患。人工单点测绘方式不但增大了劳动强度，还降低了工作效率。无人机矿山测量技术的引入，一方面降低了工作人员进入矿坑区域的工作时间，提高了测绘人员的安全性。另一方面能确保得到矿区全面完整的三维高精度数据信息。

无人机矿山测绘技术以无人机为飞行载体，搭载可以进行高空拍摄、遥控遥测、视频影像微波传输等不同功能的传感器，获取测绘区域的影像信息，然后利用影像处理技术对这些数据信息进行高精度的分析；通过对坐标数据的精确匹配，甚至可以直接将影像信息导入后处理软件进行三维实景模型重建，从而得到测区的三维实景模型，最后利用三维实景模型直接提取测区的地理信息，结合地面实际测量平面位置、高程位置坐标的对比分析，合理控制误差，从而实现调查、监测矿山的目的。

6. 无人机工程测量

随着无人机技术的不断发展和使用，无人机测绘技术得到了很大的发展，应用到工程测量的技术也越来越多。以土石方的测量和计算工作为例，传统的测量方式包括签证记录、RTK 测量，但签证记录可信度存在不确定因素，RTK 测量耗时较长，而运用无人机测绘建模的方法测算土方量，拥有现场采集数据耗时短、可操作性强、投入较低等特点。在道路工程地形测绘方面，传统点对点的道路地形测绘虽然能够准确表达离散特征点的三维信息，但是随着道路工程日益复杂化，道路工程在设计、施工、拆迁补偿等工作需要大量数据去支撑，传统的道路地形测绘在效率和数据上无法满足道路工程的需求。无人机测绘技术能够快速全面获取道路及周围建筑物的综合信息，可满足道路工程在测量成果上的需求，在时效性和效率方面优势明显。

【习题与思考题】

1. 无人机的分类方式有哪些？不同的分类方式的局限和优势是什么？
2. 简述无人机系统的组成和各分系统的功能。
3. 请结合自己搜集和整理的相关信息，谈一谈国内外无人机发展中有哪些里程碑式的事件？

4. 什么是无人机测绘？无人机测绘的优势是什么？

5. 无人机测绘的作业流程是什么？和传统的摄影测量与遥感有什么异同？

6. 请结合自己前期所学内容，谈一谈传统测绘技术手段有哪些可以使用无人机而得以优化？

第2章　无人机测绘系统

【学习目标】　学习本章，应该掌握无人机测绘系统的组成；理解无人机测绘系统中无人驾驶飞行平台、任务载荷、飞行控制系统的分类及构成；了解无人机数据链、动力系统、发射与回收系统的结构组成。

无人机测绘系统一般由无人驾驶飞行平台、任务载荷、飞行控制系统、地面控制系统、无人机数据链、定位定向与动力系统、发射与回收系统等几部分组成，大白Ⅱ型无人机测绘系统组成如图2.1所示。

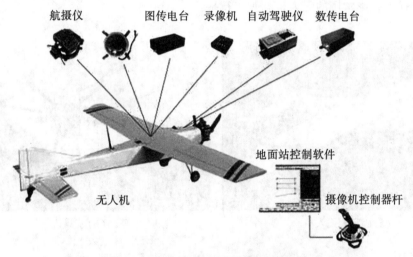

图2.1　大白Ⅱ型无人机测绘系统组成

在无人机执行测绘任务时，地面监控人员可利用地面站对其进行操控。当无人机飞临任务区，收集到遥感图像数据后，可由数据链路直接将数据传送到地面用户终端，也可不回传，记录在机上存储卡内。如果用户有了新的任务请求，可随时通知地面控制站，由地面监控人员修改指令改变无人机的飞行航线以完成新的任务。

2.1　无人驾驶飞行平台

飞行平台即无人机本身，是搭载测绘航空摄影、遥感传感器等设备的载体，是无人机摄影系统的平台保障。根据2010年10月发布实施的《低空数字航空摄影规范》（CH/Z

3005—2010），对测绘无人机平台有以下通用要求。

（1）飞行高度。相对航高一般不超过 1.5km，最高不超过 2km。满足平原、丘陵等地区使用的无人机平台的升限应不小于海拔 3km，满足高山地、高原等地区使用的无人机平台升限应不小于海拔 6km。

（2）续航能力。执行测绘任务的无人机平台的续航时间一般须大于 1.5 小时。

（3）抗风能力。执行测绘任务的无人机平台应具备 4 级风力气象条件下安全飞行的能力。

（4）飞行速度。无人机平台执行测绘任务时的巡航速度一般不超过 120km/h，最快不超过 160 km/h。

（5）稳定控制。执行测绘任务的无人机平台应能实现飞行姿态、飞行高度、飞行速度的稳定控制。

（6）起降性能。执行测绘任务的无人机平台应具备不依赖机场起降的能力，在起降困难地区使用时，无人机平台应具有手抛获弹射起飞能力和具备撞网回收或伞降功能。

2010 年前后用于测绘行业的无人机系统主要是固定翼无人机，随着旋翼机技术的发展，目前应用于测绘的无人机驾驶飞行平台主要有固定翼无人机、旋翼机和飞艇等。图 2.2 是测绘航空摄影常用的无人机驾驶飞行平台。

（a）固定翼无人机　　　　　　　　　　　　（b）旋翼机

（c）飞艇

图 2.2 测绘航空摄影常用的无人机驾驶飞行平台

2.1.1 固定翼无人机

固定翼无人机通过动力系统和机翼滑行实现起降和飞行，遥控飞行和程控飞行均容易实现，抗风能力也比较强，是类型最多、应用最广泛的无人驾驶飞行器，其发展趋势是微型化和长航时。固定翼无人机具有结构简单、加工维修方便、安全性好、机动性强等特点，但是其起降要求场地空旷、视野好，在起降场地受限时无法发挥作用。目前微型化的固定翼无人机只有手掌大小，长航时固定翼无人机的体积一般比较大，续航时间可达到10小时，可同时搭载多种遥感传感器，起飞方式有滑跑、弹射、车载、火箭助推等，降落方式有滑降、伞降、撞网回收等。固定翼无人机适合大面积的测绘任务。常见的固定翼无人机如图2.3所示。

（a）大白油动无人机

（b）大橙油动无人机

（c）智能鸟KC1600电动无人机

（d）垂直起降固定翼无人机

图2.3　常见固定翼无人机

1. 起飞方式

固定翼无人机的起飞方式主要有滑跑起飞、弹射起飞、垂直起飞三种方式。滑跑起飞要求有一定距离较为平坦的滑跑场地。弹射起飞也要求场地周围视野开阔。垂直起飞对场地要求比较低，近年来垂直起降固定翼无人机比较畅销。

2. 着陆方式

固定翼无人机着陆方式有伞降和滑降、撞网回收等。

伞降时,容易受到风速影响,场地要平坦、开阔,降落方向一定距离内无突出障碍物、空中管线、高大树木及无线电设施,以避免与无人机相撞。若风速较大,应逆风降落。如果没有合适的降落场地,可以充分利用无人机本身的起落架的高度,选择在田地降落,特别注意不能在有水的地方降落,搭载设备电子器件进水将无法使用。

滑降时,由于飞机起落架没有刹车装置,导致降落滑跑距离长,在狭窄空间着陆,由于尾轮转向效率较低,或是受到不利风向、风力和低品质跑道的影响,滑降过程中飞机容易跑偏,发生剐蹭事故,损伤机体,甚至损伤机体内设备。

撞网回收适合小型固定翼无人机在狭窄场地或者舰船上实现定点回收。垂直起降固定翼无人机体积小巧、机动灵活,不需要专用跑道起降,受天气和空域管制的影响小,性价比高,运作方便,在越来越多的领域得到重要应用。

2.1.2　多旋翼无人机

多旋翼无人机具有良好的飞行稳定性,对起飞场地要求不高,适用于起降空间狭小、任务环境复杂的场合,具备人工遥控、定点悬停、航线飞行等多种飞行模式,在城市大型活动应急保障、灾害应急救援中具有明显的技术优势。主要不足是续航时间较短。常见的多旋翼无人机有四旋翼、六旋翼、八旋翼等机型,常用的测绘型旋翼无人机如图 2.4 所示。目前多旋翼无人机主要用于倾斜摄影测量高分辨率影像的获取。

(a)四旋翼无人机　　　　　　　　　　　(b)六旋翼无人机

图 2.4　常见测绘型旋翼机

2.1.3　无人直升机

无人直升机具备垂直起降、空中悬停和低速机动能力,能够在地形复杂的环境下进行起降和低空飞行,具有多旋翼和固定翼无人机不具备的优势,独特的飞行特点决定了它不可替代的优势。它起飞重量大，可以搭载激光雷达、红外传感器等大型传感设备。

20 世纪 50 年代以来，无人直升机在经历了试用、萧条、复苏之后，现已步入加速发展时期。基于研究成本、市场需求、技术能力、研制周期、工程化水平及研制风险等因素，目前国内外研发机构均将小型(或微小型)无人直升机作为重点研发对象，其起飞重量通常在 2000kg 以下，其中 500kg 以下又占绝大多数。无人直升机相对于固定翼无人机而言，发展较晚且型号较少。因为无人直升机是一个具有非线性、多变量、强耦合的复杂被控对象，其飞行控制技术更加复杂。

2.1.4 无人飞艇

无人飞艇航测系统，将航测技术和无人飞艇技术紧密结合，是一种新型的低空高分辨率遥感影像数据快速获取系统，具有高机动性、低成本、小型化、专用化、快速、实时对地观测等特点，可作为卫星遥感和常规航空遥感的重要补充手段，能有效地改善高分辨率数据既缺乏又昂贵的现状。

1. 无人飞艇的发展历程

飞艇是通过艇囊中填充的氦气或氢气所产生的浮力，以及发动机提供的动力实现飞行，它的出现和应用比飞机还要早。因飞艇飞行受大风和雷雨气候条件影响较大，随着飞机的逐渐完善化和实用化，到 20 世纪 30 年代，飞艇被飞机取代。大型飞艇可以搭载 1000kg 以上的任务载荷飞到 20km 的高空，滞空时间可达一个月；小型飞艇可以实现低空、低速飞行，可作为一种独特的飞行平台来获取高分辨率遥感影像。同时，无人驾驶飞艇系统操控比较容易，安全性好，可以使用运动场或城市广场等作为起降场地，特别适合在建筑物密集的城市地区和地形复杂地区应用，如城市生态环境调查、环境评价勘察等。

2. 无人飞艇遥感监测系统的应用

无人飞艇遥感监测系统作为一项新兴的遥感监测技术，其应用范围广，不仅在土地利用动态监测、矿产资源勘探、地质环境与灾害勘查、海洋资源与环境监测、地形图更新、林业草场监测领域得以应用，而且在农业、水利、电力、交通等领域中也得到广泛运用。它具有快速、机动灵活、现势性强、真实直观和视觉效果好的优势。这一新技术能够避免传统监测手段效率低、速度慢、精度低、效果差等弊端，是对其他遥感方式的有效补充。材料科学与技术的发展为飞艇提供了强度高、氦气渗透率低的新型桨皮和气囊材料，使得飞艇具有重量轻、强度大、气密性好、尺寸稳定等特点。同时，计算机和自动控制技术的进步，使得飞艇的结构设计更为合理，进一步提高了可靠性，飞行控制也更加准确、灵活，因而无人飞艇开创了更广阔的应用领域，低空航测是其主要应用领域之一。

3. 无人飞艇的优缺点

无人飞艇与其他飞行器相比有很多优势：容积大，有效载荷大；续航能力强；可控性和安全性佳；起飞和着陆方便，对场地没有特殊要求；机性好，使用成本低。

从航空摄影测量角度来看，无人飞艇的应用主要有以下 4 点优势。

（1）可飞得低，飞得慢。低速可以减小像片位移，低空接近目标减弱了辐射强度损失，因此可容易地获取高分辨率、高清晰度的目标影像，这是其他航天航空传感器所没有的优势。同时飞得低则受空中管制的影响小，并且能在阴天云下飞行，减小了对天气的依赖性。

（2）可靠性和安全性好。无机组人员随艇上天，可避免意外发生时威胁生命安全；气囊内氦气等密度小于空气，自重小；飞行速度慢，对地面目标构成的威胁小。

（3）可绕建筑物盘旋，进行多侧面摄影，有利于三维城市建模纹理信息的获取。

（4）机动性好，无需专门的机场起降，使用成本低。

但另外一方面，无人飞艇用于航测时也具有以下明显的局限性。

（1）体积大，抗风能力较弱。除平流层飞艇与系留飞艇外，目前无人飞艇抗风能力在 6 级以下，在风力超过 3 级进行飞行时，飞艇姿态不够稳定，出现比较大的旋转角。

（2）无人飞艇应用尚未普及，民用航测类飞艇无论是任务载荷还是设备接口，暂时都无法搭载专业的遥感传感器，如 DMC、UCD/UCX、SWDC 及机载 LiDAR 与 SAR 等。

无人飞艇有效解决了飞行过程中飞机自身振动、气流抖动造成的影像模糊及飞机对地移动造成的像点位移等误差，能满足小范围大比例尺测图需要。将遥感设备安装在稳定平台上，保证摄影时数码相机姿态的稳定并保持垂直摄影姿态，实现对遥感设备的姿态控制，以获取清晰、稳定及所需拍摄角度的遥感影像。无人飞艇遥感监测系统能够获取优于 5cm 的高分辨率遥感影像，经过精确的数据处理，可以制作 1：500～1：2000 地形图。

用无人飞艇作为航测飞行平台，对提高测图精度的最主要贡献是：可在低空航摄，获取高分辨率的影像；可进行云下航摄，减少云雾的影响；由于相机距离地面较近，可获得更多的光通量，阴云天气也可获得高清晰度影像；能以较低速度飞行，可控制像移大小，使得在曝光时间内产生的影像像移小于 0.3 个像素，避免安装笨重的像移补偿装置来消除影像模糊。

2.2　任　务　荷　载

携带有效任务载荷执行各种任务是无人机的主要应用目的。任务载荷主要是指搭载在无人机平台的各种传感器设备，无人机测绘中常用的传感器设备有光学传感器（非量测型相机、量测型相机等）、红外传感器、倾斜摄影相机、机载激光雷达、视频摄像机、机载稳定平台等。实际作业中，根据测量任务的不同，配置相应的任务载荷。任务载荷及其控制系统主要由飞行控制计算机、机载任务载荷、稳定平台及任务设备控制计算机系统等组成。

近年来，用于航空摄影的两种半导体（CCD、CMOS）技术经历了长足的发展，并取得了重大突破。尤其是大幅面面阵传感器的产生，对数字航摄仪产生了重要的影响。数字相机可以根据所需数字影像的大小选择相应幅面的面阵传感器，或者进行多传感器的拼接。在高分辨率遥感设备发展的牵引下，高精度 POS（位置与姿态系统）技术也得到了快速发展，并广泛应用于高性能航空遥感领域。

随着航测任务的多样化发展和不断深入，用户所需的测绘信息类型更加丰富，对测绘装备的发展起到了重要的推动作用。从目前航测装备技术水平和系统配置来看，测绘相机和 LiDAR 已经具有较高的工作精度，相机和 LiDAR 相融合已成为发展的必然趋势。以测绘相机为主，LiDAR 等其他光学测绘装备相结合的多传感器航空光学测绘平台，在未来将会具有更大的竞争优势。大面阵、数字化是航空测绘相机的重要发展方向。

在无人机移动测量中，现有高精度航测设备存在的最大问题是体积大、重量大，只有少数载荷大的大型无人机才能使用，造成了测绘装备使用的局限性。随着控制技术和成像技术的发展，一些非专业的测量设备(如民用相机)也能满足专业的测量任务需求，并在无人机测绘中得到广泛应用，适用范围、效率、方法及数据处理自动化是测绘装备未来发展亟待解决的主要问题。

2.2.1 光学传感器

航空测绘相机的研究和应用最早可追溯至二十世纪二三十年代，Leica 早在 1925 年已经开始了相关研究，并且为美国地质调查局进行了初步尝试。20 世纪 50 年代开始，胶片型航空测绘相机得到了广泛的应用。随后的数十年中，随着计算机和数据采集技术的发展，尤其是 CCD(电荷耦合器件)技术的成熟，航空光学测绘相机技术发生了质的飞跃。20 世纪 70 年代，德国的戴姆勒·奔驰航空公司成功研制了第 1 台以 CCD 作为成像介质的电光成像系统——EOS，随后，以 CCD 作为成像介质的测绘相机得到了快速发展，并且在星载遥感测绘相机领域得到了广泛应用。20 世纪 80 年代中期，以线阵 CCD 为主的数字式航空测绘相机得到了快速的发展。1995 年问世的数字航空摄影相机(Digital Photogrammetry Assembly，DPA)，采用了线阵推扫成像模式，立体测绘采用三线阵机制，探测器由 6 条 10μm 线阵 CCD 构成，每 2 条 CCD 拼接成一线列，具有多光谱和立体测绘功能，可满足 1:2.5 万的大比例地形测绘需求。线阵数字式航空测绘相机的出现和成功应用使航测装备技术发生了质的飞跃，对系统的数据获取、后处理和存储等环节产生了革命性的影响，同时对传统的胶片型测绘相机发出了巨大冲击。21 世纪初，商用航测系统不断涌入市场，传统的胶片型相机逐步被数字相机所取代，在民用测绘领域涌现出大量装备。21 世纪以来，随着探测器、计算机、稳定平台、DGPS/IMU、图像处理等技术的发展，线阵数字航空测绘相机的系统性能稳步提升，适用范围不断扩大。与此同时，面阵 CCD 探测器的出现使航测相机在数据获取效率方面有了进一步提升，为航测装备市场增添了新的活力。

经过数十年的发展，数字航测相机技术成熟，已基本取代胶片型相机，以面阵数字相机为主，且大多具备多光谱成像功能，可满足不同的测绘任务需求。为了减少飞行次数、增加飞行覆盖宽度，面阵数字相机焦面一般为矩形；同时为了兼顾测绘对光学系统的性能要求，相机大多采用多镜头拼接方案。由于探测器件等相关技术的进步，航空测绘相机的像素比早期系统的像素尺寸都有所减小，不仅增大了面阵规模，而且在同样工作高度下可利用小焦距光学系统获得更高分辨率。

目前无人机任务载荷主要是非量测型相机，相比于量测型相机，其属普通民用相机，主要包括单反相机、微单相机及在单个普通民用数码相机基础上组合而成的中画幅单反相机等。目前常用的相机品牌有尼康、佳能、哈苏、宾得、飞思等，如图 2.5 所示。相对于量测相机，非量测相机价格低，操作简单，在数字摄影测量领域得到广泛应用。

（a）佳能 5DII 全画幅单反相机

（b）索尼 A7R 全画幅单反相机

（c）宾得 645Z 中画幅相机

（d）飞思中画幅相机

图 2.5　常见无人机搭载相机

2.2.2　红外传感器

红外传感器是以红外线为介质的测量系统，按探测机理分类，红外传感器可分为光子型探测器和热探测器。光子型探测器是利用了红外光电效应或内光电效应制成的辐射探测器。热探测器是指利用探测元件吸收入射的红外辐射能量而引起温升，在此基础上借助各种物理效应把温升转变为电量的一种探测器。红外传感器是红外波段的光电成像设备，可将目标入射的红外辐射转换成对应像素的电子输出，最终形成目标的热辐射图像。红外传感器提高了无人机在夜间和恶劣环境条件下执行任务的能力。

2.2.3　倾斜摄影相机

倾斜摄影技术是国际测绘领域近些年发展起来的一项高新技术，它颠覆了以往正射影像只能从垂直角度拍摄的局限，通过在同一飞行平台上搭载多台传感器，同时从不同的角度采集影像，将用户引入符合人眼视觉效果的真实直观世界。目前倾斜摄影相机主要是五镜头倾斜相机、二镜头倾斜相机、三镜头倾斜相机等，常见的倾斜相机如图 2.6 所示。目前倾斜摄影测量主要用来制作实景三维模型，利用实景三维模型制作大比例尺地形图。

（a）五镜头倾斜相机　　　　　　　　　（b）两镜头倾斜相机

图 2.6　常见的倾斜相机

2.2.4　机载激光雷达

机载激光雷达（LiDAR）是一种以激光为测量介质，基于计时测距机制的立体成像手段，属主动成像范畴，是一种新型快速测量系统。激光雷达可以直接联测地面物体的三维坐标，系统作业不依赖自然光，不受航高阴影遮挡等限制，在地形测绘、气象测量、武器制导、飞行器着陆避障、林下伪装识别、森林资源测绘、浅滩测绘等领域有着广泛应用。

1. 激光雷达的发展历程

LiDAR 诞生于二十世纪六七十年代，当时称之为激光测高计。二十世纪八九十年代，该项技术取得了重大进展，一系列航天和 LiDAR 系统研制成功，并得以应用。自 21 世纪以来，计算机、半导体、通信等行业进入了蓬勃发展的时期，从而使得激光器、APD（Avalanche Photodiode，雪崩光电二极管）探测器、数据传输处理等 LiDAR 相关的器件和关键技术取得了迅猛发展，一系列商用 LiDAR 系统不断涌入市场。它的出现为航空光学装备领域注入了新的活力，大大拓展了航空光学测绘的适用范围和信息获取能力，目前已成为面阵数字测绘相机的有力补充，在航空光学多传感器测绘系统中扮演重要角色。

2. 机载激光雷达的特点

LiDAR 是可搭载在多种航空飞行平台上获取地表激光反射数据的机载激光扫描集成系统。该系统在飞行过程中同时记录激光的距离、强度、GNSS 定位和惯性定向信息。用户在测量型双频 GNSS 基站和后处理计算机工作站的辅助下，可以将雷达用于实际的生产项目中。后处理软件可以对经度、纬度、高程、强度数据进行快速处理。工作原理：通过测量飞行器的位置数据（经度、纬度和高程）和姿态数据（滚动、俯仰和偏流），以及激光扫描仪到地面的距离和扫描角度，便可精确计算激光脉冲点的地面三维坐标。

作为一种主动成像技术，LiDAR 在航空测绘领域具有如下特点：采用光学直接测距和姿态测量工作方式，被测对象的空间坐标解算方法相对简单，易于实现，单位数据量小，处理效率高，具有在线实时处理的开发潜力；由于采用了主动成像，成像过程受雾、霾等不利气象因素的影响小，作业时段不受白天和黑夜的限制。因此，与传统的被动成像系统相比，LiDAR 的环境适应能力比较强；通过激光波段选择，可对海洋、湖泊、河流沿线浅水区域的水底地形结构进行立体测绘，这一能力是传统被动航空光学测绘装备所不具备的；测距分辨率高，结合距离测量技术，可对一定距离范围内的目标进行高精度测量。LiDAR 在森林生态结构分类、林下地表形态、森林资源储量、电力线路测绘等领域具有独特优势。

3. 机载激光雷达的应用

鉴于上述特点，LiDAR 在浅滩测量、森林资源调查、厂矿资产评估、电力设施测绘、3D 城市建模等测绘领域具有一定特色，与测绘相机形成了很好的优势互补的效果。LiDAR 可同时实现陆地和相对较清水域的水深、水底形貌的高精度测绘（高程精度±15cm），获取高精度数字高程模型，这一功能是航空测绘相机难以达到的，在浅水区开发建设中具有重要应用。LiDAR 在森林资源测绘领域具有很大的技术优势和较好的应用价值，北欧国家、加拿大等森林资源丰富的地区很早已经将 LiDAR 应用于森林资源测绘。LiDAR 数据可用于森林覆盖率、林木储蓄量评估，以及森林垂直生态结构分布、树种分类、树冠高度和分布密度等方面的研究，可以获得更加详细的树木垂直结构形态，LiDAR 在该领域的优势进一步得以凸显，已发展成为森林资源测绘的主力装备之一。除了上述两个特色应用之外，LiDAR 在输电线路、河谷地形等狭长带状区域测绘，在大型固定资产评估、三维数字城市建设等相关领域也具有一定应用优势。

LiDAR 系统基本都是基于点阵扫描工作模式，工作高度高达数千米，测量精度可达厘米级别，系统显著特点如下。

1）激光重复频率高

现有商用系统的激光重复频率可高达 500kHz，比早期的提高 2~3 个数量级，高的激光重复频率是提高系统数据获取速率的重要解决途径之一，与之相关的扫描系统、数据传输和处理速度要求也随之提高。对于同一照射点，高的激光重复频率可增加反射回波数量，有利于提高系统的细节分辨能力。

2）横向扫描角度大

现有商用 LiDAR 系统大多与大面阵航空测绘相机一起使用，为满足横向覆盖宽度的要求，横向扫描角度与测绘相机的横向视场角匹配，其横向扫描角度可达 60°~70°的水平。根据不同工程需要，可以灵活调节不同地表激光点采集间隔，有利于真实地面高程模型的模拟，且高程精度不受航高影响，即使在没有地面控制点的情况下，也能达到较高的定位精度，利用 LiDAR 获取的高密度、高精度点云及影像数据。但 LiDAR 系统质量大、体积大，目前只能在大型无人直升机上搭载，应用受到了极大限制，体积小、质量小、集成化是其以后的发展方向。

2.2.5　机载稳定平台

为了提高摄影的稳定性与获取更佳的姿态，在载荷满足要求的情况下可以考虑加载稳定平台。机载稳定平台主要用于稳定任务载荷和修正偏流角，以确保获得高质量无人机影像。稳定平台有三轴和单轴两种：三轴稳定平台可以使任务载荷保持水平稳定并修正偏流角，由平台、电机、陀螺仪、水平传感器、舵机、控制电路等组成；单轴稳定平台只修正偏流角，由平台、电机和控制电路组成。可以根据不同精度的摄影测量任务选用两种稳定平台。任务设备控制计算机系统能根据无人机的位置、地速、高度、航向、姿态角及设定的航摄比例尺和重叠度等数据，自动计算并控制相机的曝光间隔，修正稳定平台的偏流角，具有程控和遥控两种控制方式。

2.3 飞行控制系统

飞行控制系统俗称自动驾驶仪，是无人机完成起飞、空中飞行、执行任务和返场回收等整个飞行过程的核心系统。飞行控制系统对于无人机的作用相当于飞行员对于有人机的作用，是无人机最为核心的技术之一。飞行控制系统一般包括传感器、机载计算机和伺服作动设备三大部分，实现的功能主要有无人机姿态稳定和控制、无人机任务设备管理和应急控制三大类，其基本任务是当无人机在空中正常飞行或在受到干扰的情况下保持无人机姿态和航迹的稳定。常见的自动驾驶仪有北京普洛特无人飞行器科技有限公司的 UP30 自动驾驶仪。

2.3.1 飞控系统的原理

无人机运动的定义与相对于一组固定定义轴的移动运动和转动运动有关。移动运动是飞行器在空间从某一点移动到另一点的运动，移动运动的方向即飞行器飞行的方向；转动运动与飞行器绕三个定义轴(俯仰、滚转、偏航轴)的转动有关。无人机大部分飞行为直线飞行，速度矢量平行于地球表面，并沿着设定的航向飞行，如果想要无人机爬升，则需要飞行控制系统使无人机绕俯仰轴做上仰运动，以获得爬升角。在达到要求的高度时，无人机做下俯转动，直到无人机重新回到直线水平飞行。

2.3.2 飞控系统的组成

无人机的导航和控制功能主要由飞行控制系统来实现。飞行控制系统由姿态陀螺、气压高度表、磁航向传感器、GNSS 导航定位装置、飞控计算机、执行机构、电源管理系统等组成，可实现对飞机姿态、高度、速度、航向、航线的精确控制，具有遥控、程控和自主飞行三种飞行模态。

2.4 地面控制系统

地面控制系统(俗称地面站)是无人机系统的重要组成部分，用于地面操作人员能够有效地对无人机的飞行状态和机载任务载荷的工作状态进行控制。其主要功能包括任务规划、飞行航迹显示、测控参数显示、图像显示与任务载荷管理、系统监控、数据记录和通信指挥。这些功能也可以集成到地面移动指挥控制车上，以满足运输、修理、监测、控制等需求。

　　地面操控与显示终端的功能包括任务规划、综合遥测信息显示、遥控操纵与飞行状态监控等，一般配置在地面站中。地面站主要由 PC、信号接收设备、遥控器组成，负责对接收的无人机各种参数进行分析处理，并在需要时对无人机航迹进行修正，在特殊情况下可手动遥控无人机。常见的地面站如图 2.7 所示。

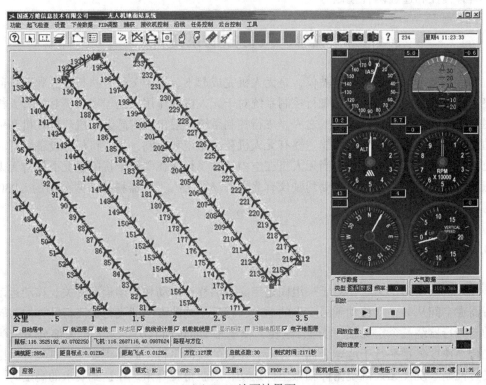

(a) UP30 地面站界面

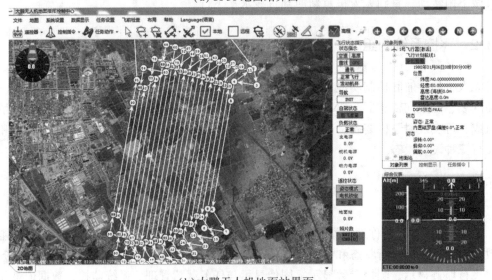

(b) 大鹏无人机地面站界面

图 2.7　常见无人机地面站界面

2.4.1 无人机飞行状态管理

无人机飞行状态管理一般包括飞行任务管理与规划、机载设备故障判断与处理、导航解算、遥控遥测管理及飞行性能管理等。

(1)飞行任务管理与规划包括任务航线规划、装载和调整,航线/航点切换控制,出航、巡航和返航控制。任务航线规划一般通过地面站中的航线规划软件来实现,规划好的航线可通过数据链路装载到机载控制计算机中,且可根据飞行中实时重规划结果对装载的航线进行实时调整。航点切换、出航、巡航和返航的控制一般可通过控制与管理软件自动进行。

(2)机载设备故障判断与处理主要针对飞行控制系统各设备、遥控链路、发动机及电气系统等关键设备,可通过飞行中自检测、比较监控和模型监控等方式检测故障。故障判断后的处理根据设备功能、飞行阶段及控制方式的不同而有很大不同,如链路中断对于自主飞行而言可以暂不处理,但对于遥控控制就必须立即转为自主控制。

(3)导航解算的主要作用在于结合飞行任务管理为飞行控制提供无人机相对于目标航线的偏差、偏差变化率和待飞距离等数据。

(4)遥控遥测管理的主要作用在于接收并处理与飞行控制、任务控制相关的各种遥控指令,收集所需的遥测参数并打包下传。

(5)由于无线传输的可靠性相对较差,遥控指令处理时应该首先完成指令的有效性判断、容错处理等工作。飞行性能管理主要控制无人机的空速、仰角、爬升率等随着高度、时间和重量等状态的变化情况,如最快爬升、最省油巡航和最慢下降等。

2.4.2 机载任务载荷工作状态管理

在通信链路畅通的条件下,任务载荷管理可通过任务载荷状态自检测与地面操作人员人工监测和管理相结合的方法进行。但在实际执行任务时,遥控链路时常会受到干扰,有时还要求以遥控方式工作。此时就有必要对程控或自主任务载荷进行管控。

1. 遥控控制

遥控控制是无人机最基本的控制方式。尽管目前无人机的自主飞行程度已明显提高,但仍保留遥控控制功能,特别是固定翼无人机起飞降落时常用遥控控制。

2. 自主控制

自主控制是目前先进无人机采用的主要控制方式。无人机在完成地面准备工作并收到起飞指令后,自主进行地面滑跑和纠偏控制,自主进行离地判断和阶段转换,自主收起起落架并按照预定最佳爬升规律进行爬升,同时自动切入预定航线;到达预定的巡航高度后,自主转入定高飞行,并实施最佳巡航控制;到达预定的任务区域时,自动开启相应的任务设备;完成任务后自动按照给定的返航路线返回预定机场,自动放下起落架,自动进入下滑航线,自动拉平、着陆和停机,最后自动关机。

2.5　无人机数据链路

无人机数据链是无人机系统的重要组成部分，是飞行器与地面系统联系的纽带。无人机数据链是一个多模式的智能通信系统，能够感知其工作区域的电磁环境特征，并根据环境特征和通信要求，实时动态地调整通信系统工作参数(包括通信协议、工作频率、调制特性和网络结构等)，达到可靠通信或节省通信资源的目的。随着无线通信、卫星通信和无线网络技术的发展，无人机数据链的性能也得到了大幅提高。当今，无人机数据链也面临一些挑战。首先，无人机数据链在复杂电磁环境条件下可靠工作的能力还不足；其次，频率使用效率低，无人机数据链带宽、通信频率通常采用预分配方式，长期占用频率资源，而无人机飞行架次不多，频率使用次数有限，造成频率资源的浪费。

无人机数据链按照传输方向，可以分为上行链路和下行链路。上行链路主要完成地面站到无人机遥控指令的发送和接收，下行链路主要完成无人机到地面站的遥测数据及红外或图像的发送和接收，并根据定位信息的传输利用上下行链路进行测距。数据链是连接无人机与指挥控制站的纽带，数据链性能直接影响无人机性能的优劣，没有数据链技术的支持，无人机则无法实现智能自主飞行。

2.6　定位定向与动力系统

2.6.1　定位定向系统

无人机平台搭载的定向定位系统主要是指高精度惯性测量单元(IMU)和差分 GNSS(DGPS)。IMU 主要由陀螺、加速度计及相关辅助电路构成，能够不依赖外界信息，独立自主地提供较高精度的导航参数(位置、速度、姿态等)，具有抗电子干扰、隐蔽性好等特点，但是 IMU 导航参数尤其是位置误差会随时间累积，不适合长时间单独导航；DGPS使用一台 GNSS 基准接收机和一台用户接收机，利用实时或事后处理技术，可在用户测量时消去公共的误差源和对流层效应，并能消除卫星钟误差和星历误差，对用户测量数据进行修正，从而提高 GNSS 定位精度，但 GNSS 接收机在高速运动时不易捕获和跟踪卫星载波信号，会产生所谓"周跳"现象。因此，IMU 和 DGPS 可以优势互补，将二者组成一个组合导航系统，就能精确地记录传感器在采集数据时的运动轨迹，包括每个时刻的位置、速度和角度等定向定位数据，通过 IMU、DGPS 数据联合后处理技术即可获得测图所需的每张像片高精度外方位元素。

2.6.2　动力系统

动力系统是无人机的心脏，无人机动力的能源常见的有油、电等，不同用途的无人机对动力装置的要求不同，但都希望发动机体积小、成本低、工作可靠。目前世界上的无人机还存在一些问题，续航能力有限。传统的锂电池技术很难突破更大的容量，无人机长航时可寄托在介质电池、太阳能、氢能等新能源，以及发动机的结构机械技术的创新开发等方面。

1. 燃油动力发动机

活塞式发动机是实用型燃油发动机，是无人机使用最早、用得最广泛的动力装置，目前其技术已较为成熟。根据所应用的机型不同，活塞式发动机的功率小至几千瓦，大至200kW 左右。从当前国外的应用情况来看，活塞式发动机的适用速度一般不超过300km/h，高度一般不超过 8000m。按发动机功率的大小，所应用机型的续航时间从几小时到几十小时不等。常用的燃油动力发动机品牌有日本的小松、德国的 3W，以及我国云南弥勒的 DLE、云南昆明的 KCS、山东的 DLA 等。

2. 转子发动机

转子发动机具有重量轻、尺寸小、可采用多种燃料、可靠性高和振动小等优点，因此在 20 世纪 80 年代后期发展迅速。在相同功率范围内转子发动机重量只是活塞式发动机的一半，因此可以取代活塞式发动机。转子发动机若用于高空无人机，应解决发动机高空补氧燃烧的冷却等技术问题。

3. 无刷直流电动机

无刷直流电动机(Brushless Direct Current Motor，BLDCM)，又称"无换向器电机交-直-交系统"或"直交系统"，它先将交流电源整流后变成直流，再由逆变器将直流转换成频率可调的交流电。

无刷直流电动机采用方波自控式永磁同步电机，以霍尔传感器取代碳刷换向器，以钕铁硼作为转子的永磁材料；产品性能超越传统直流电机的所有优点，同时又解决了直流电机碳刷滑环的缺点，数字式控制，是当今最理想的调速电机。无刷直流电动机非常适用于24 小时连续运转的产业机械及空调冷冻主机、风机水泵、空气压缩机负载；低速高转矩及高频率正反转不发热的特性，使之更适合应用于机床工作母机及牵引电机的驱动；其稳速运转精度比直流有刷电动机更高，比矢量控制或直接转矩控制速度闭环的变频驱动还要高，性能价格比更高，是现代化调速驱动的最佳选择，更是无人机的动力首选。

2.7 发射与回收系统

发射与回收系统主要用于无人机的发射和回收，由弹射架和回收系统组成。

无人机的发射与回收方式种类很多，发射方式包括母机投放、火箭助推、车载发射、滑跑起飞、垂直起飞、容器发射和手抛起飞等，回收方式包括舱式回收、网式回收、伞降回收、滑跑着落、气垫着落和垂直降落等。

2.7.1 发射系统

弹射架是无人机增大起飞速度、缩短滑跑距离的装置，主要构件包括三部分：弹射器制动系统、弹射器附属系统和弹射器控制系统。

弹射架上的无人机固定装置，包括定位锁、连杆、连接机构和开关机构，弹射架托架顶端设有两个定位锁，弹射架托架底部设有开关机构，定位锁通过连杆和连接机构连接开关机构，弹射架托架放置在弹射架轨道上。常见弹射架如图 2.8 所示。

图 2.8　油动固定翼弹射架

2.7.2　回收系统

由于无人机造价昂贵、结构复杂，往往需要配备回收系统。回收系统的作用是保证无人机在完成任务后（有时是在应急情况下），安全回到地面，以便检查任务执行情况并回收再使用。降落伞，亦称展开式空气减速器，是利用空气阻力使人或物从空中缓慢向下降落的一种器具。同时可作为减速伞，配合无人机上的其他刹车装置，缩短无人机的着陆滑跑距离。无人机回收伞是无人驾驶飞机在地面（或水上）安全降落时使用的降落伞。无人机采用伞降着陆时无需跑道，启动并完成回收程序只需一个回收指令。伞降无人机如图2.9 所示。

利用降落伞作为无人机的回收手段，具有以下几大优点。

（1）适用范围广，性价比高。

（2）成本低，可重复使用。

（3）相对于其他减速装置，体积小，重量轻。

（4）无需复杂昂贵的自动导航着陆系统。

（5）无需宽阔平坦的专用着陆场地。

对无人机回收系统的一般要求如下。

（1）着陆速度要求：回收系统应保证产生足够的阻力，以避免无人机在着陆时速度过大受损。

（2）过载要求：最大开伞载荷不应超过无人机所能承受的载荷。

图 2.9　利用降落伞回收无人机

（3）最低开伞高度要求：保证回收伞应尽快开伞工作。

（4）摆动角要求：需要根据摆动角的要求，选择稳定性较好的伞型。

（5）体积小，重量轻。

（6）使用次数和寿命要求：回收伞重新包装后应能多次使用。

（7）无人机回收伞可靠性要求很高，回收系统的可靠度仅次于人用伞。

【习题与思考题】

1. 无人机测绘系统主要由哪些部分构成？

2. 无人机驾驶飞行平台分哪几类？

3. 无人机测绘系统的任务荷载一般有哪几类？

4. 简述无人机飞行控制的基本原理。

5. 无人机测绘系统的动力有哪几种？

6. 利用降落伞回收无人机有什么特点？

第3章 无人机飞行基本原理

【学习目标】 通过本章学习，应掌握无人机飞行环境；理解空气动力学基本原理、翼型的升力与阻力；了解无人机的稳定性。

3.1 无人机飞行环境

3.1.1 大气层

大气层包围着地球，是无人机唯一的飞行活动环境。沿着垂直于地球表面的方向，可把大气层分成若干层，如以气温变化为基础，可以分为对流层、平流层、中间层、电离层（暖层）和散逸层五层。

1. 对流层

大气层中最低的一层是对流层，对流层中气温随着高度增加而降低，空气对流运动非常明显。对流层的厚度与纬度和季节有关，低纬度地区平均为16~18km，中纬度地区平均为10~12km，高纬度地区平均为8~9km。对流层是天气变化最复杂的大气圈层，因为它集中了约75%的大气质量和90%以上的水汽质量，飞行中所遇到的各种重要天气变化几乎都出现在这一层中。

2. 平流层

对流层之上一层是平流层，平流层顶界扩展到50~55km。在平流层内，气体受地面影响较小，且在这一层存在大量臭氧，因此沿垂直方向的温度分布与对流层不同：随着高度的增加，起初气温保持不变（约190K）或略有升高；到20~30km，气温升高更快；到了平流层顶，气温升至270~290K。平流层中空气沿垂直方向的运动较弱，因而气流比较平稳，能见度较好。

3. 中间层

中间层从50~55km伸展到80~85km高度。这一层的特点是随着高度增加，气温下降，空气有相当强烈的铅垂方向的运动。这一层顶部的气温可低至160~190K。

4. 电离层

电离层从中间层顶延伸到 800km 高空，这一层的空气密度极小，声波难以传播。电离层的一个特征是气温随高度增加而上升，另一个特征是空气处于高度电离状态。

5. 散逸层

散逸层又称外大气层，位于电离层之上，是地球大气的最外层，此处空气极其稀薄，又远离地面，受地球引力较小，因而大气分子不断地向星际空间逃逸。

3.1.2 国际标准大气

为了提供大气压力和温度的通用参照标准，国际标准化组织规定了国际标准大气（ISA），可作为某些飞行仪表和无人机大部分性能数据的参照基础。

在对流层和平流层中，空气的物理性质（温度、压强、密度等）都经常随着季节、昼夜、地理位置、高度等的不同而变化。所谓国际标准大气，就是人为规定以北半球中纬度地区的大气物理性质的平均值作为基础建立的，并假设空气是理想气体，满足理想气体方程：$PV=nRT$。该方程有 4 个变量：P 是指理想气体的压强；V 为理想气体的体积；n 表示理想气体物质的量；T 则表示理想气体的热力学温度；常量 R 为理想气体常数，对任意理想气体而言，R 是一定的，为 8.31441±0.00026J/(mol·K)。根据大气温度、密度、气压等随着高度变化的关系，得出统一的数据，作为计算和实验飞行器的统一标准，以便比较。它能粗略地反映北半球中纬度地区大气多年平均状况，并得到国际组织承认。

在海平面，国际标准化大气压力为 29.92inHg（1013.2hPa），温度为 15℃（59°F）。高度增加，压力和温度一般都会降低。例如，在海拔 2000ft（609.6m）处，标准压力为 27.92（29.92−2.00）inHg，标准温度为 11℃。一般将海平面附近常温常压下空气的密度 1.225kg/m³ 作为一个标准值。

3.2 空气动力学基本原理

当一个物体在空气中运动，或者当空气从物体表面流过的时候，空气会对物体产生作用力，我们把空气的这种作用在物体上的力称为空气动力。

空气动力作用在物体的整个表面上，它既可以产生对飞机飞行有利的力，也可以产生对飞机飞行不利的力。升力是使飞机克服自身重量保持在空气中飞行的力；阻力是阻碍飞机前进的力。为了使飞机能够在空气中飞行，就要在飞机中安装发动机，产生向前的拉力，去克服阻力，产生升力去克服重力，使飞机和空气发生相对运动。

为了进一步讨论飞机的升力和阻力，我们需要了解空气动力学的几个基本原理。

3.2.1 相对性原理

在运动学中，运动的相对性叫作相对性原理或者叫作可逆性原理。

相对性原理对于研究飞机的飞行是很有意义的。飞机和空气做相对运动，无论是飞机运动而空气静止，还是飞机静止而空气向飞机运动，只要相对运动速度一样，那么作用在飞机上的空气动力是一样的。

根据这个原理，在做实验的时候，可以采用风洞实验设备。这种设备利用风向或者其他方法在风洞中产生稳定的气流。把模型放在风洞里，进行吹风实验，用来研究飞机的空气动力学问题，模型在风洞里测出的数据和模型在空气中以相同的速度飞行时测出的数据是相近的。

3.2.2　连续性原理

为了描述流体的流动情况，需要引入流线的概念。流体微团流动时所经过的路径叫作流线。

如图 3.1 所示，是稳定流体流过某一个通道的流线，截面 A_1 处流体的流速为 v_1，截面 A_2 处流体的流速为 v_2。可以看到，截面宽的地方流线稀，截面窄的地方流线密。由于流线只能在通道中流动，在单位时间内通过通道上任何截面的流体质量都是相等的。因此，连续性原理可以用式(3-1)表示：

$$\rho v S = 常数 \tag{3-1}$$

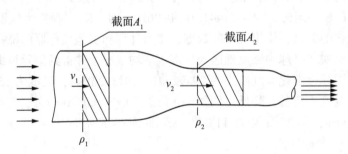

图 3.1　气流不同管径中流速的变化

假设流体是不可压缩的，也就是说流体密度 ρ 保持不变，截面 A_1 的面积是 S_1，截面 A_2 的面积是 S_2，通过截面 A_1 时流体速度是 v_1，通过截面 A_2 时流体速度是 v_2，于是有：

$$v_1 S_1 = v_2 S_2 \tag{3-2}$$

由式(3-2)和图 3.1 可以看到，截面窄、流线密的地方，流体的流速大；截面宽、流线稀的地方，流体的流速小。通过以上分析，我们就很容易解释窄水流快、路面窄风速大的现象了。

3.2.3　伯努利定理

如果两手各拿一张薄纸，使它们之间的距离保持 $4 \sim 6\mathrm{cm}$，然后用嘴向这两张薄纸中间吹风，如图 3.2 所示，我们可以看到，这两张纸不但没有分开，反而相互靠近了，而且用嘴吹出来的气流速度越大，两张纸就越靠近。这就是伯努利定理的作用。伯努利定理是空气动力学中最重要的定理之一，简单来说就是：流体的速度越大，静压力越小；流体的速度越小，静压力越大。流体一般是指空气或水；静压力，是指流体对平行于气流的物体表面作用的压力，即克服管道阻力的压力。

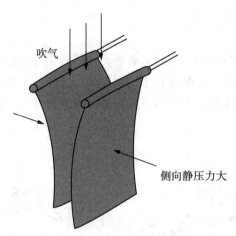

吹气

侧向静压力大

图 3.2 伯努利定理示意图

这个现象可以看出：当两张纸中间有空气流过时，纸中间的空气流动得快，静压力变小了，纸外静压力比纸内大，内、外的压力差就把两张纸往中间压。纸中间空气流动的速度越大，纸内、外的压力差也就越大。

伯努利定理是能量守恒定律在流体中的应用，当气体水平运动时，它包括两种能量：一种是垂直作用在物体表面的静压力的能量；另一种是由于气体运动而具有的动压力的能量，这两种能量的和是一个常数。

静压强度就是通常讲的压强，用 P 表示，单位是 Pa；动压强用 $\frac{1}{2}\rho v^2$ 表示，其中 ρ 是空气密度，v 是空气流速。如果忽略气体的压缩性及温度变化的影响，伯努利定理可以用式(3-3)表示：

$$\frac{1}{2}\rho v^2 + P = 常数 \tag{3-3}$$

用伯努利定理研究截面情况，就有：

$$\frac{1}{2}\rho v_2^2 + P_2 = \frac{1}{2}\rho v_1^2 + P_1 \tag{3-4}$$

由式(3-4)可以得知：在 ρ 不变的情况下，由于截面 A_2 处空气的流速 v_2 处空气的流速 v_2 大于截面 A_1 处空气的流速 v_1，所以截面 A_2 处的静压力 P_2 小于截面 A_1 处的静压力 P_1。需要注意的是伯努利定理在下述条件下才成立：

(1)气流是连续的、稳定的；

(2)气流中的空气与外界没有能量交换；

(3)空气中没有摩擦，或摩擦很小，可忽略不计；

(4)空气的密度没有变化，或变化很小，可认为不变。

3.3　翼　　型

3.3.1　翼型概述

机翼横截面的轮廓叫作翼型。直升机的旋翼和螺旋桨叶片的截面也叫作翼型。截面取法有的和飞机对称平面平行，有的垂直于机翼横梁，如图3.3所示。

翼型的特性对飞机性能有很大影响，选用最能满足设计要求的翼型是非常重要的。

图 3.3　翼型与机翼的剖面

3.3.2　翼型的组成

翼型各部分的名称如图 3.4 所示。一般翼型的前端圆钝，后端尖锐，下表面较平，呈鱼侧形。前端点叫作前缘，后端点叫作后缘，两端点之间的连线叫作翼弦，它是翼型的一条基准线。其中影响翼型性能最大的是中弧线的形状、翼型的厚度分布。中弧线是翼型上弧线与下弧线之间的内切圆圆心的连线。

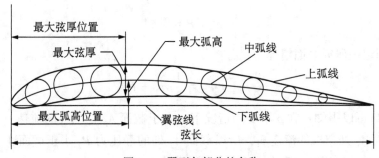

图 3.4　翼型各部分的名称

翼型前缘半径决定了翼型前部的"尖"或"钝"，前缘半径小，在大迎角下气流容易分离，使飞行器的稳定性变坏；前缘半径大，对稳定性有好处，但阻力又会增加。

如果中弧线是一根直线，与翼弦重合，即表示这翼型上表面和下表面的弯曲情况完全一样，这种翼型称为对称翼型。普通翼型的中弧线总是弯的，S 翼型的中弧线是横放的 S 形。

翼型的厚度、中弧线的弯曲、翼型最高点在什么地方等通常都是用翼弦长度的百分数来表示的。中弧线最大弯度用中弧线最高点到翼弦的距离来表示。中弧线最高点距翼弦的距离一般是翼弦长的 4%~8%。中弧线最高点位置同机翼上表面边界的特性有很大关系。竞速模型要采用翼型最大厚度可以达到翼弦的 12%~18%。翼型最大厚度位置对机翼上表面边界层特性也有很大影响。

3.3.3　翼型的表示与分类

1. 翼型的表示

适合于模型飞机上使用的翼型现在已有百种以上，每种翼型的形状都各不相同。为了确切地表示出每种翼型的形状，现在都用外形坐标表示。如 NACA2412，第一个数字 2 代表中弧线最大弧高是 2%，第二个数字 4 代表最大弧高在前缘算起 40% 的位置，第三、第四个数字 12 代表最大厚度是弦长的 12%。又如 NACA0010，因第一、第二个数字都是 0，代表对称翼，最大厚度是弦长的 10%。但要注意，每家公司翼型的命名方式都是不同，有些只是单纯的编号。

2. 翼型的分类

翼型一般常分成以下几类，如图 3.5 所示。

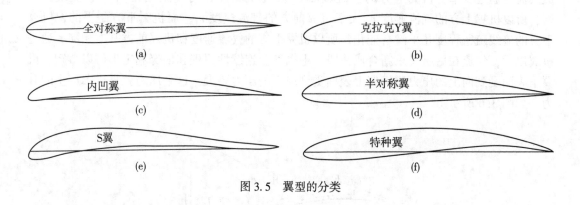

图 3.5　翼型的分类

（1）全对称翼：上下弧线均凸且对称。3D 花样特技模型直升机的旋翼模型属于此类。

（2）克拉克 Y 翼：下弧线为一直线，其实应叫平凸翼。还有很多其他平凸翼型，只是克拉克 Y 翼最有名，故把这类翼型都叫克拉克 Y 翼，但要注意克拉克 Y 翼也有好几种。

（3）内凹翼：下弧线在翼弦线上，升力系数大，常见于早期飞机及牵引滑翔机，所有的鸟类除蜂鸟外都属于此类。

（4）半对称翼：上下弧线均凸但不对称。有的 3D 花样特技模型直升机的旋翼模型属于此类。

（5）S 翼：中弧线呈平躺的 S 形。这种翼型因迎角改变时压力中心不变动，常用于无尾翼机。

（6）特种翼：有很大厚度点在 60% 弦长处的"层流翼型"；有下表面后缘下弯以增大机翼升力的"弯后缘翼型"；有为了改善气流流过机翼尾部做成一块平板的"平板式后缘翼型"；有头部比一般翼型多出一偏薄片，作为扰流装置以改善翼型上表面边界层状态的"鸟嘴式前缘翼型"；有下表面是凸出部分以增加机翼刚度的"增强翼型"等。

以上的分类只是一个粗糙的分类，在观察一个翼型的时候，最重要的是找出它的中弧线，然后再看它中弧线两旁厚度分布的情形，中弧线的弯曲方式、弯曲程度大致决定了翼型的特性，弧线越弯，升力系数就越大。但一般来说仅用眼睛看是不准确的，克拉克 Y 翼的中弧线就比很多凹翼还弯。

3.4　飞行的升力

3.4.1　升力的产生

当气流迎面流过机翼的时候，机翼同气流方向平行，原来是一股气流，由于机翼的插入，气流被分成上下两股。在翼剖面前缘附近，气流开始分为上、下两股的那一点的气流速度为零，其静压力达到最大，这个点在空气动力学上称为驻点。对于上下弧面不对称的翼剖面来说，这个驻点通常是在翼剖面的下表面。在驻点处气流分叉后，上面的那股气流不得不绕过前缘，所以它需要以更快的速度流过上表面。由于机翼上表面拱起，使上方那股气流的通道变窄，机翼上方的气流截面 S_2 要比机翼前方的气流截面 S_1 小，流线比较密，所以机翼上方的气流速度 v_2 大于机翼前方的气流速度 v_1；而机翼下方是平的，机翼下方的流线疏密程度几乎没有变化，所以机翼下方的气流速度和机翼前方基本相同。通过机翼以后，气流在后缘又重新合成一股。根据气流连续性原理和伯努利定理可以得知，机翼下表面受到向上的压力比机翼上表面受到向下的压力要大，这个压力就是机翼产生的升力，如图 3.6 所示。

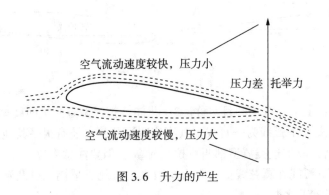

图 3.6　升力的产生

设法使机翼上部空气流速较快，静压力则较小，机翼下部空气流速较慢，静压力较大，两边相互较力（图 3.7），于是机翼就被往上推，飞机就飞起来。

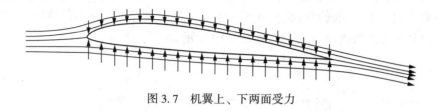

图 3.7 机翼上、下两面受力

以前的理论认为两个相邻的空气质点同时由机翼的前端往后走，一个流经机翼的上缘，另一个流经机翼的下缘，另一个流经机翼的下缘，两个质点应在机翼的后端汇合(图3.8)。

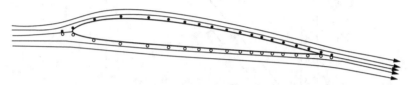

图 3.8 早期理论认为的气流质点流过机翼的情况

经过仔细的计算后发现如依上述理论，上缘的流速不够大，机翼应该无法产生那么大的升力。现在经风洞实验已证实，两个相邻空气的质点中流经机翼上缘的质点会比流经机翼下缘的质点先到达后缘(图3.9)。

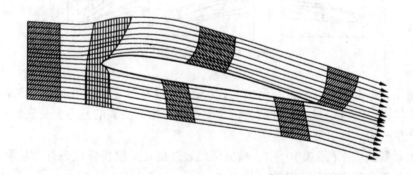

图 3.9 风洞实验得到的气流质点流过机翼的情况

3.4.2 升力的计算

一般采用如下公式计算升力：

$$Y = \frac{1}{2}C_Y\rho v^2 S \tag{3-5}$$

式中，Y 是机翼的升力，单位是 N；ρ 是空气密度，在海平面或低空飞行的情况下，$\rho \approx$ 1.225kg/m³；v 是机翼同气流的相对速度，单位是 m/s；S 是机翼面积，单位是m²，是从机翼上部向下看的机翼的投影面积，而不是翼剖面面积，也不是整个机翼外表面面积；C_Y 是升力系数，同机翼的翼剖面形状、机翼的迎角 α 等因素有关，它的数值用试验法求出，计算时可以从升力系数曲线中查到，如图 3.10 所示。

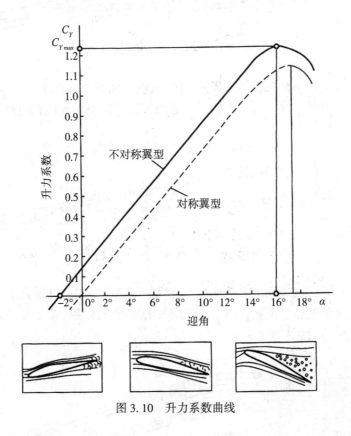

图 3.10 升力系数曲线

必须指出，伯努利定理和计算升力的式(3-5)，只有对完全没有黏性的流体来说才比较准确。事实上，空气也是有黏性的，由于黏性的作用，机翼的升力会受到影响，飞机飞行不仅会产生升力，而且还会产生阻力。

在升力系数曲线图(图 3.10)中，横坐标代表迎角 α，纵坐标代表升力系数 C_Y，根据一定的迎角便可查出它的升力系数。

所谓迎角，就是相对气流与翼弦所成的角度，用 α 表示。一般上、下不对称的翼型在迎角等于 0°时，仍然产生一定的升力，因此升力系数在迎角 0°时不为 0，只有到负迎角时才使升力系数为 0。对称翼型在迎角 0°时不产生升力，升力系数为 0。升力系数为 0 的迎角就是无升力迎角（α_0）。从这个迎角开始，迎角与升力系数成正比，升力系数曲线为一根向上斜的直线。当迎角加大到一定程度以后，如图 3.10 中 16°时升力系数开始下降。升力系数达到最大值的迎角称为临界迎角。这时的升力系数称为最大升力系数，用符号 C_{Ymax} 表示。飞机飞行时，如果迎角超过临界迎角，便会因为升力突然减少而下坠，这种情况称为失速。迎角与无升力迎角如图 3.11 所示。

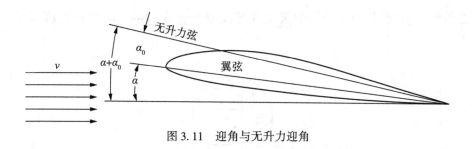

图 3.11 迎角与无升力迎角

3.5 飞行的阻力与失速

飞机在空气中飞行时，机翼上不仅有升力产生，同时还会由于空气的黏性而产生阻力。

3.5.1 无人机飞行外界环境

1. 空气

空气具有黏性。用两个非常接近，但又没有接触的圆盘做实验，其中一个用电动机带动，使它高速旋转；另一个用线吊起来，经过一段时间以后，那个用线吊起来的圆盘也会慢慢地旋转起来，这个实验可以证实空气是有黏性的，如图 3.12 所示。

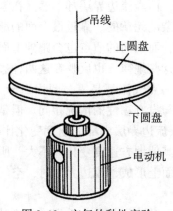

图 3.12 空气的黏性实验

2. 边界层

由于空气黏性的影响，当空气流过物体表面的时候，贴近物体表面的空气质点黏附在物体表面上，它们的运动速度为零，随着与物体表面距离的增加，空气质点的速度也逐渐增大，远到一定的距离后，空气黏性的作用就不那么明显了。这一薄层空气叫作边界层或附面层，在模型飞机机翼表面，边界层厚 2～3mm，在边界层内，如果空气流动是一层一

层有规律的，叫作层流边界层；如果空气流动是杂乱无章的，叫作紊流边界层，如图
3.13 所示。

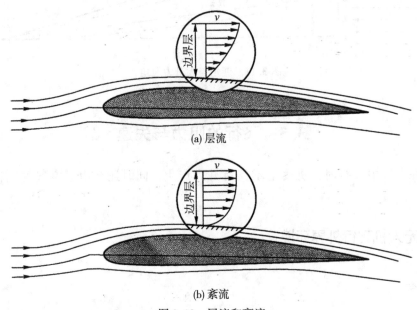

(a) 层流

(b) 紊流

图 3.13 层流和紊流

层流边界层的空气质点的流动可以认为是一层一层的，很有层次，也很有规律。各层
的空气都以一定的速度在流动，层与层之间的空气质点不会互相乱窜，所以在层流边界层
空气黏性所产生的影响也较小，而紊流边界层却不然。在紊流边界层，空气质点的运动规
律正好与层流边界层相反，是杂乱无章的。靠近最上面的那层速度比较大的空气质点可能
会跑到下面速度比较慢的地方，而下面的质点也会跑到上面。

边界层内空气质点流动的这些规律，也反映在这两种边界层内速度变化方面。虽然这
两种边界层在最靠近物体的那一点气流都是零，即相当于空气"黏"在物体表面一样；而
在边界层外边的气流速度，都与没有黏性的情况相同。但是在边界层内部的速度变化规律
是不同的。如图 3.13 所示，层流边界层内部的速度变化比较明显；而紊流边界层除了十
分贴近物体表面的范围外，在其他地方速度变化并不大，所以紊流边界层内的空气质点具
有的动能也比较大。当物体表面上形成紊流边界层时，空气质点的运动就很不容易停顿下
来，层流边界层则相反。

了解到边界层内空气质点运动速度的变化情况，那么边界层内的压强有没有变化呢？
要注意，前面讲过的伯努利定理在边界层内已不再适用。因为伯努利定理中假定气流在通
道中的能量是不变的，而在边界层中，由于黏性的影响消耗了空气质点的一部分动能，在
物体表面，由于黏性影响最大，空气质点的动能消耗殆尽。研究表明，尽管沿着边界层厚
度方向空气质点的速度不同，但它们的静压却是相同的。

3. 边界层影响因素

气流在刚开始作用于物体时，在物体表面所形成的边界层是比较薄的，边界层内空气

质点的流动也比较有层次，所以一般是层流边界层。空气质点流过的物体表面越长，边界层也越厚，这时边界层内的空气质点流动便开始混乱起来。由于气流流过物体表面受到扰乱(不管物体表面多么光滑，对于空气质点来说，还是很粗糙的)，所以空气质点的活动变得越来越活跃，边界层内的气流不再很有层次，边界层内的空气质点互相窜动、互相影响，物体表面的边界层也就变成了紊流边界层。

决定物体表面边界层到底是层流，还是紊流，主要根据五个因素：气流的相对速度，气流流过的物体表面长度，空气的黏性和密度，气流本身的紊乱程度，物体表面的光滑程度和形状。

气流的流速越大，流过物体表面的距离越长，或空气的密度越大(即每单位体积的空气分子越多)，层流边界层便越容易变成紊流边界层。相反，如果气体的黏性越小，流动起来便越稳定，越不容易变成紊流边界层。在考虑层流边界层是否变成紊流边界层时，这些有关的因素都要考虑在内。

4. 雷诺数

空气同物体的相对速度 v 越大，空气流过物体表面的距离 l(模型飞机的翼弦长)越长，空气的密度(ρ)越大，层流边界层就越容易变成紊流边界层。这三个因素相乘后除以空气的黏性系数 μ，所得比值就叫作雷诺数 Re：

$$Re = \frac{\rho v l}{\mu} \tag{3-6}$$

式中，v 的单位是 m/s，l 的单位是 m；ρ 近似取值 1.225kg/m^3；$\mu = 1.81 \times 10^{-5} \text{Pa} \cdot \text{s}$。

在空气动力学中，将层流边界层变成紊流边界层的雷诺数，称为临界雷诺数。如果空气流过物体时的雷诺数小于临界雷诺数，那么在物体表面形成的边界层都是层流边界层；如果空气流过同一物体时的雷诺数超过临界雷诺数，那么在这个物体表面的层流边界层就开始变成紊流边界层。因此，临界雷诺数表示流体从层流向紊流过渡的转折点。一般模型飞机机翼翼型的临界雷诺数大约是 50000。

必须指出，气温对空气黏性的影响比较大，加之模型飞机的飞行雷诺数本来就不大，所以气温对模型飞机的雷诺数的影响就显得更加严重。如图 3.14 所示，为雷诺数随气温变化情况。

做模型的风洞实验时，如果能使模型实验的雷诺数与实际飞行的雷诺数相等，那么仅就空气黏性这个因素而言，模型流场的流型与实物流场便相似了。这是流体力学的相似法之一，做低速实验时，这样取得的阻力系数便与实际飞行的相等。

3.5.2 阻力的产生

只要物体同空气有相对运动，必然有空气阻力作用在物体上。作用在模型飞机上的阻力主要有摩擦阻力、压差阻力、诱导阻力及干扰阻力。

1. 摩擦阻力

当空气流过机翼表面的时候，由于空气的黏性作用，在空气和机翼表面之间会产生摩

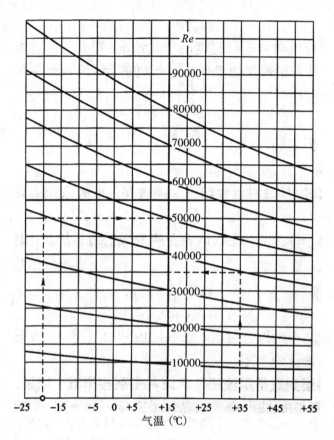

图 3.14　雷诺数随气温变化

擦阻力。如果机翼表面的边界层是层流边界层，那么空气黏性所引起的摩擦阻力比较小；如果机翼表面的边界层是紊流边界层，那么空气黏性所引起的摩擦阻力就比较大。摩擦阻力的大小和黏性影响的大小、物体表面的光滑程度及物体与空气接触面积(称为浸润面积)等因素有关。模型飞机暴露在空气中的面积越大，摩擦阻力也越大。

为了减小摩擦阻力，可以减少模型飞机同空气的接触面积，也可以把模型表面做光滑些，使表面产生层流层。但不是越光滑越好，因为表面太光滑，容易引起层流边界层，在模型飞机的低雷诺数条件下，层流边界层的气流容易分离，会使压差阻力大大增加。

而对于不产生升力的部件，还是设法把它的表面打磨得比较光滑一些，以减小摩擦阻力。

2. 压差阻力

一块平板，平行于气流运动的阻力比较小，垂直于气流运动的阻力比较大，如图3.15所示。因为这种阻力是由于平板前后存在压力差而引起的，所以，我们把这种阻力叫作压差阻力，也称形状阻力。如果做进一步的研究，我们可以看到，产生这个压力差的根本原因还是由于空气的黏性。

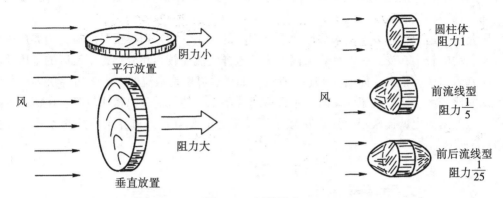

图 3.15 压差阻力

以圆球为例，当空气流动时，假设空气没有黏性，则圆球前后、上下的压力分布分别相同，所以既没有上下方向的压力差——升力，也没有前后方向的压力差——压差阻力，如图 3.16(a) 所示。只有当空气有黏性时，气流流过圆球表面会损失一些能量，使得在圆球的前端——驻点处分叉成上、下两股的气流，在绕过圆球后，不能够在圆球后端汇合在一起向后平滑地流去，于是产生气流分离的现象，如图 3.16(b) 所示。

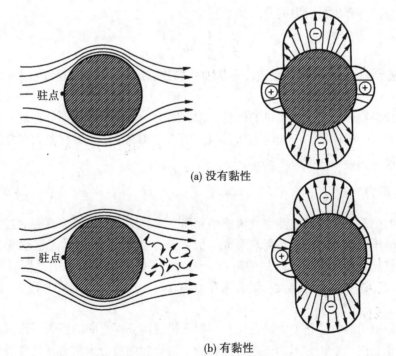

(a) 没有黏性

(b) 有黏性

图 3.16 驻点与黏度对气流的影响

压差阻力与物体的形状、物体在气流中的姿态及物体的最大迎风面积等有关，其中最主要的是与物体的形状有关。如果在垂直于气流的平板前面和后面都加上尖球的罩，成为流线型的形状，它的压差阻力就可以大大减少，有时可以减少 80%。所以，一般模型飞机的部件都采用流线型的。

压差阻力还与物体表面的边界层状态有很大的关系。如果边界层是层流，边界层内的空气质点动能较小，受到影响后容易停下来，这样气流比较容易分离，尾流区的范围比较大，压差阻力也就很大，如图 3.17(a) 所示。如果边界层是紊流的，由于边界层内空气质点的动能比较大，所以气流流动时就不太容易停下来，使气流分离得比较晚，尾流区就比较小，压差阻力也就比较小。所以从减小压差阻力的观点看，边界层最好是紊流，如图 3.17(b) 所示。

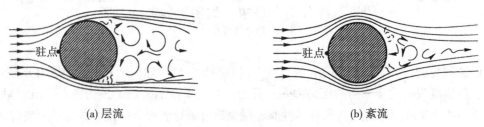

(a) 层流　　　　　　　　　　　　　　　　(b) 紊流

图 3.17　物体表面状态对气流的影响

在通常情况下，机翼的阻力主要是压差阻力和摩擦阻力。两者之和几乎是总的阻力，叫作翼型阻力。计算机翼阻力的公式如下：

$$X = \frac{1}{2} C_X \rho v^2 S \tag{3-7}$$

式中，X 是翼型阻力；C_X 是阻力系数；ρ 为空气密度；v 为空气流动速度；S 为物体的最大迎风面积。

对于流线型物体，如模型飞机的机身，摩擦阻力占总阻力的大部分；而对于非流线型的物体，如平板、圆球等，压差阻力在总阻力中占主要成分。这两种阻力在总阻力中所占的比例随物体形状的不同而有所变化。

3. 诱导阻力

在机翼的两端，机翼下表面空气流速小而压力大，压力大的气流就会绕过翼尖，向机翼上表面的低压区流动，于是在翼端形成一股涡流，如图 3.18 所示。它改变了翼端附近流经机翼的气流方向，引起了附加的阻力。因为它是升力诱导出来的，所以叫作诱导阻力。升力越大，诱导阻力也越大，但机翼升力为 0 时，这种阻力也减少到 0，所以又称之为升致阻力。

减小诱导阻力的方法是增大展弦比。一般把机翼两翼端之间的距离叫作翼展。不论机翼的平面形状如何，是长方形的还是后掠形的，两翼尖端的最远距离就是翼展。翼展同翼弦的比叫作展弦比，如果机翼又细又长，则它的展弦比大，对应的诱导阻力相对较小。另外，还可以把机翼形状做成梯形或椭圆形，这两种形状机翼的诱导阻力比矩形机翼的诱导阻力小，如图 3.19 所示。

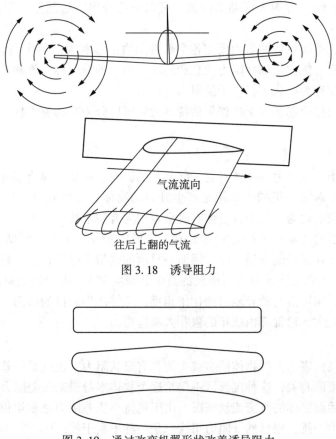

气流流向

往后上翻的气流

图 3.18 诱导阻力

图 3.19 通过改变机翼形状改善诱导阻力

4. 干扰阻力

对于整架模型飞机来说，产生升力的除机翼外，还有尾翼；产生阻力的除机翼外，还有机身、尾翼、起落架、发动机等部分。另外，飞机各个部件之间不同程度的相互衔接处也会产生附加阻力。整架飞机阻力与单独部件阻力总和之间的差值称为干扰阻力，如图3.20 所示。

附加阻力

图 3.20 干扰阻力

例如，在机翼与机身连接处气流容易发生分离，产生很大的干扰阻力，如果在翼身连接处加整流包皮，使二者的表面圆滑过渡，可以避免分离，这部分的干扰阻力也就大大减小。

一般情况下，整架飞机的阻力要比各个部件阻力的总和大。但个别设计得好的飞机，其整机阻力甚至有可能比各部件阻力的总和还小。前一种情况称为不利干扰，干扰阻力为正值；后一种情况称为有利干扰，干扰阻力是负值。

干扰的类型根据引起部件干扰作用的特点大致可以分为：涡流干扰、尾流干扰和压力干扰三种。

1) 涡流干扰

涡流干扰是指产生升力的物体对它后面部件的影响。例如，螺旋桨滑流对滑流区域内部件的影响。由于涡流干扰的干扰源是产生升力的物体，所以它可以认为是一种升力干扰。升力干扰一般表现为不利干扰。但有时会表现为有利干扰。

小常识：成群的大雁在飞行时常常编成人字形或者斜一字形，领队的大雁排在最前头，幼弱的小雁则在最外侧或最末尾。后面一只雁的翅膀正好处在前一只雁翅膀所形成的翼尖涡流中(这种涡流与诱导阻力所提到的翼尖涡流类似)，由于涡流呈螺旋形，它对于后面那只大雁的影响恰恰与诱导阻力的作用相反，能够产生助推的作用。因此，领队的大雁的体力消耗比较大，通常都由成年的强壮大雁担当。

2) 尾流干扰

任何突出在飞机表面上的物体或多或少地都有形状阻力，也就是压差阻力。压差阻力与物体后面的尾流区有关，这种尾流区不仅给这个物体本身带来压差阻力，而且尾流还会顺流而下影响它后面物体的气流流动情况。由于尾流与压差阻力是密切相关的，所以这种干扰也可称为阻力干扰。很显然，阻力干扰总是一种不利干扰。

3) 压力干扰

气流流过物体时，物体表面会受到空气压力，这种压力分布与物体形状密切相关。所以在飞行中，飞机各个部件表面的压力分布是各不相同的。在飞机上任何两个相互连接的部件(如机身与机翼、机身与尾翼等)的结合处，不同部件的压力分布会互相影响，从而影响部件结合处附近的气流状态，严重的还会导致气流分离。

一般模型飞机，水平尾翼产生的升力只有机翼的 5%左右，可以忽略不计。整架飞机的阻力可以通过把各部分的阻力系数综合成一个总的阻力系数，是考虑诱导阻力和由于干扰造成的附加阻力而估算出来。由于估算不是十分准确，所以还需要通过试飞才能确定下来。我们应尽量改善模型飞机各部件之间的配置，争取把这种干扰影响减到最小。

3.5.3　升阻比

评价一架飞机或者机翼的好坏，不能只看升力有多大，还要看它的阻力有多大，升力大，阻力小，才是好的。为此，引入"升阻比"这个概念，升阻比用 K 表示，它是升力 Y 同阻力 X 的比：

$$K = \frac{Y}{X} \tag{3-8}$$

对于一个机翼来说，升阻比还可以表示为升力系数同阻力系数的比：

$$K = \frac{Y}{X} = \frac{C_Y\left(\frac{1}{2}\rho v^2 S\right)}{C_X\left(\frac{1}{2}\rho v^2 S\right)} = \frac{C_Y}{C_X} \tag{3-9}$$

飞机的机翼,其弧线在一定范围内,弯度越大,升阻比越大。但超过这个范围,阻力增加很快,升阻比反而下降。

3.5.4 失速

在机翼迎角较小的范围内,升力随着迎角的加大而增加,但当迎角加大到某一定值时,升力就不再增加了,这时的迎角为临界迎角。超过临界迎角后,迎角再加大,阻力增加,升力反而减小,就产生了失速现象。如图 3.21 所示,为失速前后流经翼面的气流变化情况。

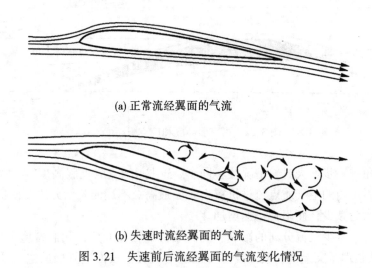

(a) 正常流经翼面的气流

(b) 失速时流经翼面的气流

图 3.21　失速前后流经翼面的气流变化情况

1. 失速的原因

产生失速的原因是:由于迎角的增加,机翼上表面从前缘到最高点压强减小和从最高点到后缘压强增大的情况更加突出。空气在向后流动的过程中,边界层内的空气质点的流速将随着气流减速而开始减慢,加上黏性的影响,又会在机翼上表面附近消耗一部分动能,而且越靠近机翼表面动能消耗得越多。这样流动的结果是边界层内最靠近机翼表面的那部分空气质点在到达后缘之前就已经流不动了。特别是超过临界迎角后,气流在流过机翼最高点的不远处就从翼表面上分离了。于是外面的气流为了填补"真空",发生反流现象,边界层外的气流也不再按照机翼上表面形状流动。在这些气流与机翼上表面之间,气体打转形成漩涡,翼面向后流动,在翼面后半部分产生很大的涡流,造成阻力增大,升力减小。边界层内空气质点刚开始停止运动,并出现反流现象的这一个点,称为分离点。

研究表明,任何一种机翼翼型,如果其他条件相同,对于某一个给定的雷诺数,都存在一个对应的边界层内空气质点能克服的高压、低压的差值。这种压力差可以形象地用一个把机翼迎角和翼型几何形状都综合在一起的机翼上表面的最高点与后缘之间的垂直距离来表示，称为"可克服高度"，如果不超过这个"可克服高度"，空气质点具有足够的动能来克服高压、低压的差值，所以不会向边界层分离。但如果机翼迎角超过了允许的极限值，就会出现气流分离。例如在图 3.22 中，迎角从原来的 5°增加到 6.5°，"应克服高度"超过了"可克服高度"，就会出现气流分离。当然，如果迎角不是很大，"应克服高度"与"可克服高度"的差别不是很大，那么边界层内空气质点向后流动不会很困难，只是在接近后缘的机翼上表面附近气流才开始分离。气流在这个时候分离对升力和阻力的影响都不大。

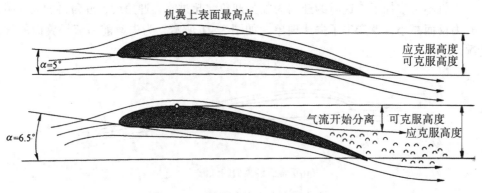

图 3.22　可克服高度和应克服高度

当机翼迎角进一步增大时，情况便不同了。这是由于"应克服高度"与"可克服高度"差值变大，边界层内的空气质点流过机翼上表面最高点不远便开始分离，使机翼上表面充满涡旋，升力大为减少，而阻力迅速增加。

很显然，为了减少气流分离的影响，提高飞机的临界迎角，我们希望尽可能增加"可克服高度"，从物理意义上讲，就是要尽可能地使机翼上表面边界层的空气质点具有比较大的动能，以便能够顺利地流向机翼后缘的高压区。

模型飞机出现失速的现象，比真飞机更普遍。因为模型飞机机翼的临界迎角比真飞机小，加上模型飞机的重量比较轻，飞行速度也比较低，在飞行中稍微受到一些扰动（如上升气流），便会使飞机迎角接近或者超过临界迎角而引起失速。

2. 推迟失速产生的办法

要推迟失速的产生，就要想办法使气流晚一些从机翼上分离。机翼表面如果是层流边界层，气流比较容易分离；如果是紊流边界层，气流比较难分离。也就是说，为了推迟失速，在机翼表面要造成紊流边界层。一般来说，使雷诺数增大，机翼表面的层流边界层容易变成紊流边界层。提高模型飞机的飞行速度和机翼弦长可以提高模型飞机的飞行雷诺数。但是，模型飞机的速度一般很低，翼弦很小，所以雷诺数不可能增加很大。模型飞机飞行时，机翼的雷诺数有可能与翼型的临界雷诺数接近。很多时候，只要把翼弦稍微加长一点，使雷诺数正好比临界雷诺数大，便可以使性能提高很多。

实际上，设计模型飞机时都会设法在失速前使机翼抖动及操纵杆振动，或者在机翼上装置气流分离警告器，以警告驾驶员飞机即将失速。失速前，模型飞机一般都没什么征兆，初学降落可能因进场时做了太多的修正，耗掉了太多速度，飞机一下子就摔下来。

1）人工扰流

人们发现通过人工扰流，也可以使层流边界层变成紊流边界层。具体的做法如图3.23所示，在机翼上表面前缘部分贴上细砂纸或粘上细锯末［图3.23(a)］；也可以在机翼上表面近前缘部分粘上一条细木条或粗的扰流线［图3.23(b)］；或者在机翼翼展前缘部分每隔一定距离垂直地开一排扰流孔［图3.23(c)］；也可以在前缘前面开一根有弹性的扰流线［图3.23(d)］；或者在前缘粘上呈虚线状的扰流器［图3.23(e)］；以及在前缘粘上锯齿形的扰流器［图3.23(f)］。

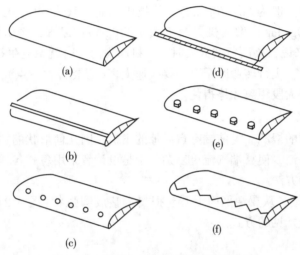

图 3.23　机翼上加装扰流器以避免失速

2）控制展弦比

从雷诺数的观点来看，机翼越宽、速度越快则越好。但我们不要忘了阻力，短而宽的机翼诱导阻力会消耗掉大部分的功率，虽然诱导阻力是与速度平方成反比的。理论上讲，如果飞得不够快，诱导阻力就不是问题了，但是随着速度变快，压差阻力也会与速度平方成正比地增大；还有飞机在降落时考虑跑道长度、安全性等，真机还有轮胎的磨耗，我们需要一个合理的降落速度。火箭、导弹飞得很快而且不用考虑降落，所以展弦比都很低，而飞机则要有适合的展弦比。一般适合的展弦比为5~7，超过8要特别注意机翼的结构，要不一阵风吹来就断了，滑翔机实机的展弦比有些高达30以上，还曾经出现过套筒式的机翼，翼展可视需要伸长或缩短。

摩擦阻力、压差阻力与速度的平方成正比，速度越大阻力越大，诱导阻力则与速度的平方成反比，所以高速飞机一般不考虑诱导阻力，故其展弦比低。滑翔机速度慢，常通过提高展弦比来降低诱导阻力；同时，滑翔机没有动力，采取高展弦比以降低阻力是唯一的方法。展弦比高的机翼一般翼弦都比较窄，雷诺数小，所以要仔细选择翼型，避免过早失速。另外，高展弦比代表滚动的转动惯量大，所以不要做出滚转的特技。高展弦比还有一个特性：在高展弦比情况下，迎角增加时升力系数的增加会比低展弦比快，低展弦比比机翼升力系数在迎角更大时才到达最大值，所示高展弦比的滑翔机并不需要大尾翼就可以操纵升降。

3）控制翼面负载

失速也与翼面负载有很大关系。翼面负载就是主翼每单位面积所分担的重量，这是评估一架飞机性能很重要的指标，模型飞机采用翼面负载的单位是克/平方分米（g/dm^2），实际的单位则是牛/平方米（N/m^2）。翼面负载越大，就是相同翼面积要负担更大的重量，如果买飞机套件，大部分翼面负载都标示在设计图上。计算翼面负载很简单，把飞机（全配重量不加油）称重，再把翼面积计算出来（一般为简化计算，与机身结合部分仍算在内），两者相除就得出了翼面负载。例如，一架 30 级练习机重 1700g，主翼面积 30dm²，则翼面负载为 56.7g/dm²。

练习机翼面负载一般为 $50\sim70g/dm^2$，特技机翼面负载为 $60\sim90g/dm^2$，热气流滑翔机翼面负载为 $30\sim50g/dm^2$，像真机翼面负载在 $110g/dm^2$ 以内，牵引滑翔机翼面负载为 $12\sim15g/dm^2$。总体来说，翼面负载太大时，飞机起飞滑行时就像老牛拉破车，慢慢加速；飞机好不容易起飞后，飞行转弯时千万不要减速太多（弯要转大一点），否则很容易失速，降落速度快，滑行一大段距离才停得住。

4）减少诱导阻力

翼端是诸多问题的根源。翼前端有点后掠的飞机，因几何形状的关系，翼前缘的气流不但往后走而且往外流，使翼端气流更复杂，于是设计者采用各式各样的方法来减小诱导阻力，常见以下 5 种方法。

（1）圆弧截面翼端。从翼端剖面上看，把翼端整成圆弧状（图 3.24）以增加气流流动路径，是模型飞机最常见的方式。

图 3.24　圆弧截面翼端

（2）三角截面翼端。从翼端剖面上看，把翼端整成后掠的三角（图 3.25），希望涡流尽量远离翼端。

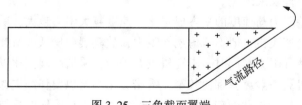

图 3.25　三角截面翼端

(3)梭形附加翼端。把翼端装上油箱或电子战装备，顺便隔离气流，不让它往上翻，一举两得。

(4)倾斜小翼。这是目前最流行的做法。大部分小翼是往上伸，但也有些是往下伸的，实机的小翼很明显，飞行时看得非常清楚，波音747-400也是如此。小翼的作用除了隔离翼端上下的空气以减少诱导阻力外，因安装的角度关系还可提供一些向前的力。

(5)分叉翼端。老鹰的翼端是分叉的，滑翔中的老鹰，翼端的羽毛几何没有扰动，可见这种翼端的效率非常高。分叉翼端原理同此。

3.6 无人机的稳定性

无人机的稳定性是指无人机受到小扰动(包括阵风扰动和操控扰动)后，偏离原平衡状态，并在扰动消失后自动恢复原平衡状态的特性。如果能恢复，则说明无人机是稳定的；否则，说明无人机是不稳定的。

3.6.1 纵向稳定性

纵向稳定性是指无人机绕横轴的稳定性。

当无人机处于平衡状态时，如果有一个小的外力干扰，使它的迎角变大或变小，无人机抬头或低头，绕横轴上下摇摆(也称为俯仰运动)；当外力消除后，操纵人员如果不进行干预，仅靠无人机本身产生一个力矩，使它恢复到原来的平衡飞行状态，则这架无人机是纵向稳定的。如果无人机不能靠自身恢复到原来的状态，称为纵向不稳定；如果无人机既不恢复，也不远离，总是上下摇摆，就称为纵向中立稳定，如图3.26所示。

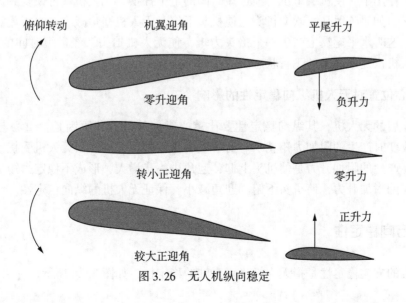

图3.26 无人机纵向稳定

无人机的纵向稳定性也称为俯仰稳定性，其由无人机重心在焦点(无人机迎角改变时附加升力的着力点称为焦点)之前来保证。影响无人机纵向稳定性的主要因素是无人机的水平尾翼和无人机的重心位置，如图 3.27 所示。

图 3.27　无人机的焦点与重心

1. 水平尾翼对无人机纵向稳定性的影响

当无人机以一定的迎角做稳定的飞行时，如果一阵风从下吹向机头，使无人机机翼的迎角增大，无人机抬头。阵风消失后，由于惯性的作用，无人机仍要沿原来的方向向前冲一段路程。这时由于水平尾翼的迎角也跟着增大，从而产生了一个低头力矩。无人机在这个低头力矩作用下，使机头下沉。经过短时间的上下摇摆，无人机就可恢复到原来的飞行状态。同样，如果阵风从上吹向机头，使机头下沉，无人机迎角减小，水平尾翼的迎角也跟着减小。这时水平尾翼上产生一个抬头力矩，使无人机抬头，经过短时间的上下摇摆，也可使无人机恢复到原来的飞行状态。

2. 重心位置对无人机纵向稳定性的影响

重心靠后的无人机，其纵向稳定性要比重心靠前的差。其原因是：重心与焦点距离小，迎角改变时产生的附加力矩就小。对于重心靠后的无人机，当无人机受扰动而增大迎角时，机翼产生的附加升力是使机头上仰，迎角进一步增大，形成不稳定力矩。这时主要靠水平尾翼的附加升力，使机头下俯，迎角减小，保证无人机的纵向稳定性。

3.6.2　方向稳定性

无人机的方向稳定性是指无人机绕垂直轴的稳定性，如图 3.28 所示。

图 3.28　无人机绕垂直轴的稳定性

无人机的方向稳定力矩是在侧滑中产生的。所谓侧滑，是指无人机的对称面与相对气流方向不一致的飞行。它是一种既向前方又向侧方的运动。

无人机侧滑时，空气从无人机侧方吹来，相对气流方向与无人机对称面之间的夹角称为侧滑角，也称偏航角。

对无人机方向稳定性影响最大的垂直尾翼。另外，无人机机身的侧面迎风面积也起相当大的作用，其他如机翼的后掠角、发动机短舱等也有一定的影响。

当无人机稳定飞行时，不存在偏航角，处于平衡状态。如果有一阵风突然吹来，使机头向右偏(此时，相对气流从左前方吹来，称为左侧滑)，便有了偏航角。阵风消除后，由于惯性作用，无人机仍然保持原来的方向，向前冲一段路程。这时，风吹到偏斜的垂直尾翼上，产生了一个向右的附加力。这个力便绕无人机重心产生了一个向左的恢复力矩，使机头向左偏转。经过一阵短时间的摇摆，消除偏航角，无人机恢复到原来的平衡飞行状态。

同样，当无人机出现右侧侧滑时，就形成使无人机向右偏转的方向稳定力矩。可见，只要有侧滑，无人机就会产生稳定力矩。而方向稳定力矩总是要使无人机消除偏航角。

3.6.3　侧向稳定性

无人机的侧向稳定性是指无人机绕纵轴的稳定性。

处于稳定飞行状态的无人机，如果有一个小的外力干扰，使机翼一边高一边低，无人机绕纵轴发生倾侧。当外力取消后，无人机靠本身产生一个恢复力矩，自动恢复到原来飞行状态，这架无人机就是侧向稳定的，否则就是侧向不稳定。

保证无人机侧向稳定性的因素主要有机翼的上反角和后掠角。

1. 上反角的侧向稳定性作用

上反角是机翼基准面和水平面的夹角，如图 3.29 所示。当无人机稳定飞行时，如果有一阵风吹到无人机左翼上，使左翼抬起，右翼下沉，无人机绕纵轴发生倾侧。无人机向右下方滑过去，这种飞行动作就是"侧滑"，侧滑受力简图如图 3.30 所示。

无人机侧滑后，相对气流从与侧滑相反的方向吹来。吹到机翼上后，由于机翼上反角的作用，相对风速与下沉的那只机翼之间所形成的迎角，要大于上扬的那只机翼的迎角。因此，前者上产生的升力也大于后者。这两个升力之差，对无人机重心产生了一个恢复力矩，经过短时间的左右倾侧摇摆，就会使无人机恢复到原来的飞行状态。上反角越大，无人机的侧向稳定性就越好。现代无人机机翼的上反角为 -10°~+7°，负上反角就是下反角，下反角起到侧向不稳定的作用。

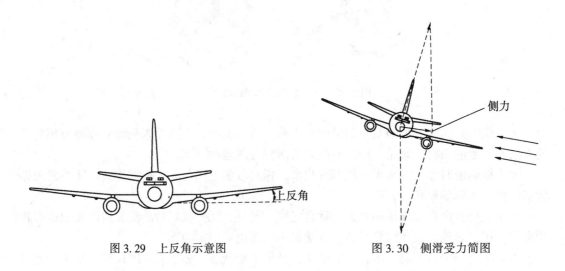

图 3.29　上反角示意图　　　　　　　　图 3.30　侧滑受力简图

2. 后掠角的侧向稳定作用

后掠角是指机翼平均气动弦长连线自翼根到翼尖向后倾斜的角度，如图 3.31 所示。一架后掠角机翼的无人机原来处于稳定飞行状态，当阵风从下向上吹到左机翼上时，破坏了稳定飞行，无人机左机翼上扬，右机翼下沉，机翼侧倾，无人机便发生侧滑，侧滑受力简图如图 3.32 所示。

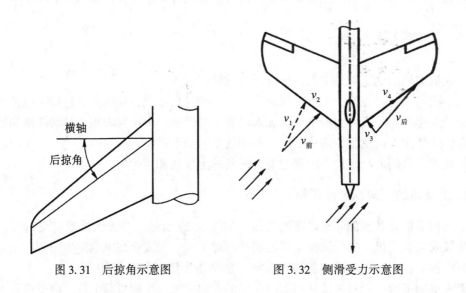

图 3.31　后掠角示意图　　　　　　图 3.32　侧滑受力示意图

阵风消除后，无人机沿侧滑方向飞行。这时沿侧滑方向吹来的相对气流，吹到两边机翼上。作用到两边机翼上的相对风速虽然相同，但由于后掠角的存在，作用到前面的机翼的垂直分速大于作用到落后的那只机翼上的垂直分速。所以下沉的那只机翼上的升力要大于上扬的机翼上的升力，二者之差构成恢复力矩，它正好使机翼向原来的位置转过去。这样经过短时间的摇摆，无人机最后恢复到原来的稳定飞行状态。

机翼的后掠角越大，恢复力矩也越大，侧向稳定的作用也就越强。如果后掠角太大，就可能导致侧向过分稳定，因而采用下反角就成为必要的了。

3. 影响侧向稳定性的其他因素

保证无人机的侧向稳定作用，除了机翼上反角和后掠角两项重要因素外，还有机翼和机身的相对位置。上单翼起侧向稳定作用，而下单翼则起侧向不稳定的作用，如图 3.33 所示。此外，无人机的展弦比和垂直尾翼对侧向稳定性也有一定的影响。

无人机的侧向稳定性和方向稳定性是紧密联系并互为影响的，二者合起来称为无人机的"横侧稳定性"。二者必须适当地配合，过分稳定和过分不稳定都对飞行不利。同时，若二者配合得不好，如方向稳定性远远地超过侧向稳定性，或者相反，都会使得横侧稳定性不好，甚至使无人机陷入不利的飞行状态。

(a)上单翼无人机　　　　　　　　　　　　(b)下单翼无人机

图 3.33　无人机侧稳定性

【习题与思考题】

1. 在空气动力学中，什么是相对性原理？什么是连续性原理？简述伯努利定理。
2. 无人机翼型的组成有哪些？翼型的类型有哪些？
3. 无人机的升力如何产生？
4. 无人机的阻力有哪些？在什么情况下，会导致无人机失速？
5. 无人机的压力中心与重心在什么位置？

第4章 无人机安全操控

【学习目标】 通过本章学习，理解无人机航空摄影安全作业基本要求、作业流程与注意事项；能进行无人机模拟器的训练；能进行固定翼无人机飞行前的准备与操控；能进行多旋翼无人机飞行前的准备与操控。

4.1 无人机航空摄影安全作业及基本要求

4.1.1 飞行安全的定义

飞行安全是指航空器在运行过程中，不出现由于运行失当或外来原因而造成航空器上人员或者航空器损坏的事件。事实上，由于航空器的设计、制造与维护难免有缺陷，其运行环境(包括起降场地、运行空域、逐行系统、气象情况等)又复杂多变，机组人员操作也难免出现失误等原因，往往难以保证绝对的安全。

4.1.2 安全作业的重要

无人机属于航空器，具有高使用风险性。无人机的不规范使用会危及国家和公共安全。飞行事故有可能造成人身伤害，以及较大的经济损失，所以需要高度重视无人机的安全作业，尽量避免无人机应用的风险。

无人机作业时必须执行国家相关管理规定，进行航空管制协调与申报，对操作人员进行操纵技能培训。

4.1.3 技术准备

进行无人机航空摄影之前，需要进行技术准备。技术准备工作主要包括资料收集、技术设计两个方面。

1. 资料收集

资料收集内容主要有：图件与影像资料(地形图、规划图、卫星影像、航摄影像等)，地形地貌，气候条件，机场，重要设施等。

资料收集的目的：确定设备能否适用摄区环境；判断是否具备空域条件；用于航摄技术设计；制作详细的项目实施方案。

收集资料时，工作人员需对摄区或摄区周围进行实地踏勘，采集地形地貌、地表植被，以及周边的机场、重要设施、城镇布局、道路交通、人口密度等信息，为起降场地的选取、航线规划、应急预案制订等提供资料。实地踏勘时，应携带手持或车载 GPS 设备，记录起降场地和重要目标的坐标位置，结合已有的地图或影像资料，计算起降场地的高程，确定相对于起降场地的航摄飞行高度。

2. 技术设计

技术设计要求：飞行高度应高于摄区和航路上最高点 100m 以上；总航程应小于无人机能到达的最远航程；根据地面分辨率、航摄范围的要求，设计航摄时间、航线布设、影像重叠度、分区等。

4.1.4 设备器材选用

根据航摄任务性质和工作内容，选择所需的飞行设备器材，其规格型号、数量和技术性能指标应满足航摄任务的要求。

设备性能指标要满足航摄项目要求，设备器材及备品、备件准备要充足，应对选用的设备进行检查和调试，使其处于正常状态。

4.1.5 场地选取

1. 常规航摄作业

根据无人机的起降方式，寻找并选取适合的起降场地，常规航摄作业，起降场地应满足以下要求：
(1)距离军用、常用机场 10km 以外；
(2)起降场地相对平坦，通视良好；
(3)远离人口密集区，半径 200m 范围内不能有高压线、高大建筑物、重要设施等；
(4)地面应无明显凸起的岩石块、土坎、树桩、水塘、大沟渠等；
(5)附近应没有正在使用的雷达站、微波中继、无线通信等干扰源，在不能确定的情况下，应测试信号的频率和强度，如对系统设备有干扰，须改变起降场地；
(6)无人机采用滑跑起飞、滑行降落的，滑跑路面条件应满足其性能指标要求。

2. 应急航摄作业

灾害调查与监测等应急性质的航摄作业，在保证飞行安全的前提下，起降场地要求可适当放宽。

4.1.6 飞行流程

一般无人机的飞行流程如图 4.1 所示。

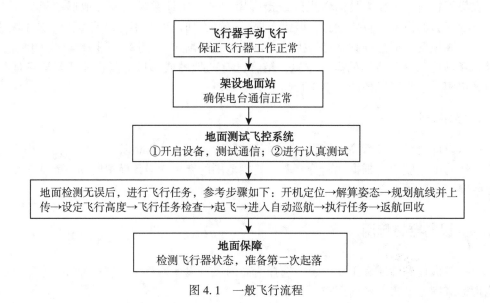

图 4.1　一般飞行流程

4.2　无人机模拟器及训练

无人机飞控技术越发达，对无人机的手动操控技术要求越高。要成为无人机驾驶员，必须经过大量的、系统的驾驶操控技术训练。对于初步接触无人机驾驶操控者，其对无人机动作的反应不熟练，容易造成事故，为了有效缓解真实无人机训练带来的弊端，应首先进行一定时间的无人机模拟器训练。

4.2.1　无人机模拟器的构成

为充分发挥无人机模拟器的各项性能，我们必须了解无人机模拟器的结构。无人机模拟器主要由地面站控制仿真模块、无人机任务荷载仿真模块、地面站与无人机数据链路仿真模块、数据处理图像生成模块、无人机飞行控制仿真模块、图像显示终端模块和训练评估模块等组成。

地面站与无人机数据链路仿真模块向无人机发出飞行控制的指令和无人机携带设备的任务荷载的指令。飞控仿真模块接收到飞行控制的指令后，把无人机当前的飞行参数与控制指令中的飞行参数进行对比分析，数据处理模块通过计算得到当前无人机的飞行位置和姿态，根据数据计算生成下一步的控制数据，控制无人机飞行。无人机机载设备需要通过处理任务荷载控制指令的数据，得到指令结果，控制无人机机载设备完成工作任务。之后，无人机飞行的仿真数据和任务荷载的仿真数据作为图像生成模块的输入数据，由图像生成模块对数据进行处理，最终的结论数据通过显示系统把无人机和机载设备的工作情况以人机交互的模式呈现出来。同时两条线路的数据都将输入训练评估模块，由该模块对无人机的模拟训练情况作评估。

4.2.2 无人机模拟器的作用

大量训练是练就过硬的无人机操控技能的保障，真实的无人机训练会存在一些弊端。首先，客观条件不允许过度的真机训练，真机训练的风险较大。若无人机在飞行时发生故障，操控人员无法直接接触无人机，很有可能导致无人机坠毁。其次，在无人机手动操控训练时，初学者手动操作易出现失误，若失误以后又无法及时修正，极有可能造成快速飞行的无人机坠毁，甚至造成人身伤亡。再次，真实无人机训练的花费过大，进行无人机实机训练，对无人机的要求极高，需要配备无人机飞行和机械安全的保障人员。在无人机训练初期的带飞阶段，还需要教员的实时指导和辅助修正。真机训练还需要消耗油料、电池等物质，同时会对无人机的有关部件造成磨损，减少无人机的寿命。

为解决采用无人机真机进行训练带来的问题，可借助无人机模拟器进行训练。为达到模拟器训练更接近真实无人机训练的效果，模拟器常设计成逼真的 3D 立体场景，进行视觉仿真，模拟器手柄按钮的外形、质感、功能与无人机真机训练设备一样。利用模拟器进行操作训练，操控者会得到和操作真实无人机一样的操作感受，达到同样的训练效果，为将来使用真实的无人机打下基础。

无人机操控人员在模拟器上可以完成多种训练科目。对于刚接触无人机操作的人员，在开始阶段几乎无法完成真机的飞行操控，必须在无人机模拟器上达到熟练操控飞机的程度才可以进行真机训练。无人机模拟器的作用主要体现在以下 3 个方面。

1. 模拟器训练的可逆性，有效避免学员的恐惧心理

在模拟器训练时飞机模型具有可逆性，飞机模型坠毁后即时生成新模型。以直升机为例，直升机在日常应用中最重要的动作就是悬停。对于初学者来说，手动控制直升机达到悬停的状态是很有难度的，需要重复地做自主强化训练来达到手部微调动作的养成。无人机驾驶学员刚开始练习模拟器时，由于对无人机的操控比较陌生，在短时间内就会发生坠机。如果这种情况发生在真机训练时，学员会产生比较紧张的心理。如果发生在真机训练的带飞阶段，教员会提前接管飞机以防止发生坠机事件，这样学员的操作权力就被剥夺了，从而导致学员无法体会到在多种情况下无人机的操作手法。在无人机模拟器训练时，坠机后会马上生成新的模型，学员不存在坠机的恐惧心理，并可以充分体会到各种应急情况下的操作手法。在无人机模拟器训练时，学员可保持比较平和的心态，从而更容易熟练掌握无人机的操控技能。

2. 模拟器训练可实现单通道控制，便于学员选择训练动作

无人机在空中飞行，可以产生俯仰运动、偏航运动和滚转运动。在真实飞行过程中，这些动作需要同时完成，对应的具体操作为升降舵操作、方向舵操作和副翼舵操作，无人机操控者需要迅速协调地完成手部动作，以达到无人机的平稳控制。这对于刚开始进行无人机驾驶培训的学员是无法同时完成的，需要分别进行训练，这在真机训练中是无法实现的。模拟器训练可以实现单通道控制，模拟器操控者可以选择单升降舵操作、单副翼舵操作和单方向舵操作。在单通道训练熟练后，模拟器操控者还可以选择双通道训练，即升降

加副翼操作、升降加方向操作和副翼加方向操作。这样操作难度逐渐增大，符合人的认知规律，无人机模拟器训练人员能够更快地适应无人机操控训练，在短时间内即可达到较理想的训练效果。

3. 模拟器训练可降低成本，进行可逆性训练

经过初级阶段无人机模拟器的训练，无人机驾驶学员可以形成对无人机动作反馈快速准确的条件反射。这样可以有效避免真机训练的弊端，大大降低风险，避免操作失误而造成无人机坠机等损失，减少油料、电池等的消耗，节约经费，降低训练成本。无人机操控人员可以通过模拟器不断地进行可逆性训练，强化特定动作的训练效果，不断提高自身的无人机操控技能。

无人机模拟器在无人机驾驶训练中发挥了重要的作用，但也有其局限性。模拟器训练应作为实际训练的补充，而非完全替代。无人机模拟器不能模拟无人机的所有程序，也不能将所有类型的无人机融入其中，例如，模拟器不适宜进行无人机着陆训练，无人机驾驶员不能很好地从模拟器获取飞机着陆状态的反馈。特别在无人机执行具体任务时，空地协同任务的完成需要更多的实际训练。

总之，无人机模拟器可以模拟无人机从起飞到着陆之间的各个环节，有利于初学者手动操控与飞机动作之间条件反射的建立以及无人机驾驶员熟练驾驶技能的培养。随着计算机硬件技术和飞行仿真技术的发展，无人机模拟器会更加完善，在驾驶培训方面发挥更大的作用。

4.2.3　无人机模拟器训练

1. 常用模拟器

（1）Real Flight 是目前普及率最高的一款模拟飞行软件，它具有拟真度高、功能齐全、画面逼真等优点。

（2）Reflex XTR 是老牌的德国模拟器软件，适合直机的模拟练习，附带精选的 26 个飞行场景、100 多架各个厂家的直升机、100 多架各个厂家的固定翼、60 部飞行录像。

（3）AREOFLY 是一款德国的模拟器软件，逼真度较高，适合中高级训练者使用，但价格昂贵，对电脑硬件要求较高。

（4）凤凰（PHOENIX）模拟器是一款受欢迎的国产模拟器软件，效果逼真，场景迷人。

2. 模拟器软件安装与设置（以 PHOENIX 为例）

1）模拟器的安装

如图 4.2 所示，点击运行安装包里的 setup.exe 文件，按照程序提示进行安装。

DX9.0　　setup.exe　　setup-1a.bin　　setup-1b.bin　　SM2000控制台.exe　　SM2000说明书.chm

图 4.2　模拟器安装包

2)凤凰模拟器的设置

如图 4.2 所示，鼠标右键单击安装包里的 SM2000 控制台.exe，弹出下拉菜单，如图 4.3 所示，选择"以管理员身份运行"；运行结束后，在桌面右下角右键单击控制台图标 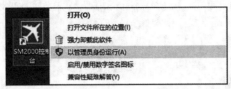 ，选择"Phoenix RC"，如图 4.4 所示。

图 4.3　运行 SM2000 控制台

图 4.4　选择 Phoenix 模拟器

双击运行凤凰模拟飞行软件。

在打开的飞行软件平台上，如图 4.5 所示，单击左上角"系统设置"菜单，可对模拟软件进行设置。

(1)如图 4.5 所示，选择"系统设置"→"校准遥控器"。

(2)如图 4.5 所示，选择"系统设置"→"遥控器通道设置"，将操作方式设定为 SM2000 mode1 或 SM2000 Plus mode1，如图 4.6 所示。

图 4.5　模拟软件设置界面

图 4.6　遥控器通道设置

(3)如图 4.5 所示，单击"选择模型"→"更换模型"菜单，在弹出的"更换模型"窗口中选择无人机型号，例如选择"Multi-rotors"下的 Blade 350-QX 型号的多旋翼无人机，如图 4.7 所示，此无人机设置有简单飞控及 GNSS 模块，操作方便。

图 4.7 选择无人机型号

(4)设置场地、天气、视角以及屏幕显示内容，如图 4.8 所示。

图 4.8 场地、天气等设置

(5)模拟器软件的安装设置完成，就可以使用模拟器练习飞行。

3. 模拟器练习手法

遥控手法的选择分为美国手、日本手及其他，美国手、日本手为主流对象。下面以固定翼无人机模拟器为例，讲述模拟器的练习手法。

1)美国手

美国手的油门和方向在左边，副翼和升降在右边，如图 4.9 所示。左手操纵杆(以下简称为左杆)向上是油门加大，飞机速度加快(油门杆是不回中的)；反之，左杆向下，油门减小，速度减慢。左杆向左，方向舵向左偏转，飞机航向向左偏转(方向杆要回中)；反之，左杆向右，方向舵向右偏转，航向向右偏转。右手操纵杆(以下简称为右杆)向下，升降舵向上偏转，飞机机头向上爬升(升降杆要回中)；反之，右杆向上，升降舵向下偏转，飞机头向下俯冲。右杆向左，右边副翼向下偏转，左边副翼向上偏转，飞机以机身为轴心向左倾斜(副翼杆要回中)；反之，向右倾斜。

2) 日本手

日本手的油门和副翼在右边，方向和升降在右边，如图 4.10 所示。右杆向上是油门加大，飞机速度加快(油门杆是不回中的)；反之，油门减小，速度减慢。右杆向左，右边副翼向下偏转，左边副翼向上偏转，飞机以机身为轴心向左倾斜(副翼杆要回向右)；反之，向右倾斜。左杆向左，方向舵向左偏转，飞机航向向左偏转(方向杆要回中)；反之，向右，航向向右偏转。左杆向下，升降舵向上偏转，飞机机头向上爬升(升降杆要回中)；反之，向上，升降舵向下偏转，飞机机头向下俯冲。

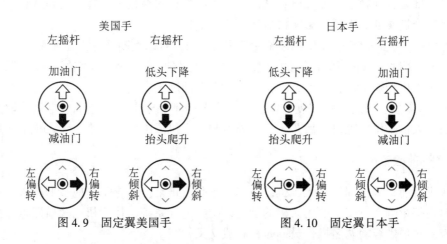

图 4.9 固定翼美国手   图 4.10 固定翼日本手

4.3 固定翼无人机操控

4.3.1 飞行前准备

1. 电磁干扰源测试

飞行前，注意观察飞行区域周边电磁干扰源情况。进行这项工作的原因有如下 3 点。

(1)现在主流的飞行器无线电遥控设备采用 2.4GHz 频段，现在家用的无线路由器均采用 2.4GHz 频段，发射功率虽然不高，但城市区的路由器数量大，难免会干扰遥控器的无线操控，导致失控。

(2)为保证手机信号的覆盖率，国内三大电信运营公司(电信、移动、联通)，在城中或乡镇地区密集建设地面基站网络。虽然此无线发射信号的频率和无人机遥控设备的频率相差较大，但由于地面基站发射功率较大，无人机靠近时，直接影响飞行控制的正常工作。

(3)部分较大型无线电设备直接影响飞行，如雷达、广播电视信号塔、高压线(电弧区)等。

2. 气象资料收集

飞行前，注意气象观察。影响无人机飞行的气象环境主要包括风速、雨雪、大雾、空气密度、大气温度等。

(1)风速：建议飞行风速在 4 级(5.5~7.9m/s)以下，遇到楼房建筑或者峡谷等地段，应注意突风现象。通常，起飞重量越大，抗风性越好。

(2)雨雪：首先，市面上多数无人机设备无防水功能，股雨雪形成的水滴会影响无人机电子电路部分，导致短路或漏电；其次，无人机的机械结构部分零件为铁或钢等金属材料，进水后会被腐蚀或生锈，影响机械运动正常进行。

(3)大雾：主要影响操纵人员的视线和镜头画面，难以判断实际安全距离。

(4)空气密度：随着海拔高度的增加，大气层空气密度减小。在空气密度较低的环境中飞行，无人机转速增加，电流增大，导致续航时间减少。

(5)大气温度：飞行环境温度非常重要，主要是不利于电机、电池、电调等散热。因为大多数无人机采用风冷自然散热，环境温度与无人机温度相差越小，无人机散热越慢。

3. 飞行前检查

每次飞行前，须仔细检查无人机设备的状态是否正常。检查工作应按照检查内容逐项进行，对直接影响飞行安全的无人机的动力系统、电气系统、执行机构及航路点数据等应重点检查。每项内容须两名操作员同时检查或交叉检查。

1)无人机的检查

无人机的检查，包括外观机械部分检查、电子部分检查，以及上电后的检查，具体操作如下。

(1)外观机械部分检查。

①上电前应检查机械部分相关零部件的外观，检查螺旋桨是否完好、表面是否有污渍和裂纹等(如有损坏应更换新螺旋桨，以防止在飞行中无人机振动太大而发生意外情况)。检查螺旋桨旋向是否正确、安装是否紧固，用手转动螺旋桨查看旋转是否有干涉等。

②检查电机安装是否紧固、有无松动等现象(如发现电机安装不紧固，应停止飞行，使用相应工具将电机安装固定好)，用手转动电机，查看电机旋转是否有卡涩现象、电机线圈内部是否干净、电机轴有无明显的弯曲。

③检查机架是否牢固、螺丝有无松动现象。

④检查飞行器电池安装是否正确，电池电量是否充足。

⑤检查飞行器的重心位置是否正确。

(2)电子部分检查。

①检查各个接头是否紧密，检查插头焊接处是否有松动、接触不良等现象(杜邦线、XT60、T 插头、香蕉头等)。

②检查各电线外皮是否完好、有无刮擦脱皮等现象。

③检查电子设备是否安装牢固，应保证电子设备清洁、完整，并做好防护(如防水、防尘等)。

④检查电子罗盘指向是否和飞行器机头指向一致。

⑤检查电池有无破损、鼓包胀气、漏液等现象。

⑥检查地面站是否可通信，地面站屏幕触屏是否良好，各界面操作是否正常。

（3）上电后的检查。

①上电后，地面站与无人机进行配对，点按地面站设置里的"配对"前，先插电源负极，点接"配对"后插上正极，地面站显示"配对"即可。

②电池接插方法：要注意是串联电路还是并联电路，以免出错，导致电池烧坏或飞控烧坏。

③配对成功后，先不装桨叶，解锁后轻微推动油门，观察各个电机是否旋转正常。

④检查电调指示音是否正确，LED 指示灯闪烁是否正常。

⑤检查各电子设备有无异常情况(如异常振动、异常声音、异常发热等)。

⑥确保电机运转正常后，可进行磁罗盘的校准，点接地面站上的"磁罗盘校准"开始校准。

⑦打开地面站，检查手柄设置是否正确、超声波是否禁用、无人机的参数设置是否符合要求。

⑧测试飞行，以及航线试飞，观察无人机在走航线的过程中是否需要对规划好的航线进行修改。

⑨试飞过程中，务必提前观察无人机运行灯的状态，以及地面站所显示的 GNSS 卫星数，及时作出预判。

⑩飞行的遥控距离为无人机左右两侧 6~7m，避免站在无人机机尾的正后方。

⑪完成以后，根据当天天气情况，通电让 GNSS 适应当前气象条件，以便无人机在作业时适应天气完美飞行。

⑫起飞前必须确定 GNSS 卫星数达到 6 颗或 6 颗以上，周边情况正常后，方可进行起飞作业。

2）遥控器的检查

检查遥控器操控模式(美国手、中国手、日本手等)，信号连接情况，电量是否充足，各键位是否复位，天线位置等。

3）地面的检查

检查地面通信、操作系统(地面站)工作是否正常。

4）环境的检查

检查周围环境是否适合作业[恶劣天气下请勿飞行，如大风(风速 5 级及以上)、下雪、下雨、有雾天气等]及起降场地是否合理(选择开阔，周围无高大建筑物的场所作为飞行场地；大量使用钢筋的建筑物会影响指南针工作，而且会遮挡 GNSS 信号，导致飞行器定位效果较差，甚至无法定位)；空域有无申报。

4. 航线规划、航线控制和航线修正

要想完成无人机飞行任务，必须进行航线规划、航线控制和航线修正。

1）航线规划

在无人机飞行任务规划系统中，飞行航线是指无人机相对地面或水面的轨迹，是一条三维的空间曲线。航线规划是在特定约束条件下，寻找运动体从初始点到目标点满足预定性能指标最优的飞行航线。

航线规划的目的是利用地形和地物信息，规划出满足任务需求的相对最优的飞行轨迹。航线规划中采用地形跟随、地形回避和威胁回避等策略。

航线规划需要各种技术，如现代飞行控制技术、数字测图技术、优化技术、导航技术及多传感器数据融合技术等。

航线规划步骤如下：

(1)从任务书中了解本次任务，包括上级部署的航线、飞行参数、动作要求；

(2)给出航线规划的任务区域，确定地形信息、威胁源分布状况及无人机的性能参数等限制条件；

(3)对航线进行优化，满足无人机的最小转弯半径、飞行高度、飞行速度等约束条件；

(4)根据任务说明书的内容，以及上级指定的航线，在电子地图上画出整个飞行路线。

2)航线控制

当无人机装载了参考航线后，无人机上的飞行航线控制系统使其自动按预定参考航线飞行，航线控制是在姿态角稳定回路的基础上再加上一个位置反馈构成的。其工作过程如下：在无线信道通畅的条件下，由 GNSS 定位系统实时提供无人机相对航线的航路偏差，再由飞行控制计算机计算出无人机靠近航线飞行的控制量，并将控制量发送给无人机的自动驾驶系统，机上执行机构控制无人机按航线偏差减小的方向飞行，逐渐靠近航线，最终实现无人机按预定航线的自动飞行，从而完成预定的飞行任务。

3)航线修正

在任务区域内执行飞行任务时，无人机是按照预先指定的任务要求执行一条参考航线，可根据需要适时调整和修正参考航线。由于在执行任务阶段对参考航线的调整只是局部的，所以在地面准备阶段进行的航线规划对于提高无人机执行任务的效率至关重要。

4.3.2　飞行操控

1. 起飞操控

1)无人机常用起飞方法

(1)滑跑起飞。对于滑跑起飞的无人机，起飞时将无人机航向对准跑道中心线，然后启动发动机。无人机从起飞开始滑跑加速，在滑跑过程中逐渐抬起前轮。当达到离地速度时，无人机开始离地爬升，直至达到安全高度。整个起飞过程分为地面滑跑和离地爬升两个阶段。

(2)母机投放。母机投放是使用有人驾驶的飞机把无人机带上天，然后再适当位置投放起飞的方法，也称空中投放。这种方法简单易行，成功率高，并且还可以增加无人机的航程。

用来搭载无人机的母机，需要进行适当改装，如在翼下增加几个挂架，在母机内部增设通往无人机的油路、气路和电路。实际使用时，母机可以把无人机带到任何其他起飞方法无法到达的位置进行投放。

（3）火箭助推。无人机借助固体火箭助推器从发射架上起飞的方法称为火箭助推。这种起飞方法是现代战场上广泛使用的一种机动式发射起飞方法，有些小型无人机也可以不使用火箭助推器，而采用压缩空气弹射器来弹射起飞。

无人机的发射装置通常由带有导轨的发射架、发射控制设备和车体组成，由发射操作手进行操作。发射时，火箭助推器点火，无人机的发动机也同时启动，无人机加速从导轨后端滑至前端。离轨后，火箭助推器会继续帮助无人机加速，直到舵面上产生的空气动力能够稳定控制无人机时，火箭助推任务完成，自动脱离。之后，无人机便依靠自己的发动机维持飞行。

（4）车载起飞。车载起飞是将无人机装在一辆起飞跑车上，然后驱动并操控起飞跑车在跑道上迅速滑跑，随着速度增大，作用在无人机上的升力也增大，当升力达到足够大时，无人机便可以腾空而起。

无人机可以使用普通汽车作为起飞跑车，也可以使用专门的起飞跑车。有一种起飞跑车，车本身无动力，靠无人机的发动机来推动。还有一种起飞跑车，在车上装有一套自动操纵系统，它载着无人机在跑道上滑跑，并掌握无人机的离地时机。

车载起飞的优点是可以选用现成的机场起飞，不需要复杂、笨重的起落架，起飞跑车结构简单，比其他起飞方法更经济。

2）滑跑与拉起

滑跑与拉起在整个飞行过程中是非常短暂的，但是非常重要，决定飞行的成败。所以，在飞行操作之前，必须将各个操作步骤程序化，才能在短暂的数秒中完成多个操作动作。下面简单介绍滑跑与拉起的动作要求。

（1）滑跑。在整个地面滑跑过程中，保持中速油门，拉10°的升降舵。缓慢平稳地将油门加到最大，等待无人机达到一定速度。

（2）拉起。拉起包括起飞和转弯两个操作步骤。

①起飞。在无人机达到一定速度时，自行离地。在离地瞬间，将升降舵平稳回中，让机翼保持水平飞行，等待无人机爬升到安全高度。

②转弯。当无人机爬升到安全高度时，进行第一个转弯，将油门收到中位，然后水平转弯。调整油门，让无人机保持水平飞行，进入航线（不管油门设在什么位置，都要注意让无人机在第一次转弯时保持水平飞行，以防止转弯后出现波状飞行）。

3）进入水平飞行状态

（1）控制飞行轨迹。无人机起飞后有充分的时间对油门进行细致的调整，以保持无人机水平飞行。但是在进行油门调整之前，首先要保证能够控制好无人机的飞行轨迹。

（2）开始水平飞行。无人机从转弯改出（改出是让无人机从非正常飞行状态下经操作进入正常飞行状态的过程）后，进入顺风边飞行。此时不要急于调整油门，只有在操纵无人机飞行一段时间后，发现无人机一直保持持续爬升或下降，才需要进行油门的调整。在进行油门调整时需要注意的是：在做完一次调整之后，要先操纵无人机一会，观察飞行状态，然后再决定是否需要对油门继续做进一步的调整。

2. 飞行航线操控

飞行航线操控一般分为手动操控和地面站操控两种。手动操控用于起飞和降落阶段，地面站操控用于作业阶段。

下面先说明副翼、升降舵和方向舵的基本功能。①副翼的功能：副翼的作用是让机翼向右或向左倾斜，控制无人机的转变，也可以使机翼保持不平状态，从而让无人机保持直线飞行。②升降舵的功能：当机翼处于水平状态时，拉升降舵可以使无人机处于倾斜状态，此时可以让无人机上升或下降。③方向舵的功能。在空中飞行或在地面滑行时，方向舵主要用于使无人机转变。

1）手动操控

（1）直线飞行与航线调整。细微的航线调整及维持直线飞行是通过"点碰"（轻触）副翼的动作来进行的。在操控无人机时，不管是要保持直线航行，还是要对航线进行细微调整，只需轻轻"点碰"副翼再放松回到回中状态，即可减轻过量操控的问题，从而达到非常精确的控制。经过反复练习之后，这种点碰副翼的动作会变得非常细微而准确，使航线变得非常平滑，也使无人机的操纵变得得心应手。

（2）转弯与盘旋。无人机转弯操控的步骤有如下 6 步。

①压坡度：利用副翼将机翼向要转弯的方向横滚倾斜。

②回中：将副翼操控回中，使机体不再进一步倾斜。

③转弯：立即拉升降舵并一直拉住，使无人机转弯，同时防止无人机在转弯过程中掉高度。

④回中：将升降舵操控杆回中，以停止转弯。

⑤改出：向反方向打副翼，使机翼恢复到水平状态。

⑥回中：在机翼恢复水平的瞬间将副翼回中。

副翼偏转幅度的大小决定转弯的角度，也决定了拉升降舵的幅度。转弯以回中状态作为标志点。如果每次转弯都从回中状态开始，并且在两次操纵动作之间再回到回中状态，那么就可以形成一个"标志点"。利用这个"标志点"，可以精确计量出每次操纵幅度的大小，从而能够更容易地再现正确的操纵幅度。

180°水平转弯。副翼的操纵幅度较小，因而无人机飞的坡度也较小，转弯也较缓，同时拉升降舵的幅度也要较小，以保证无人机在转弯过程中维持水平。

360°盘旋。360°盘旋是180°水平转弯的延伸，只需一直拉住升降舵，即可很容易地完成该动作。副翼的操纵幅度较大，因而无人机的坡度也较大，转弯也较稳；同时拉升降舵的幅度也要较大，以保证无人机在转弯过程中维持水平。

（3）高度控制与改出。

①通过油门控制高度。油门控制在大约 1/4 的位置，此时无人机的速度比较理想，既可以让无人机获得足够的速度来保持水平飞行，同时又不会飞得太快。如果想改变飞行高度，正确方法是：要让无人机爬升，则油门加到比 1/4 大，那么飞行速度就会加快，升力提高而使无人机上升；要让无人机下降，则可将油门减到比 1/4 小，那么飞行速度就会减小，升力降低而使无人机下降。

在使用 1/4 油门时，并不能像想象中那样利用升降舵使无人机爬升或下降。假如采用升降舵的话，那么在不加大油门的情况下，无人机向上爬升时速度会逐渐降低。此时升力会逐渐减小，使无人机下降。换句话说，无人机的轨迹就会进入振荡状态，即所谓的"波状飞行"。

②改出。改出时不能简单地依靠油门将无人机拉起，而应先让无人机从非正常状态飞出来。之后，如果还有必须再爬升到原有高度，则可以再加大油门。

2）地面站操控

（1）地面站的软件主界面。

无人机地面站软件主界面如图 4.11 所示，通常可以划分为以下 7 个区域。

图 4.11 无人机地面站软件主界面

①菜单栏。菜单栏通常处于整个界面的最上边，主要包括功能、工具、帮助等功能。也有些地面站软件为了方便操作，在菜单栏中会整合一些其他的常用功能，如设置、数据下载、捕获等。

②工具栏。与其他常用软件和程序类似，地面站软件界面中通常会包含一个工具栏。工具栏一般在菜单栏的下方，通常以图标按钮的方式整合各种常用功能，方便用户操作。工具栏的功能通常包括：显示比例、测距、规划航线、擦除航点、上传航线数据、下载航线数据、标注位置点等。

③状态栏。状态栏通常位于界面的最下方，主要用于显示鼠标所在地图位置对应的经度、纬度和海拔高度等信息。也有的软件能够在状态栏显示数据下传状态，包括通信状态、飞控状态、卫星状态等。

④数据区。地面站软件界面中通常设有专门显示飞行数据的数据区，主要用于显示飞行高度、速度、航向、距离等数据。有的地面软件数据区除显示上述数据外，还能够显示飞控电压、转速等。

⑤地图区。显示电子地图、航线、航点、飞行轨迹等信息。

⑥仪表区。模拟无人机驾驶舱内的仪表面板,显示无人机飞行的主要数据,包括飞行高度、速度、俯仰角、滚转角等。

⑦控制区。控制区主要用来执行降落伞开伞、发动机停机、拍照、接收机开关、更改目标航点等操作。

(2)地面站常用功能操作方法。

①参数设置。在无人机进行航线飞行之前,首先需要对以下基本参数进行设置。

高度:无人机每次起飞前需要输入飞控所在的高度值。

空速:将空速管进口挡住,阻止气流进入空速管,单击"清零"按钮可以将空速计清零。

安全设置:地面站中的基本安全设置主要包括爬升角度限制和开伞保护高度等可能影响飞行安全的参数。根据不同软件的设定,其他可能需要设置的安全参数还包括俯仰角度限制、滚转角度限制、电压报警、最低高度报警等。

②拍照。拍照模式有两种:等时间间隔和等距离间隔。

启动拍照的方式有两种:手动和自动。手动拍照时,只要单击地面站界面上相应的拍照控制按钮,自驾仪就会控制相机拍摄一张照片;手动拍照主要用于地面测试。自动拍照的启动通常也有两种方式,一种是在任务窗口里单击"开始照相"按钮,飞行控制系统按照之前设置好的间隔自动控制相机拍摄;另一种是选择任务航点照相功能,一旦无人机到达有照相设置的航点,就会自动拍照。

停止自动拍照:单击任务窗口的"停止拍照"按钮,系统会停止拍照。

③捕获。捕获功能主要用于捕捉各个舵机的关键位置,包括中立位、最大油门、最小油门、停机位等。

④地图操作。使用地图操作功能可以进行飞行任务的编辑、监视与实时修改。常用如下 4 种操作。

建立地图:通常可以使用自己的电子地图文件或扫描地图。

视图操作:可以对地图进行放大、缩小、平移等操作。

测量距离:启用测距功能,使用鼠标单击测量相邻点间的距离和总距离。

添加标志:在地图上需要添加标志的地方用鼠标点击直接就可以生成对应的标志对象。

⑤航线操作。新增航点。如果是从第 1 点开始新生成航线,单击"增加航点"按钮,从点下第 1 点开始,依次增加航点,在最后一点双击鼠标,可以自动按顺序生成一系列航点。

编辑航点。如果当前地图上有规划好的航线,选择该功能之后就会弹出相应的"航线编辑"对话框。对于选中的航点,直接按"Delete"键可以删除航点,剩下的航点就会自动重新排序。

上传下载航点。通常可以选择上传或下载单个或全部航点。

自动生成航线。在地图上先随意生成一个起飞航点,选中这个航点;或者打开一个已经建立的航线,选中需要插入的航点。右击鼠标,在快捷菜单中选择"插入自动航线",用鼠标左键在地图上相应的位置画出一条航线,会自动跳出一个"自动航线生成器"对话框。

⑥飞行记录与回放。记录。运行软件后，选择"监视"功能，软件将打开串口并进入通信状态。打开飞控后，飞控初始发送"遥测数据"，软件一旦接收到数据，就会生成记录文件。下传的所有数据都会存入记录文件中。

回放。运行软件后，选择"回放"功能，会弹出"选择回放文件"的对话框，选择需要回放的文件记录后进入回放状态。单击"回放"按钮可以开始回放飞行数据，单击"暂停"按钮可以暂停回放。

（3）地面站航线飞行操作流程。对于已经完成 PID 调整的无人机，可以按照下面的步骤进行飞行操作。

①安装并连接地面站。

②安装机载设备，连接电源，连接空速管。

③飞控开机工作 5~10min。由于飞控会受到温度影响，所以当室内外温差比较大时，将无人机拿到室内之后，应先放置几分钟，以使其内部温度平衡。

④打开地面站软件，参照飞行前检查表，对各个项目逐一进行检查。主要检查项目包括陀螺零点、空速管、地面高度设置、遥控器拉距测试、航线设置、电压和 GNSS 定位。

⑤起飞后，如果无人机没有进行调整并记录中立位置，那么需要利用遥控器微调进行飞行调整，调整到理想状态时，地面站捕获中立位置；如果已经进行飞行调整，则在爬升到安全高度后，切入航线飞行。

⑥当无人机飞出遥控器有效控制距离后，可以通过地面站关闭接收机，以防止干扰或者同频遥控器的操作。

⑦在滑翔空速框中输入停机后的滑翔空速，以便在无人机发动机停机时能够及时单击"启动滑翔空速"按钮。

⑧飞行完成后，无人机回到起飞盘旋，如果高度过高，不利于观察，可以在地面站上降低起飞点高度，并上传。无人机自动盘旋下降到操控手能看清的高度。

⑨遥控无人机进行滑跑降落，或者遥控到合适的位置进行开伞降落。

3. 进场与降落操控

1）进场操控

（1）进场方式。无人机进场通常采用五边形进近程序。所谓五边，从起降场地上方看，实际上是一个四边形，但是在立体空间中，由于起飞离场边（一边）和进场边（五边）的性质以及飞行高度都不同，所以这条边应该分成两段来看，就成了五边，如图 4.12 所示。图 4.12 中，一边为离场边；二边为侧风边，方向与跑道成 90°；三边为下风边，方向与跑道起飞方向反向平行；四边为底边，与跑道垂直，开始着陆准备；五边为进场边，与起飞方向相同，着陆刹车。

对于准备进场着陆的无人机来说，五边实际上就是围绕机场飞一圈。当然，由于受航线、风速等条件限制，进近航线不一定要严格地飞完五边，也可以适时从某条边直接切入。完整的五边进近操作程序如下。

①一边（逆风飞行）：起飞、爬升，收起落架，保持对准跑道中心线。

②二边（侧风飞行）：爬升转弯，与跑道成大约 90°。

③三边（顺风飞行）：收油门，维持正确的高度，并判断与跑道的相对位置是否正确。

④四边(底边飞行)：对正跑道，维持正确的速度和下降速率。

⑤五边(最后的进场边)：做最后调整，保持正确的角度和速率下降、进场、着陆。

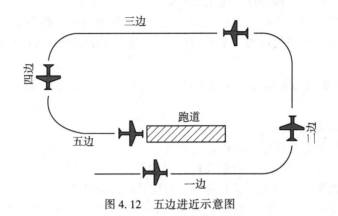

图 4.12　五边进近示意图

(2)正风进场。

①进场的组织。进入较近、较低的第三边(顺风边)；稍微减小油门，控制飞行高度，逐渐下降；到达标志点，开始操纵无人机转弯；进入第四边(底边)，水平转弯；在机身指向跑道的时候，从转弯中彻底改出；利用自身作为参照物让无人机对准跑道。

注意：在开始第四边(底边)转弯之前就要使无人机逐渐下降，以便能够集中精力完成稳定的水平转弯。

②确保第四边水平转弯。对于整个着陆环节而言，其中最重要的一环就是要让第四边的转弯保持水平，以便能够更容易地完成改出。同时，也让操控者能够集中精力去对准跑道。

③发现并修正方向偏差。在整个进场过程中，要不断确认无人机和操控手的相对位置，在该过程中，升降舵应处于回中的状态；否则，如果升降舵未回中就去点碰副翼，就可能会导致或加大航线偏差。而且，让升降舵处于回中状态，也可以让无人机保持一定的下降速度，从而保证操控手在整个进场中能对无人机进行更好的控制。

④发动机怠速。为了确保无人机能够在跑道上顺利着陆，必须事先确定好发动机进入怠速的最佳时机。例如，从第四边转弯中改出后，进入降落航线，根据无人机速度确定进入怠速的时机，如果速度高则提前进入怠速。在从第四边转弯中改出时要彻底，并尽早让无人机对准跑道，以便有更多的时间来思考究竟应该何时进入怠速。

(3)侧风进场。侧风进场时需要对无人机的航向进行修正，方法通常有两种。

①航向法修正侧风(偏流法)。航向法就是有意地让无人机的航向偏向侧风的上风面一侧，机翼保持水平，以使飞机航迹与应飞航迹一致。航向法适用于修正较大的侧风。

②侧滑法修正侧风。向侧风方向压杆，使无人机形成坡度，向来风方向产生侧滑，同时向侧风反方向偏转方向舵，以保持机头方向不变。当侧滑角刚好等于偏流角时，偏流角便得到了修正。

2)降落操控

(1)无人机常用降落方式。

多数无人机是可以重复使用的，称为可回收无人机。也有的无人机仅使用一次，只起不落，称为不可回收无人机。例如，小型无人侦察机通常为不可回收无人机，在执行完任务后，为防止暴露发射地点，自行解体（自炸）。无人机的回收方式通常有以下6种。

①脱壳而落。在这种回收方式中，只回收无人机上有价值的那部分，如照相舱等，而无人机壳体则被抛弃。这种方法并不多用，因为一是回收舱与无人机分离并不容易，二是被抛弃的无人机造价不菲。

②网捕而回。用网回收是近年来小型无人机常用的回收方法。网式回收系统通常由回收网、能量吸收装置和自动引导设备等部分组成。回收网有横网和竖网两种假设形式。能量吸收装置的作用是把无人机撞网的能量吸收掉，以免无人机触网发生弹跳而损坏。自动引导设备通常是一部摄像机或红外接收机，用于向指挥站报告无人机返航路线的偏差。

③乘伞而降。伞降是无人机普遍采用的回收方法。无人机使用的回收伞与伞兵使用的降落伞并无本质区别，而且开伞的程序也大致相同。需要注意的是，在主伞张开时，开伞程序控制系统必须操纵伞带，让无人机由头朝下降落转成水平降落，以确保无人机的重要部位在着陆时不会损坏。

伞降着陆时，无人机虽乘着回收伞，但是触地的瞬间，其垂直下降速度仍会达到5~8m/s，产生的冲击过载很大。因此，采用伞降回收的无人机必须要加装减震装置，如气囊或气垫。在无人机触地前，放出气囊，起到缓冲作用。

伞降回收通常只适用于小型无人机，对于大型无人机，由于伞降回收可靠性不高，且操纵较困难，损失率较高，所以较少使用。

④气垫着陆。其原理接近气垫船，方法是在无人机的机腹四周装上一圈橡胶气囊，发动机通过管道把空气压入气囊，然后压缩空气从气囊中喷出，在机腹下形成一个高压气垫，支托无人机，防止其与地面发生猛烈撞击。

气垫着陆的最大优点是使用时不受地形条件限制，可以在不平整的地面、泥地、冰雪地或水上着陆，而且不管是大型无人机还是小型无人机都可以使用，回收率高，使用费用低。

⑤冒险迫降。迫降就是选一块比较平坦、开阔的平地，用无人机腹部直接触地降落的一种迫不得已的降落方法。当无人机遇到起落系统故障，或燃料用完无法回到降落场地时，为保全无人机通常采用这种方法。

⑥滑跑降落。用起落架和轮子在跑道上滑跑着陆，缺点是需要较长的跑道，只能在地势相对开阔的地方使用。

（2）滑跑降落操控。

①降落场地的选择。在选择降落场地时，应确保在无人机的平面转弯半径内没有地面障碍物及无关的人员、车辆等。同时，还应注意以下事项：在条件允许的情况下，根据自己的技术水平，提前观察好理想的降落场地，不轻易改变，除非有紧急情况发生，如风向、风速的突然变化等；选择降落场地，应本着"便于回收、靠近公路"的原则，这样既节省时间，又不会无端消耗体力；尽量避免降落在刚收割的庄稼地，因为庄稼的茬口会刺破伞布，造成不必要的损失，而且也不易收伞；尽量避免降落在新修的公路、沙土地或者未耕种的土地里；在降落前，要认真观察拟降场地里有无电线杆，看清电线杆走向，特别是对高压线更要避而远之。

②降落操纵方法。在即将进入降落航线时，收小油门，根据飞行速度来确定进入对头降落航线的距离。一般情况下，进入对头降落航线后，通常是将油门放到比怠速稍高一点，因为这样可以有充分的时间来判断降落的速度，从而确定是否需要复飞。进入降落航线后，根据距降落地点的距离，对飞行高度进行适当的调整。此时需要注意，既要低速飞行，又要确保不失速。通常来说，在对准航线、离降落点不远的时候就应将油门放到怠速，在即将触地的时候，稍拉杆，让无人机保持仰角着陆。注意，前三点式起落应以后轮着地，而后三点式起落架则以前轮着地为佳。无风或微风降落时必须时刻注意飞行速度，如果无人机着陆时水平速度过高，很容易导致起落架变形，而且对无人机损伤也较大。

（3）伞降操控。

①伞降系统的工作过程。不同无人机伞舱所在的位置不同，开伞条件也不同，所以必须根据具体情况采用不同的开伞程序。对于回收速度较小的无人机，通常直接打开主伞减速即可。而对于回收速度较大的无人机，回收系统一般由多级伞组成，首先打开减速伞，让无人机减速和稳定姿态；当减小到一定速度时再打开主伞，让无人机以规定的速度和较好的姿态着陆。

②伞降系统的组成。伞降系统通常由下面几部分组成。

引导伞：伞降系统的先行组件，用于拉出下一程序。

减速伞：在高速度条件下开伞，先对无人机实施减速，以确保主伞的开伞条件；同时在一些大型无人机上，还能起到缩短滑跑距离的作用。

主伞：系统的主要部件，保证无人机以规定的速度及稳定的姿态着陆。

连接带和吊带：伞降系统与无人机之间的连接部件。

分离接头：无人机着陆时的抛伞机构，一般采用电爆的方法分离。

控制系统：用于完成回收工作的流程控制，同时在完成各项控制功能后能够向总体发送反馈信号。伞降控制系统可以与无人机的飞控系统进行集成，由飞控系统发出伞降系统的启动与分离信号。

机械系统：如射伞枪、弹伞筒、牵引火箭、爆炸螺栓等。

③无人机伞降操作流程。无人机比较典型的伞降操作流程通常由以下几个阶段组成。

进入回收航线：调整飞行航迹及航向，让无人机按预定的航线进入回收场地。

无动力飞行段：减速到预定速度，发出停机指令关闭发动机，无人机无动力滑翔。

开伞减速段：发出开伞指令，降落伞舱门打开，带出引导伞，然后由引导伞拉出主伞包。主伞经过一定时间的延时收口后完全充气胀满，无人机做减速滑行。

漂移段：无人机以稳定的姿态匀速降落。

（4）复飞操纵。

①复飞的概念。复飞是指无人机在即将触地着陆前，将机头拉起、重新起飞的动作。无人机着陆前有一个决断高度，当无人机下降到这一高度时，如果仍不具备着陆条件，那么则可能再次复飞或改换其他降落场地降落。

②导致复飞的因素。

天气因素：风向、风速突然改变，侧风、顺风、逆风超过标准；进近过程中跑道上空有雷雨过境造成强烈的颠簸、跑道积水超过标准、低空风切变等不利天气条件。

设备与地面因素：着陆过程中接地过远；突发系统故障，未做好着陆准备；进近过程中突然发生的跑道入侵。

操纵人员因素：进场偏离跑道或下降的高度过低；当下降到规定高度时，无人机还未建立着陆形态或稳定进近。

其他因素：紧急情况或其他原因导致必须复飞；操纵人员对操纵无人机着陆缺乏信心。

③复飞的三个阶段。

复飞起始阶段：这一阶段从复飞点开始，到建立爬升点为止，要求操纵人员集中注意力操纵无人机，不允许改变无人机的飞行航向。

复飞中间阶段：这一阶段从建立爬升点开始，以稳定速度上升，直到获得规定的安全高度为止。在复飞中间阶段，无人机可以进行转弯、坡度不超过限制值的机动飞行。

复飞最后阶段：这一阶段从复飞中间阶段的结束点开始，一直延伸到可以重新做一次新的着陆或回到航线飞行为止，这一阶段可以根据需要进行转弯。

④复飞的操作步骤。向拉杆的方向点碰一下升降舵，以防无人机触地。加大油门，使无人机恢复爬升，并重飞一圈着陆航线。

⑤复飞的操作要点。由于复飞的时候无人机距离地面的高度比较低，所以务必要先点碰一下升降舵，以确保无人机不再下降。此时如果只顾着加大油门，无人机很有可能会来不及恢复水平飞行。

在离地面比较近时，拉升降舵之前首先要确保机翼水平，以防无人机转弯。只要保证机翼水平，即使不采取任何措施，让无人机直接撞到地上，无人机也有可能不产生损伤。

刚开始进入复飞的时候，油门只需加到1/4即可。一般情况下，不要一开始就立刻将油门加到1/4以上，以免因为飞行速度过高而出现手忙脚乱的情况。

在出现接地过远的情况时，尽量不要通过向下推升降舵的方法进行挽救，否则很容易在俯冲中积累过多的速度和升力，导致无人机冲出跑道。

4. 飞行后的检查与维护

无人机在结束飞行后，必须对其进行全面的检查与维护，以确保无人机后续飞行的安全。

无人机飞行后需要检查的主要项目有油量，电气、电子系统，机体，机械系统和发动机。

无人机飞行后需要维护的主要项目有电气、机体和发动机。

4.4　多旋翼无人机操控

本节以大疆 Phantom 4 Pro 四旋翼无人机为例，介绍多旋翼无人机的操控。

4.4.1　安装飞行器

1. 解云台锁扣

为保护好云台和镜头，大疆系列无人机出厂时一般都配备了云台锁扣，在无人机飞行之前需按箭头方向移除云台锁扣，如图 4.13 所示。

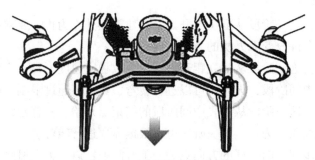

图 4.13　云台锁扣解锁示意图

2. 安装螺旋桨

旋翼无人机为保持平衡和飞行，螺旋桨需具备不同的旋转方向，大疆 Phantom 4 Pro 四旋翼无人机有两对不同方向的螺旋桨：一对有黑圈的螺旋桨和一对有银圈的螺旋桨。将印有黑圈的螺旋桨安装至带有黑点的电机桨座上，将印有银圈的螺旋桨安装至没有黑点的电机桨座上。将桨帽嵌入电机桨座并按压到底，沿锁紧方向旋转螺旋桨至无法继续旋转，松手后螺旋桨将弹起锁紧，如图 4.14 所示。使用完毕拆卸螺旋桨时应注意保存，以免损坏。

图 4.14　安装螺旋桨

3. 安装智能飞行电池

将电池沿如图 4.15 所示的方向推入电池仓，直到听到"咔"的一声，以确保电池卡紧在电池仓内。

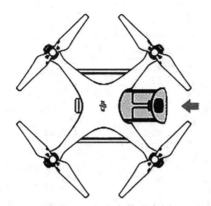

图 4.15　电池安装示意图

注意：如果电池没有卡紧，有可能导致电源接触不良，可能会影响飞行的安全性，严重时会导致无人机空中断电跌落，甚至无法起飞。

4. 准备遥控器

准备遥控器的步骤，如图 4.16 所示。

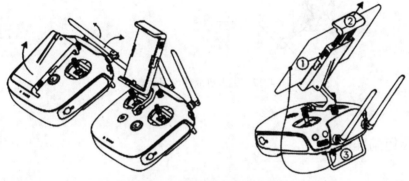

图 4.16　遥控器准备步骤示意图

（1）展开遥控器上的移动设备支架或显示设备并调整天线位置。

（2）按下移动设备支架侧边的按键以伸展支架，放置移动设备，调整支架确保夹紧移动设备。

（3）使用移动设备数据线将移动设备与遥控器 USB 接口连接。

Phantom 4 Pro 遥控器须通过 USB 接口连接移动设备，所以需要将安装了 DJ1 GO 4 APP 的移动设备用数据线与遥控器背部的 USB 接口连接，将移动设备安装至移动设备支架上，调整移动设备支架的位置，确保移动设备安装牢固。

5. 无人机与遥控器部件说明

无人机部件说明如图 4.17 所示，遥控器部件说明如图 4.18 所示。

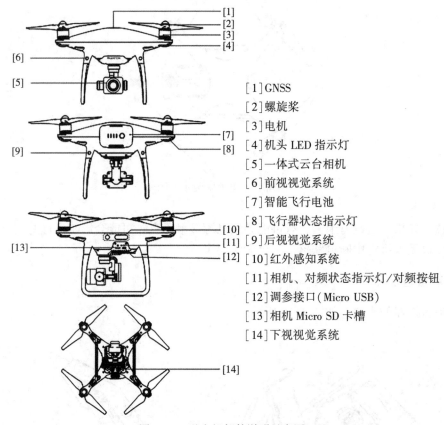

[1]GNSS

[2]螺旋桨

[3]电机

[4]机头 LED 指示灯

[5]一体式云台相机

[6]前视视觉系统

[7]智能飞行电池

[8]飞行器状态指示灯

[9]后视视觉系统

[10]红外感知系统

[11]相机、对频状态指示灯/对频按钮

[12]调参接口(Micro USB)

[13]相机 Micro SD 卡槽

[14]下视视觉系统

图 4.17　无人机部件说明示意图

4.4.2　飞行前准备

1. 飞行前检查

在操作无人机飞行前要对无人机各个部件做相应检查,无人机的任何一个小问题都有可能导致无人机在飞行过程中发生事故。因此在飞行前应做好飞行检查,防止意外发生。

1)检查项目

飞行前检查项目有:

(1)遥控器、智能飞行电池及移动设备是否电量充足;

(2)云台锁扣是否已解除,摄像头及 TOF 模块保护玻璃片是否清洁;

(3)旋桨是否正确安装;

(4)确保已插入 Micro SD 卡;

(5)电源开启后相机和云台是否正常工作;

(6)开机后电机是否能正常启动;

(7)地面站 APP 是否正常运行。

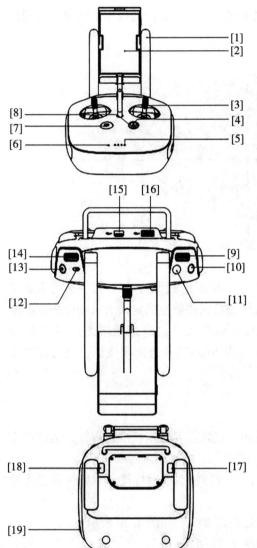

[1] 天线：传输飞行器控制信号和图像信号

[2] 移动设备支架：在此位置安装移动设备

[3] 摇杆：DJI GO 4 APP 中可设置摇杆操控方式

[4] 智能返航按键：长按返航按键进入智能返航模式

[5] 电池电量指示灯：显示当前电池电量

[6] 遥控器状态指示灯：显示遥控器连接状态

[7] 电源开关：开启/关闭遥控器电源

[8] 返航指示灯：指示飞行器返航状态

[9] 相机设置转盘：调整相机设置，选择回放相片
　　　与视频

[10] 智能飞行暂停按钮：暂停智能飞行后飞行器
　　　将于原地悬停

[11] 拍照按键：二段式快门，实现拍照功能

[12] 飞行模式切换开关：3 个档位依次为 A 模式
　　　（姿态）、S 模式（运动）及 P 模式（定位）

[13] 录影按键：启动或停止录影

[14] 云台俯仰控制拨轮：调整云台俯仰角度

[15] Micro USB 接口：预留接口

[16] USB 接口：连接移动设备以运行 DJI GO 4 APP

[17] 自定义功能按键 C1

[18] 自定义功能按键 C2

[19] 充电接口：用于遥控器充电

图 4.18　遥控器部件说明示意图

2）飞行环境要求

飞行环境要求如下：

（1）恶劣天气下请勿飞行，如大风（风速 5 级及以上）、下雪、下雨、有雾天气等；

（2）选择开阔、周围无高大建筑物的场所作为飞行场地，因为大量使用钢筋的建筑物会影响指南针工作，而且会遮挡 GNSS 信号，导致飞行器定位效果变差，甚至无法定位；

（3）飞行时，请保持在视线内控制，远离障碍物、人群、水面等；

（4）请勿在有高压线、通信基站或发射塔等区域飞行，以免遥控器受到干扰；

（5）在海拔 6km 以上飞行，由于环境因素导致飞行器电池及动力系统性能下降，飞行性能将会受到影响，须谨慎飞行。

3）禁飞区

禁飞区包括机场限制飞行区域及特殊飞行限制区域。大疆在新的版本中确定的我国机场限制飞行区域示意图如图 4.19 所示。

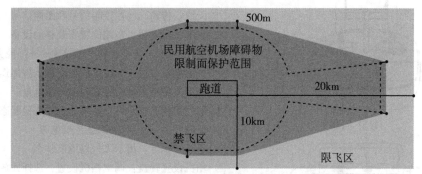

图 4.19　大疆新版中我国的机场限制飞行区域示意图

机场限制飞行区域包括禁飞区和限飞区。禁飞区为禁止飞行的区域，限飞区为限制飞行器飞行高度的区域。例如，新机场限制飞行区域图将民用航空局定义的机场保护范围坐标向外拓展 500m，连接其中 8 个坐标，形成八边形禁飞区。跑道两端终点向外延伸 20km，跑道两侧各延伸 10km，形成宽约 20km、长约 40km 的长方形限飞区，飞行高度限制在 120m 以下。

2. 指南针校准

长时间未使用的无人机或长距离运输的无人机，经常需要重新校准指南针。请选择空阔场地，根据下面的步骤校准指南针：

（1）进入无人机配套 APP，进入指南针校准，飞行器状态指示灯黄灯常亮代表指南针校准程序启动；

（2）水平旋转飞行器 360°，飞行器状态指示灯绿灯常亮，如图 4.20 所示；

（3）使飞行器机头朝下，水平旋转 360°，如图 4.21 所示；

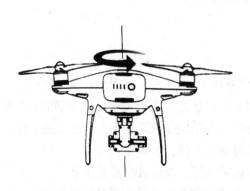

图 4.20　飞行器水平旋转 360°示意图

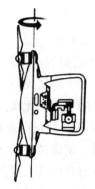

图 4.21　飞行器机头朝下水平旋转 360°示意图

(4)完成校准，若飞行器状态指示灯显示红灯闪烁，表示校准失败，须重新校准指南针。

注意：请勿在强磁场区域或大块金属附近校准指南针，如磁矿、停车场、带有地下钢筋的建筑区域等，校准指南针时请勿随身带铁磁物质(如手机等)。

4.4.3 飞行操控

1. 飞行模式

随着 GNSS 的发展，飞行控制系统基本都置入了 GNSS，通常支持包含以下常见的 3 种飞行模式。

1)P 模式(定位)

使用 GNSS 模块或多方位视觉系统可以实现飞行器精确悬停、指点飞行及其他智能飞行模式等功能。P 模式下，GNSS 信号良好时，利用 GNSS 可精准定位；GNSS 信号欠佳，光照条件满足视觉系统需求时，利用视觉系统定位。开启前视避障功能且光照条件满足视觉系统需求时，最大飞行姿态角为 25°，最大飞行速度为 14m/s。未开启前视避障功能时最大飞行姿态角为 35°，最大飞行速度为 16m/s。

GNSS 信号欠佳且光照条件不满足视觉系统需求时，飞行器不能精确悬停，仅提供姿态增稳，并且不支持智能飞行功能。

2)S 模式(运动)

使用 GPS 模块或下视视觉系统可实现精确悬停，该模式下飞行器的感度值被适当调高，务必格外谨慎飞行。飞行器最大水平飞行速度可达 20m/s。

3)A 模式(姿态)

不使用 GNSS 模块与视觉系统进行定位，仅提供姿态增稳，若 GNSS 卫星信号良好可实现返航。

姿态模式下，飞行器容易受外界干扰，从而在水平方向将会产生飘移，并且视觉系统及部分智能飞行模式将无法使用。因此，该模式下飞行器自身无法实现定点悬停及自主刹车，需要用户手动操控遥控器才能实现飞行器悬停。

姿态模式下，飞行器的操控难度将大大增加，如需使用该模式，务必熟悉该模式下飞行器的行为，并且能够熟练操控飞行器；使用时切勿让飞行器飞出较远距离，以免因为距离过远而丧失对于飞行器姿态的判断，从而造成风险。一旦被动进入该模式，则应当尽快降落到安全位置，以避免发生事故。同时，应当尽量避免在 GNSS 卫星信号差及狭窄空间飞行，以免被动进入姿态模式，导致飞行事故。

2. 开关机

电池与遥控器的开启、关闭方式相同，短按 1 次电源键后，长按设备电源 2s，即可实现开启或关闭，如图 4.22 所示。

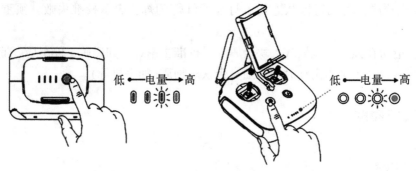

图 4.22　无人机及遥控器电源开关示意图

注意：为保障无人机安全，防止无人机处于无遥控控制状态，无人机启动时，需先开启遥控器，后开启飞行器；关闭时，先关闭飞行器，后关闭遥控器。

1) 启动电机

执行掰杆动作可启动电机。电机起转后，请马上松开摇杆，如图 4.23 所示。

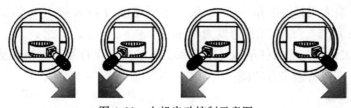

图 4.23　电机启动控制示意图

电机起飞后，有两种停机方式，如图 4.24 所示。

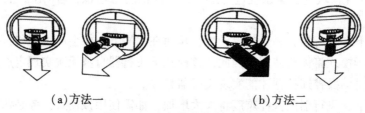

（a）方法一　　　　　　　　　　　　（b）方法二

图 4.24　电机停机控制示意图

方法一：飞行器着地后，先将油门杆推到最低位置①，然后执行掰杆动作②，电机将立即停转，停转后松开摇杆。

方法二：飞行器着地后，将油门杆推到最低的位置并保持 3s 后，电机停转。

2) 空中停机

向内拨动左摇杆的同时按下"返航"按键。空中停止电机将会导致飞行器坠毁，仅用于发生特殊情况(如飞行器可能撞向人群)需要紧急停止电机以最大程度减少伤害时，如图 4.25 所示。

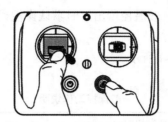

图 4.25　空中停机操作示意图

3）操控飞行器

遥控摇杆操控方式分为美国手、日本手和中国手，对应操控方式如图 4.26 所示。

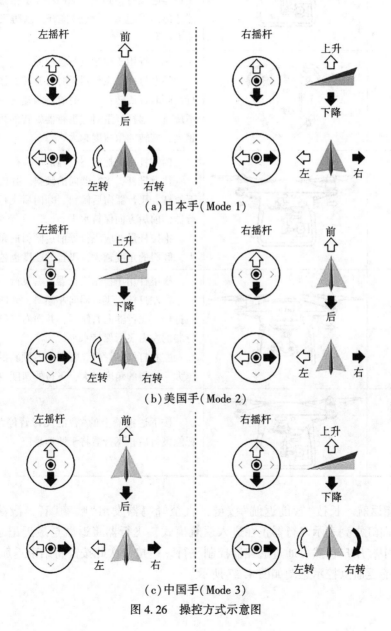

（a）日本手（Mode 1）

（b）美国手（Mode 2）

（c）中国手（Mode 3）

图 4.26　操控方式示意图

目前以美国手最为流行，一般遥控器出厂时默认操控模式为美国手，因此本节主要以美国手为例介绍遥控遥杆操控方式。

(1)一般操控动作，如表 4-1 所示。

表 4-1　　　　　　　　　　　　　一般操控动作说明

遥控器(美国手)	飞行器(◀为机头朝向)	控制方式
	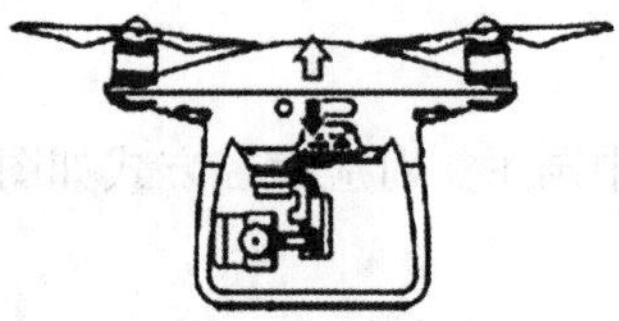	油门摇杆用于控制飞行器升降。 往上推杆，飞行器升高；往下拉杆，飞行器降低；中位时飞行器的高度保持不变(自动定高)。飞行器起飞时，必须将油门杆往上推过中位，飞行器才能离地起飞(请缓慢推杆，以防飞行器突然急速上冲)
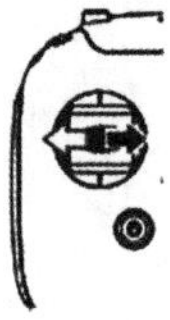	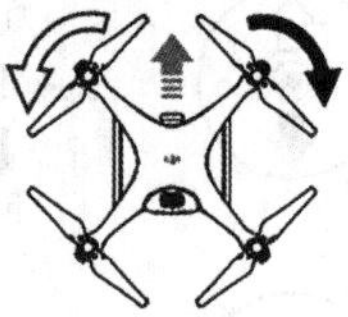	偏航杆用于控制飞行器航向。 往左打杆，飞行器逆时针旋转；往右打杆，飞行器顺时针旋转；中位时旋转角速度为零，飞行器不旋转。摇杆杆量对应飞行器旋转的角速度，杆量越大，旋转的角速度越大
	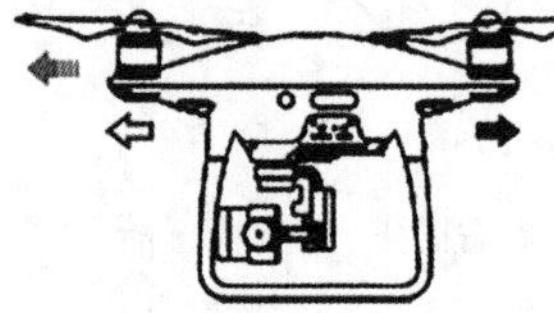	俯仰杆用于控制飞行器前后飞行。 往上推杆，飞行器向前倾斜，并向前飞行。往下拉杆，飞行器向后倾斜，并向后飞行。中位时飞行器的前后方向保持水平。 推拉杆量对应飞行器前后倾斜的角度，杆量越大，倾斜的角度越大，飞行的速度也越快
	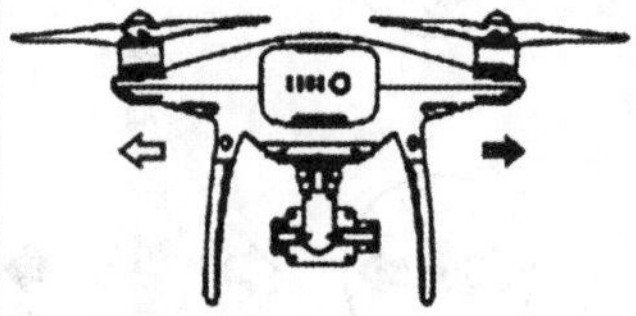	横滚杆用于控制飞行器左右飞行。 往左打杆，飞行器向左倾斜，并向左飞行。往右打杆，飞行器向右倾斜，并向右飞行。中位时飞行器的左右飞行保持水平。 左右打杆量对应飞行器左右倾斜的角度，杆量越大，倾斜的角度越大，飞行的速度也越快
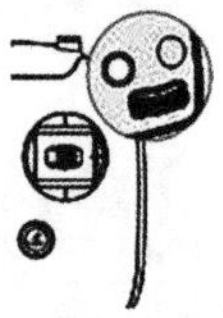	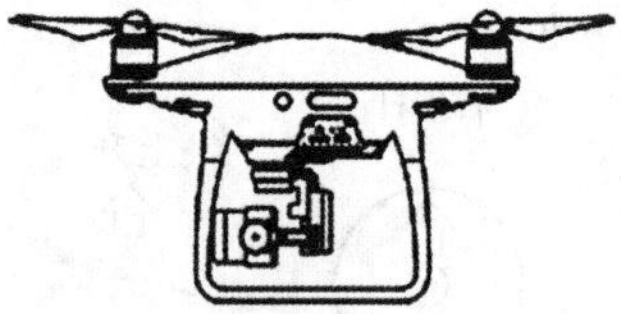	按下遥控器上的"智能飞行暂停"按钮，退出智能飞行后，飞行器将于原地悬停

(2)智能返航。长按"智能返航"按键，直至蜂鸣器发出"嘀嘀"音，激活智能返航。返航指示灯白灯常亮表示飞行器正在进入返航模式，飞行器将返航至最近记录的返航点。在返航过程中，用户仍然可通过遥控器控制飞行。短按一次此按键将结束返航，重新获得控制权。智能返航操控示意图如图 4.27 所示。

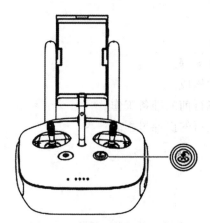

图 4.27　智能返航操控示意图

（3）基础飞行。基础飞行步骤如下：

①把飞行器放置在平整开阔地面上，用户面朝机尾；

②开启遥控器和智能飞行电池；

③连接移动设备与 Phantom 4 Pro/Pro+，选择"开始飞行"，进入相机界面；

④等待飞行器状态指示灯绿灯慢闪，进入可安全飞行状态，执行掰杆动作，启动电机；

⑤往上缓慢推动油门杆，让飞行器平稳起飞；

⑥需要下降时，缓慢下拉油门杆，使飞行器缓慢下降于平整地面；

⑦落地后，将油门杆拉到最低的位置并保持 3s 以上，直至电机停转；

⑧停机后依次关闭飞行器和遥控器电源。

4）遥控器信号的最佳通信范围

操控飞行器，务必使飞行器处于最佳通信范围内。及时调整操控者与飞行器之间的方位、距离或天线位置，以确保飞行器总是位于最佳通信范围内。遥控器信号最佳通信范围示意图如图 4.28 所示。

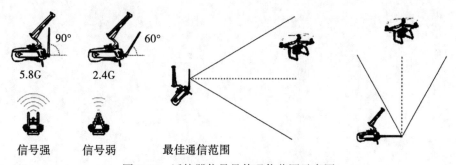

图 4.28　遥控器信号最佳通信范围示意图

【习题与思考题】

1. 简述飞行安全的定义。
2. 简述无人机飞行作业流程。
3. 简述无人机模拟器的构成。
4. 简述固定翼无人机飞行前的准备工作。
5. 简述多旋翼无人机飞行的操控过程。

第5章 无人机摄影测量

【学习目标】 通过本章的学习，理解无人机航空摄影的概念，了解无人机航摄的各种传感器，掌握无人机航空摄影及质量检查；能进行无人机航空摄影像片控制点的布设与施测；能进行无人机解析空中三角测量；能进行无人机影像 DEM、DOM 和 DLG 制作。

5.1 无人机航空摄影

5.1.1 航空摄影概念

航空摄影是利用航空摄影机从飞机或其他航空器上获取指定范围内地面或空中目标的图像信息，利用影像生成对应区域的测绘产品，为国民经济建设、国防建设和科学研究提供基础数据支持的技术。它一般不受地理条件限制，能获取广大地域的高分辨率像片。航空摄影能为航空摄影测量提供影像等基础资料。

5.1.2 无人机航摄传感器

在用于航空摄影的无人机上常用的传感器有光学传感器(非量测型相机、量测型相机)、多镜头集成倾斜摄影相机、机载激光雷达、红外传感器、视频摄影机等。实际作业中，根据不同测量任务，无人机配置不同任务载荷。

在无人机摄影测量中，现有高精度航测设备存在的最大问题是体积大、质量重，只有少数载荷大的大型无人机才能使用，造成了测绘装备使用的局限性。由于控制技术和成像技术的发展，一些非专业的测量设备(如民用相机)也能满足专业的测量任务。

1. 光学传感器

20 世纪 50 年代开始，胶片型航测相机得到了广泛的应用。经过数十年的发展，数字航测相机技术成熟，已基本取代胶片相机，以面阵数字相机为主，且大多具备多光谱成像功能，可满足不同的测绘任务需求。为了减少飞行次数，增加飞行覆盖宽度，面阵数字相机焦面一般为矩形；同时，为了兼顾测绘对光学系统的性能要求，相机大多用多镜头拼接方案。由于探测器件等相关技术的进步，航空测绘相机的像元比早期系统的像元尺寸都有所减小，不仅增大了面阵规模，而且在同样工作高度下可利用小焦距光学系统获得更高分辨率。

图 5.1　佳能 5D MarkⅣ

图 5.2　尼康 D800

图 5.3　索尼 ILCE7R

随着成像技术、控制技术、无人机技术的发展，非量测型相机开始在航测领域崭露头角，主要包括单反相机、微单相机以及在普通民用数码相机基础上组合而成的组合宽角相机等。其空间分辨率高、价格低、操作简单，在数字摄影测量领域得到广泛应用。无人机摄影测量中常用的单反相机有佳能 5D Mark Ⅳ（图 5.1）、尼康 D800（图 5.2）等，常用微单相机有索尼 ILCE7R（图 5.3）等。

大幅面的数字量测型相机主要包含两种方式：一种是基于三线阵的 CCD 推扫式传感器，即在成像面安置前视、下视、后视 3 个 CCD 线阵，在摄影时构成三条航带实现摄影测量，ADS40/80 就是典型的三线阵航空数码相机；另一种是基于多镜系统的面阵式传感器，利用影像拼接技术获取大幅面影像数据，如 DMC（图 5.4）、ADS（图 5.5）、SWDC（图 5.6）数字航摄仪等。

图 5.4　DMC 数字航摄仪

图 5.5　ADS40 数字航摄仪

图 5.6　SWDC-4 数字航摄仪

2. 倾斜摄影相机

倾斜摄影相机是指用来获取地面物体一定倾斜角影像的航摄相机，倾斜摄影技术是国际测绘遥感领域近年发展起来的一项高新技术。倾斜摄影相机是在数字航摄仪的基础上，根据倾斜摄影测量原理，通过在同一数字航摄仪上使用多台传感器，同时从垂直、倾斜等不同的角度采集地面影像，如 SWDC-5 数字航空摄影仪（图 5.7）。

3. 机载激光雷达

LiDAR 是一种以激光为测量介质，基于计时测距机制的立体成像手段，如图 5.8 所示。其属主动成像范畴，可以直接联测地面物体的三维坐标，系统作业不依赖自然光，不受航高、阴影遮挡等限制，在地形测绘、气象测量、武器制导、飞行器着陆避障、林下伪装识别、森林资源测绘、浅滩测绘等领域有着广泛应用。

图 5.7　SWDC-5 数字航空摄影仪

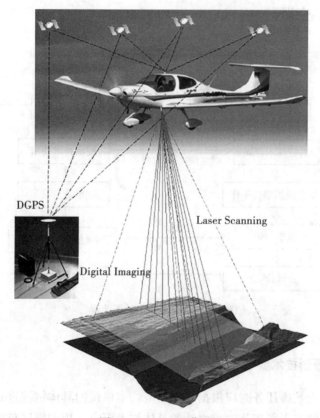

图 5.8　LiDAR 工作原理

4. 红外传感器

红外传感系统是用红外线为介质的测量系统，按探测机制可分成为光子探测器和热探测器。红外传感系统按照功能可分成 5 类：辐射计，用于辐射和光谱测量；搜索和跟踪系统，用于搜索和跟踪红外目标，确定其空间位置并对它的运动进行跟踪；热成像系统，可产生整个目标红外辐射的分布图像；红外测距和通信系统；混合系统是指以上各类系统中的两个或多个的组合。

红外传感器是红外波段的光电成像设备，可将目标入射的红外辐射转换成对应像元的电子输出，最终形成目标的热辐射图像。红外传感器提高了无人机在夜间和恶劣环境条件下执行任务的能力，如 STAMP 系列传感器和 CoMPASS 系列传感器。

5. 视频摄影机

无人机搭载的视频摄影机一般为 CCD 和 CMOS 摄像机，被摄物体的图像经过镜头聚焦至 CCD 芯片上，CCD 根据光的强弱积累相应比例的电荷，各个像素积累的电荷在视频时序的控制下，逐点外移，经滤波、放大处理后，形成视频信号，将视频信号连接到监视器或电视机的视频输入端，便可以看到与原始图像相同的视频图像。

5.1.3　无人机航空摄影

无人机航空摄影的全过程流程如图 5.9 所示。

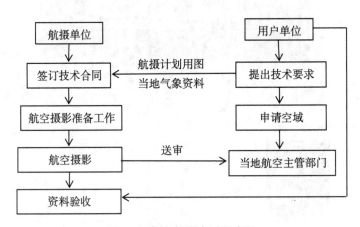

图 5.9　航空摄影全过程流程

1. 提出航空摄影技术要求

用户单位在确定航摄任务时应根据航摄规范、本单位的具体情况进行分析，一般可从以下几个方面考虑航空摄影规范约束之外的具体技术要求：规定摄区范围；规定摄影比例尺；规定航摄仪型号与焦距；规定航向重叠度和旁向重叠度的要求；规定任务执行的季节和时间期限；规定航空摄影成果应提供的资料名称和数量。

2. 签订技术合同

用户单位明确航空摄影任务的具体技术要求后，应携带航摄计划用图和当地气象资料与承接方进行具体协商。双方应对航摄任务中提出的技术指标进行磋商，在平等、真实、自愿的基础上，经充分讨论确定之后，用户单位和承担航空摄影任务的单位签订航空摄影任务技术合同。

3. 空域申请

签订合同后，用户单位应向当地航空主管部门申请空域。在申请报告中应明确说明航摄高度、航摄日期等具体数据，还应附上标注经纬度的航摄区域略图。

4. 航空摄影准备工作

承担航空摄影任务的航摄单位在签订合同后，应开始进行航摄的准备工作：航摄所需耗材的准备，航摄仪的检定，航摄分区图，航摄分区航线图，飞机与机组人员的调配等。

5. 航空摄影实施

航空摄影准备工作结束后，按照实施航空摄影的规定日期，选择天空晴朗少云、能见度好、气流平稳的天气，在中午前后的几个小时进入摄区进行航空摄影。无人机依据领航图起飞进入摄区航线，按规定的曝光时间和计算的曝光间隔连续地对地面摄影，直至第一条航线拍完为止；然后飞机盘旋转弯 180° 进入第二条航线进行拍摄，直至摄影分区拍摄完毕，如图 5.10 所示。如果测区面积较大、航线太长或地形变化大，可将测区分为若干分区，按区进行摄影。在进行大比例尺航空摄影或测区较小时，为了保证旁向重叠度，也可以采取单项进入测区的方式拍摄。

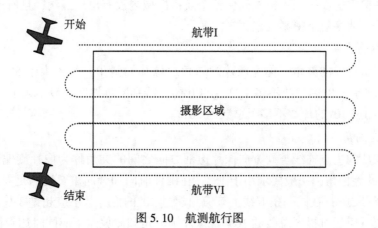

图 5.10　航测航行图

飞行完毕后，应尽快进行影像处理，对像片进行检查、验收与评定，以此来确定是否需要重摄或补摄。

6. 送审

申请空域和送审像片是各国在航空摄影是必须遵守的制度，航摄单位在完成航摄工作后，应将航摄像片送至当地航空主管部门进行安全保密检查。

5.1.4　航空摄影质量检查

无人机航空摄影质量检查依据行业标准《低空数字航空摄影规范》(CH/Z 3005—2010)(以下简称《规范》)进行。

1. 无人机航空摄影飞行质量检查

无人机航摄所获取的数据,除了在现场检查影像色调、饱和度、云和雾之外,还要从像片重叠度、像片倾斜角、影像旋偏角、航高等方面进行检查。

1)像片重叠度

摄影测量使用的航摄像片,要求沿航线飞行方向两相邻像片上对所摄地面有一定的重叠度,称为航向重叠度。对于区域摄影,要求两相邻航带相邻像片之间也要有一定的影像重叠度,称为旁向重叠度。

$$航向重叠度:P_x(\%)=\frac{P_x}{L_x}\times100\% \tag{5-1}$$

$$旁向重叠度:P_y(\%)=\frac{P_y}{L_y}\times100\% \tag{5-2}$$

式中,L_x、L_y 表示像幅的边长;P_x、P_y 表示航向和旁向重叠影像部分的边长。

按照《规范》,航向重叠度一般为 60%~80%,个别最小不应小于 53%。相邻航线的像片旁向重叠度一般应为 15%~60%,个别最小不应小于 8%。根据相机曝光时刻的记录信息,利用软件按重叠度排列,检查确保整个航摄区域内没有出现漏洞,且所选数据的影像重叠均满足低空数字航空摄影规范要求。

2)像片倾斜角

主光轴与铅垂线的夹角,称为像片倾斜角。像片倾斜角一般不大于 5°,个别最大不超过 12°,出现超过 8°的片数不多于总数的 10%。特别困难地区一般不大于 8°,最大不超过 15°,出现超过 10°的片数不多于总数的 10%。

3)像片旋偏角

相邻两像片的主点连线与同方向像片边框方向之间的夹角称为像片旋偏角。按照《规范》:对像片的旋偏角,一般要求小于 15°,在确保航向和旁向重叠度满足要求的前提下,个别最大不超过 30°;在同一条航线上旋偏角超过 20°的像片数不应超过 3 片。超过 15°旋偏角的像片数不应超过摄区总数的 10%。像片倾斜角和旋偏角不应同时达到最大值。

4)航高

航高指摄影飞机在摄影瞬间相对某一水准面的高度,从该水准面起算向上为正号。

根据所取基准面的不同,航高可分为相对航高和绝对航高。

(1)相对航高:指摄影机物镜中心相对于某一基准面的高度,常称为摄影航高。

(2)绝对航高:摄影机物镜中心相对于大地水准面的高度。

在地面分辨率要求一定的情况下,结合相机的性能指标,无人机摄影的计划飞行高度可按照式(5-3)计算:

$$H = f \times \frac{\text{GSD}}{\alpha} \tag{5-3}$$

式中，H 为航高，m；f 为镜头焦距，mm；α 为像元尺寸，mm；GSD 为地面分辨率，m。

无人机在飞行过程中，受风力、气压等因素影响，实际飞行高度会偏离预设高度。航高变化直接影响影像重叠度及分辨率。按照《规范》规定：同一航线上相邻像片的航高差不应大于 30m，最大航高与最小航高之差不应大于 50m；摄影区域内实际航高与设计航高之差不应大于 50m。利用飞机自带航迹文件，对测区内各航带最大航高差进行检查，确保所选数据航带内最大高差满足低空航空摄影规范要求。

飞行质量的检查是为了确保影像数据各项指标均满足相应规范要求，以满足后续的几何校正、航带整理等处理工作要求。飞行结束，应填写航摄飞行记录表，航摄飞行记录表格参照《规范》附录 B。若航摄中出现相对漏洞和绝对漏洞均应及时补摄，且应采用前一次航摄飞行的相机补摄，补摄航线的两端应超出漏洞之外两条基线。

2. 无人机影像质量检查

无人机影像质量应满足以下要求。

(1)影像应清晰，反差适中，色调柔和，应能辨认出与地面分辨率相适应的细小地物影像，能够建立清晰的立体模型。

(2)影像上不应有云影、烟、大面积反光、污点等缺陷。虽然存在少量缺陷，但不影响立体模型的连接和测绘，可以用于测制线划图。

(3)确保因飞机速度的影响，在曝光瞬间造成的像点位移一般不应大于 1 个像素，最大不应大于 1.5 个像素。

(4)拼接影像应无明显模糊、重影和错位现象。

3. 摄区边界覆盖检查

航向覆盖超出摄区边界线应不少于两条基线。旁向覆盖超出摄区边界线一般应不少于像幅的 50%；在便于施测像片控制点及不影响内业正常加密时，旁向覆盖超出摄区边界线应不少于像幅的 30%。这是《规范》在航摄区域边界覆盖上的保证，但在无人机倾斜摄影时是明显不够的。理论上，需要目标区域边缘地物能够出现在像片的任何位置，与测区中心地区的特征点观测量一样。考虑到测区的高差等情况，可以按照式(5-4)计算航线外扩的宽度：

$$L = H_1 + \tan\theta + H_2 - H_3 + L_1 \tag{5-4}$$

式中，L 为外扩距离；H_1 为相对航高；θ 为像片倾斜角；H_2 为摄影基准面高度；H_3 为测区边缘最低点高度；L_1 为半个像幅对应的水平距离。

5.2 像片控制测量

5.2.1 像片控制点的概念与分类

像片控制点(可简称"像控点")是指符合航测成图各项要求的测量控制点，是航空摄影空中三角测量和测图的基础，其点位的选择、点的密度和坐标、高程的测定精度直接影响摄影测量数据后处理的精度。

像片控制点分 3 种类型。

（1）像片平面控制点：野外只需联测平面坐标，简称平面点。

（2）像片高程控制点：只需联测高程点，简称高程点。

（3）像片平高控制点：野外需同时测定点的平面坐标和高程，简称平高点。

生产中，为了方便确认控制点的性质，一般用 P 代表平面控制点，G 代表高程控制点，N 代表平高控制点，V 代表等外水准点。

插图中以"○"表示平面控制点，"●"表示高程控制点，以"◉"表示平高控制点；"⊗"表示水准点，"□"表示像主点。

引点及支导线点的编号采用在本点编号和点名后加注数字的形式表示。例如"P17-1"中，P17 为本点编号，1 表示引出点的序号。

5.2.2　像片控制点的布设

1. 像片控制点布设的基本原则

（1）像控点的布设必须满足布点方案的要求，一般情况下按图幅布设，也可以按航线或区域网布设。

（2）布设在同一位置的平面点和高程点，应尽量联测成平高点。

（3）相邻像对和相邻航线之间的像控点应尽量公用。当航线间像片排列交错面不能公用时，必须分别布点。

（4）位于自由图边或非连续作业的待测图边的像控点，一律布在图廓线外，确保成图满幅。

（5）像控点尽可能在摄影前布设地面标志，以提高刺点精度，增强外业控制点的可取性。

（6）点位必须选择在像片上的明显目标点，以便于正确地相互转刺（指在空中三角测量中立体观测下所选用的像点在乳剂上刺出）和立体观察时辨认点位。

2. 像片控制点目标条件的要求

（1）像控点的目标应清晰，易于判刺和立体量测，如选在夹角良好（30°～150°）的细小线状地物交点、明显地物拐角点，原始影像中不大于 3×3 像素的点状地物中心，同时应是高程起伏较小、常年相对固定且易于准确定位和量测的地方。

（2）高程控制点点位目标应选在高程起伏较小的地方，以线状地物的交点和平山头为宜；狭沟、尖锐山顶和高程起伏较大的斜坡等，均不宜选作点位目标。

（3）当目标与其他像片条件发生矛盾时，应着重考虑目标条件。

3. 像片控制点在像片位置条件的要求

像控点在像片和航线上的位置，除各种布点方案的特殊要求外，应满足下列基本要求。

(1)像控点一般应在航向三片重叠和旁向重叠中线附近,如图 5.11(a)所示。布点困难时可布在航向重叠范围内,在像片上应布在标准位置上,也就是布在通过像主点垂直于方位线的直线附近,如图 5.11(b)所示。

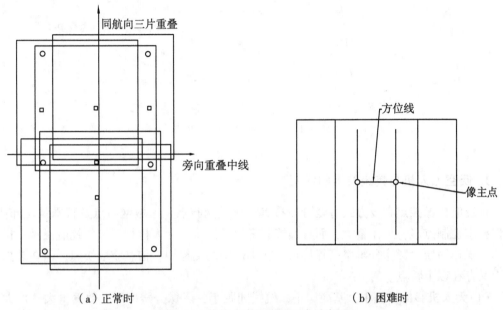

(a)正常时　　　　　　　　　　　　(b)困难时

图 5.11　像控点布设位置要求示意图

(2)像控点距像片边缘的距离不得小于 1cm,因为边缘部分影像质量较差,且像点受畸变差和大气折光等所引起的移位较大;再者,倾斜误差和投影误差使边缘部分影像变形大,增加了判读和刺点的困难。

(3)点位必须离开像片上的压平线和各类标志(框标、片号等),以利于明确辨认。为了不影响立体观察时的立体照准精度,规定离开距离不得小于 1mm。

(4)旁向重叠小于 15%或由于其他原因,控制点在相邻两航线上不能公用而需分别布点时,两控制点之间裂开的垂直距离 h 应小于 1cm,困难时应不大于 2cm,如图 5.12(a)所示。

(5)点位应尽量选在旁向重叠中线附近,离开方位线的距离应大于 3cm(18cm×18cm像幅)或 4.5cm(23cm×23cm 像幅);当旁向重叠过大而不能满足要求时,应分别布点,如图 5.12(b)所示。

5.2.3　无人机航摄像片控制点的布设方案

像片控制测量的布点方案是指根据成图方法和成图精度在像片上确定航外像片控制点的分布、性质、数量等各项内容所提出的布点规则,它是体现成图方法和保证成图精度的重要组成部分。

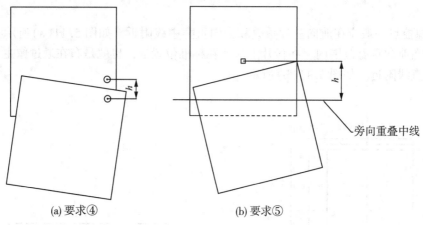

(a) 要求④　　　　　　　　　　(b) 要求⑤

图 5.12　旁向重叠像控点布设

1. 低空无人机与传统航摄的区别

传统航摄像控点布设方式有全野外布点、航线网布点、区域网布点及特殊情况布点，不但要求控制点多，工作量大，而且实施起来比较困难。无人机相对于传统航摄具有机动快速、操作简便、影像分辨率高等特点，在小范围的测绘中，信息获取快速，但在数据处理上又存在以下特点。

(1)无人机影像像幅小，基高比小，航线间距小，影像分辨率高，数据量大，加大了内业、外业工作量及数据处理难度。

(2)航迹不规则，无人机容易受到气流剧烈变化影响，易导致影像倾角过大，影像倾斜方向不规律；偏离预设航线飞行，造成航向重叠度和旁向重叠度不规则，对连接点的提取和布设增加了难度，使得影像匹配难度大，精度低。

因此，传统航摄采用的航向 3 条基线布设一个平高点，航区按四排平高点布设控制点，即在 6 片重叠区(航带内 3 片重叠，航带间 2 片重叠区)布设控制点的方式不适合无人机航测。但无人机航摄按照控制点的布设方案仍然分为全野外布点方案和非全野外布点方案两类。

2. 全野外布点方案

全野外布点是指正射投影作业、内业测图定向和纠正作业所需要的全部控制点均由外业测定的布点方案。这种布点方案精度要求较高，但外业工作量大，只在少数情况下使用。

全野外布点方案按成图方法不同，一般分为综合法全野外布点方案和立测法(全能法)全野外布点方案。综合法全野外布点方案又分为隔片纠正布点法和邻片纠正布点法；全能法全野外布点方案又可分为单模型和双模型布点形式。

1)全野外布点方案使用情况

全野外布点方案常用于特殊要求或特殊地形，或小面积测图时，适用于下列情况：

(1)航摄像片比例尺较小，而成图比例尺较大，内业加密无法保证成图精度时；

（2）用图部门对成图精度要求高，采用内业加密不能满足用图部门需要时；

（3）用图时间紧迫，而航测外业在人力、物力、时间等方面又具有较快提供用图条件时；

（4）由于设备限制，航测内业暂时无法进行加密工作时。

2）用于像片纠正的布点方案

（1）隔片纠正布点：隔号像片的测绘面积的四角各布设一个平面控制点，如图 5.13 所示。

（2）邻片纠正布点：在测绘面积的四角各布设一个高程控制点，如图 5.14 所示。

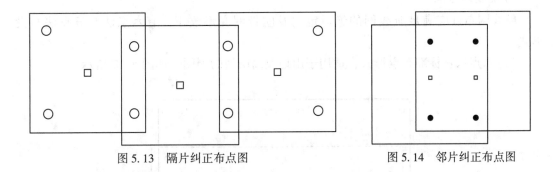

图 5.13　隔片纠正布点图　　　　　　图 5.14　邻片纠正布点图

3）用于立体测图仪作业的布点方案

（1）单模型测图：在测绘面积的四角各布设一个平高控制点，如图 5.15 所示。

（2）双模型测图：两个立体像对测绘面积的四角各布设一个平高控制点，如图 5.16 所示。

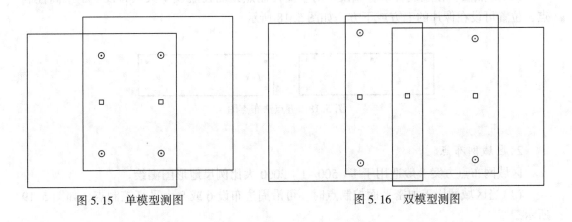

图 5.15　单模型测图　　　　　　　　图 5.16　双模型测图

3. 非全野外布点方案

非全野外布点是指正射投影作业、内业测图定向和纠正作业所需的像片控制点主要由内业采用空三加密所得，野外只测定少量的控制点作为内业加密的基础。这种布点方案可以减少大量的野外工作量，提高作业效率，充分利用航空摄影测量的优势，实现数字化、自动化操作，是现在生产部门主要采用的一种布点方案。

采用非全野外布点时，外业只需测定少量的控制点作为内业进行加密的基础，内业在此基础上，通过加密作业可以求得内业测图所需的全部绝对定向点或纠正点的平面位置和高程。因此，作为加密基础的外业控制点必须精度高、位置准确、成果可靠，而且应满足不同加密方法提出的各项要求。

所谓加密，是指在控制点稀少，不能满足测图定向和纠正的情况下，内业采用某些仪器和计算手段，通过对立体模型的测量，精确地测定另一部分控制点，以满足测图定向和纠正的需要。目前加密的方法主要是解析空中三角测量，又称电算加密。

非全野外布点方案通常有航线网布点与区域网布点两种方案。

1）航线网布点

航线网布点应满足航线网的绝对定向及航带网变形改正，有六点法与五点法布设形式。

（1）六点法：标准布点形式，适用于山地及高山地的测图，如图 5.17 所示。

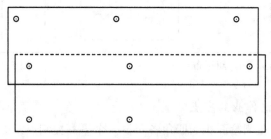

图 5.17　六点法布点图

（2）五点法：在航线首末各布设一对平高控制点，而在航线中央只布设一个平高控制点，位置可设在像片的上方或下方，如图 5.18 所示。

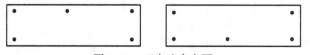

图 5.18　五点法布点图

2）区域网布点

区域网布点方案一般适用于 1∶500～1∶2000 大比例尺地形图测绘。

（1）当区域网用于加密平面控制点时，可沿周边布设 6 或 8 个平高控制点，如图 5.19 所示。

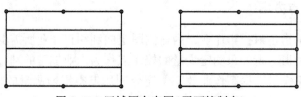

图 5.19　区域网布点图（平面控制点）

（2）当区域网用于加密平高控制点时，采用如图5.20所示的布点方案。

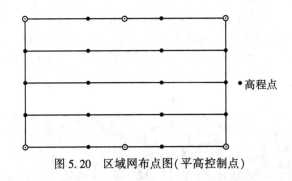

图5.20 区域网布点图（平高控制点）

选择布点方案时主要应考虑地形类别、成图方法和成图精度；但也要考虑其他方面的实际情况，如航摄比例尺、航摄像片的质量情况、测区的地形条件、仪器设备及技术条件，以及内业、外业任务的平衡情况等，这样才能选出较好的布点方案。

5.2.4 像片控制测量的流程

随着航空摄影测量在各个测绘应用领域的普及，关于影像像片控制点的测量任务在各生产单位也日趋增多，而像片控制点在航测数字化成图过程中也起到非常重要的作用。像片控制测量的流程有以下三大步骤。

1. 根据航测区域确定像片控制点

像片控制点的精度和数量直接影响航测数据后处理的精度，所以像片控制点的布设和选择应当尽量规范、严格、精确。

对于不带RTK或PPK（Post-Processing Kinematic，GPS动态后处理差分）功能的无人机，对像片控制点的要求很高，需要在航带附近布设较密的像片控制点，以保证其相对位置的精确性。而带RTK、PPK功能的无人机，对像片控制点的数量要求相对不带该功能的无人机就少很多了，RTK、PPK功能使得飞机在作业的时候相对位置准确，有POS数据来支持其执行任务过程中的可靠性。

2. 野外布设像片控制点

布设像片控制点之前要做好准备工作，首先要查看航测区域的地质地貌条件，肉眼较好辨别的区域是农田、乡村小道居多，还是公路、水泥路居多，准备油性喷漆、标靶板（木板或者硬纸板）。

像片控制点应选在影像清晰的明显地物点、地物拐角点、接近正交的线状地物交点或固定的点状地物上。当刺点目标与位置不能兼顾时，以目标为主。高程点选在局部高程变化较小且点位周围相对平坦地区。像片控制点应在相邻像片上均清晰可见。

如图5.21所示，确定航拍区域后，利用影像图、电子地图来确定像片控制点的大概位置和数量，以K1/K5、K3/K7、K4/K8、K2/K6、K9/K10（即测区要求的成果四角和中间位置)五个像片控制点来控制 0.3km² 左右的区域。

注意：图 5.21 中，整幅是需要测量成果的航测区域，选点在相对区域往内一些的位置，方格那部分并不是测区的全部。为了保险起见，每个像片控制点旁边做了一个备用点，防止做一个点出现照片不清晰、被人为挪动等而导致点不可用，内业步骤中无法刺点的状况。图中 a、b、c、d 等点，是用来检查成果的精度，可根据实际情况需要做检查点，不是一定要做检查点。

图 5.21　测区像片控制点选择示意图

如果是带状测区，则需要在带状区域的左右侧布点，可以按照 S 形路线布点。左右侧指航测区域内的范围，并不是没有航线的地方，每一侧的临近点位距离按照 GSD 和实际情况而定。

如图 5.22 所示，一般水泥路、沥青路等乡村公路上，可利用油性喷漆画"十"字形标记，注意"十"字形标记一定要够宽，最起码宽 5cm，以便内业时可在像片上精确地刺点，画完"十"字形标记后在旁边标记点号。

图 5.22 喷漆做像片控制点

注意：油性喷漆比水溶性喷漆效果好，水溶性喷漆容易被水冲淡，标记的痕迹容易淡化，而导致内业像片看不清楚，所以喷漆选油性较好，且保证喷"十"字足够宽。

测点的时候要测"十"字形标记的中间，记得每次做完像片控制点拍 2~4 张不同角度的照片，最好有参照物，以便内业处理找点方便。做点的要求如下：

(1)做点的地方尽量是平坦、水平的，不要选在有高差的斜坡上；

(2)做点的地方如果有高差，应把点做在高处，如楼房的楼顶角上，因为航拍会产生高楼的阴影角度，不能把楼顶角下的坐标作为像片控制点坐标；

(3)测点的位置要在"十"字与外框的四个交叉角处，而不能测中心位置，以方便刺点；

(4)尽量利用已有的地面标识来作像片控制点，如斑马线、人行道等在航拍照片上清晰可见的地方。

如图 5.23 所示，标靶板的效果比手工做的木板的效果要好很多，黑白相间的黑色使得内业刺点的时候更加准确，所以建议用标靶板作像片控制点。一般在田埂、小路、土质田地上用钉子固定标靶板作像片控制点，并标上点号。

图 5.23 标靶板作像片控制点

3. 像片控制点测量

像片控制点测量是指根据像片上内业的布点方案，在实地根据影像的灰度和形状找到并确定像片控制点的位置，测量并记录该点平面坐标及其高程。像片控制点测量方法有如下 4 种。

1) 用国家控制网作为像片控制点

国家控制网又称基本控制网，即在全国范围内按照统一的方案建立的控制网。它是全国各种比例尺测图的基本控制网，它首先用精密仪器、精确方法测定，然后进行严格的数据处理，最后求定控制点的平面位置和高程。国家控制网具体分为一、二、三、四这四个等级，而且是由高级向低级逐渐加以控制。

控制点也认为是已知点，即以测定高程值的点。控制点分平面控制点和高程控制点。平面控制点又分为三角点、导线点、GNSS 点等多种类型。高程控制点按观测方法可分为水准点和三角高程点，按等级分为一、二、三、四等和等外级。

2) 采用仪器测量像片控制点

主要测量仪器有 RTK 及全站仪。这些仪器精度也是不同的，RTK 一般是厘米级精度，而全站仪可以达到毫米级精度。用 RTK 方法进行测量，通过 GNSS 进行定位，连接基准站(已知点)或者 CORS 站实时坐标转换测得像片控制点，可以从任意固定点作起算，之后将 WGS 坐标转换到 CGCS2000 坐标。

随着 GNSS 技术的飞速进步和应用普及，它在城市测量中的作用已越来越重要。当前，利用多基站网络 RTK 技术建立的连续运行卫星服务综合系统（CORS）已成为城市 GNSS 应用的发展热点之一。CORS 系统是卫星定位技术、计算机网络技术、数字通信技术等高新科技多方位、深度结合的产物。CORS 系统由基准站网、数据处理中心、数据传输系统、定位导航数据播放系统、用户应用系统五个部分组成，各基准站与监控分析中心间通过数据传输系统连接成一体，形成专用网络。

3) 使用传统测量方法或通过其他资源获得像片控制点

到相关测绘地理档案馆查阅已有资料，如 1∶10000 地形图，在图上量取固定点作起算数据，但是此方法精度不高。

4) 以独立坐标系定义采集像片控制点

以独立坐标系定义采集像片控制点后，还需要再联测国家控制网的已知点进行转换计算。

5.3　无人机解析空中三角测量

5.3.1　解析空中三角测量概述

1. 解析空中三角测量的概念

利用空中连续摄取的具有一定重叠的航摄像片，依据少量野外控制点的地面坐标和相应的像点坐标，根据像点坐标与地面点坐标的三点共线的解析关系或每两条同名光线共面的解析关系，建立与实地相似的数字模型，按最小二乘法原理，用电子计算机解算，求出每张影像的外方位元素及任一像点所对应地面点的坐标。这就是解析空中三角测量，也称为摄影测量加密或者空三加密。

2. 解析空中三角测量的作用与特点

解析空中三角测量在摄影测量技术领域的主要作用是：
(1)为模型建立提供定向控制点和像片定向参数；
(2)测定大范围内界址点的统一坐标；
(3)单元模型中大量地面点坐标的计算；
(4)解析近景摄影测量和非地形摄影测量。
解析空中三角测量的作业特点反应以下 6 个方面：
(1)不受通视条件限制，把大部分野外测量控制工作转至室内完成；
(2)不触及被量测目标，即可测定其位置；
(3)可快速地在大范围内同时进行点位测定，以节省野外测量工作量；
(4)可引入系统误差改正和粗差检测，可同非摄影测量观测值进行联合平差；
(5)摄影测量平差时，区域内部精度均匀，且不受区域大小限制。

5.3.2 无人机解析空中三角测量的方法与流程

1. 光束法区域网空中三角测量

1)光束法区域网空中三角测量的基本思想
以一张像片组成的一束光线作为一个平差单元，以中心投影的共线方程作为平差的基础方程，通过各光线束在空间的旋转和平移，使模型之间的公共点的光线实现最佳交会，将整体区域最佳地纳入控制点坐标系中，从而确定加密点的地面坐标及像片的外方位元素。

2)光束法区域网空中三角测量的原理
光束法区域网空中三角测量是以投影中心点、像点和相应的地面点三点共线为条件，以单张像片为解算单元，借助像片之间的公共点和野外控制点，把各张像片的光束连成一个区域进行整体平差，解算出加密点坐标的方法。其基本理论公式为中心投影的共线条件方程式：

$$\begin{cases} X = X_S + (Z - Z_S)\,\dfrac{a_1x + a_2y - a_3f}{c_1x + c_2y - c_3f} \\ Y = Y_S + (Z - Z_S)\,\dfrac{b_1x + b_2y - b_3f}{c_1x + c_2y - c_3f} \end{cases} \tag{5-5}$$

式中，f 为相机焦距；Z 为测区平均高程；(X_S, Y_S, Z_S) 为相机投影中心的物方空间坐标；$(a_i, b_i, c_i)(i=1, 2, 3)$ 为影像的 3 个外方位角元素 $(\varphi, \omega, \kappa)$ 组成的 9 个方向

余弦；(x, y) 为像点坐标；(X, Y) 为相应的地面点坐标。

由每个像点的坐标观测值可以列出两个相应的误差方程式，按最小二乘准则平差，求出每张像片外方位元素的 6 个待定参数，即摄影站点的 3 个空间坐标和光线束旋转矩阵中 3 个独立的定向参数，从而得出各加密点的坐标。

2. 无人机 POS 辅助空中三角测量

POS 辅助空中三角测量是将 GNSS 和 IMU 组成的定位、定姿（POS）系统安装在航摄平台上，获取航摄仪曝光时刻摄站的空间位置和姿态信息，将其视为观测值引入摄影测量区域网平差中，采用统一的数学模型和算法整体确定点位并对其质量进行评定的理论、技术和方法。

无人机航摄数据通常带有定位、定姿 POS 数据，即航摄影像的外方位元素。根据《IMU/GPS 辅助航空摄影技术规范》（GB/T 27919—2011）中直接定向法和辅助定向法的规定，无人机航摄数据空中三角测量可以采用直接定向法或辅助定向法。

1）利用 POS 数据直接定向

低空无人机飞行的不稳定性使其获取的外方位元素存在粗差及突变，在利用 POS 辅助平差前可对其进行一定优化。首先利用飞机获取的外方位元素中的线元素进行同名像点匹配，并进行平差，得到新的外方位元素，剔除部分粗差，实现对原始 POS 信息优化。在影像外方位元素已知的情况下，测量一对同名像点后，即可利用前方交会计算出对应地面点的地面摄影测量坐标。

2）辅助定向法

利用少量外业控制点或已有其他资料结合 POS 数据进行辅助空中三角测量，称为辅助定向法。控制点量测工作是区域网平差中的工作之一，无人机航摄的 POS 数据精度较低，但是 POS 数据提供了每张像片的外方位元素，利用 POS 数据可以实现控制点的自动展点，提高摄影测量区域网平差效率。外业控制点的精度高，利用高精度的外业控制点与 POS 数据提供的每张像片外方位元素的初始值共同参与空中三角测量，既能提高平差效率，又能提高平差速度。在没有野外控制点、IMU 数据又不能满足要求的情况下，通过在正射影像数据、DEM 数据、数字地形图、纸质地形图等已知地理信息数据中选取已知特征点作为控制点的方法进行控制点采集，同样可以结合 POS 数据联合进行空中三角测量，可以满足应急保障和突发事件处理的测绘需求。

3. 无人机光束法区域网平差方法

目前，无人机航摄数据空中三角测量平差方法一般采用光束法区域网空中三角测量。一般直接把摄影光束当成它的平差单元，而且在整个过程当中都是以共线方程作为其计算的理论基础，利用每个光束在空中的位置变换，使模型间公共点的光线实现对对相交。在计算的过程当中，把整个测区影像纳入统一的物方坐标系，进行整个区域网的概算。这样做的目的是可以确定整个区域中所有像片外方位元素近似值，同时也能够获得各个不同加密点坐标所具有的近似值，然后将其推广到整个区域范围中，进行统一的平差处理，最终得到每张像片的外方位元素和所有加密点的物方坐标，其原理如图 5.24 所示。光束法平差依然采用共线方程作为基础数学模型。因为像点坐标为未知数的非线性函数，应该对其进行线性化，通过对待定点坐标求偏微分来完成。把像点坐标视为观测值，可列出误差方程式。

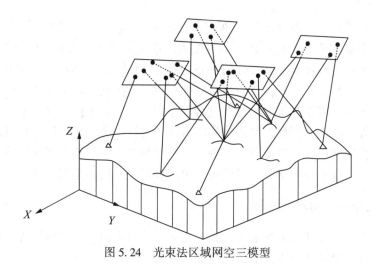

图 5.24　光束法区域网空三模型

为了充分利用 POS 数据，基于光束法区域网平差的数学模型，根据有无外业控制点数据及控制点数据所占的权重，光束法平差可分为自由网平差、控制网平差和联合平差。

1）自由网平差

自由网平差可以简单理解成所有匹配点的像点坐标一起进行平差，其中像点坐标为等权观测，其实现过程如下：

（1）根据影像匹配构网生成的像片外方位元素和地面点坐标的近似值；

（2）建立误差方程和改化方程；

（3）依据最小二乘准则，解算出每张外方位元素和待定点地面坐标；

（4）根据平差后解算出的外方位元素和待定点的地面坐标，可以反算出每个物点对应像点坐标，求得像点残差；

（5）给定像点残差阈值，将大于该阈值的像点全部删除后，继续建立误差方程和改化方程进行平差解算，以此循环迭代直到像点残差阈值满足一定的要求。

对于自由网平差中阈值限定的要求、传统的数字摄影测量，按《数字摄影测量　空中三角测量规范》（GB/T 23236—2009）中规定：扫描数字化航摄影像最大残差应不超过0.02mm（1 个像素），数码影像最大残差应不超过 2/3 像素；扫描数字化航摄影像连接点的中误差不超过 0.01mm（1/2 个像素），数码影像连接点的中误差应不超过 2/3 像素。

2）控制网平差

控制网平差在此可以理解成将控制点和匹配点的像点一起进行平差，但是控制网平差中的像点坐标不是等权观测，会对控制点进行权重的设置。其实现过程和自由网平差类似，对于阈值的要求也是根据自由网平差中国家规范规定的要求。所不同的是，平差解算出的外方位元素和待定地面坐标时，也会根据解算出的外方位元素求出对应的控制点地面坐标，此时与真控制点坐标有个差值。对于这个差值的要求，根据国家规定可以分别在《数字航空摄影测量　空中三角测量规范》和《低空数字航空摄影测量内业规范》（CH/Z 3003—2010）中查询，因为这个残差是根据成图比例尺来确定的，不同的成图比例尺要求的控制点残差也不一样。

3）联合平差

联合平差可以简单地理解成对两种不同观测手段的数据在一起进行平差，在光束法区域网空中三角测量加密中，则是 POS 与控制点一起进行平差。根据 POS 和控制点在平差过程中所占的权重，联合平差又可分为 POS+控制点和控制点+POS 两种方式。

对于以上的三种平差方式，目前在实际生产中，自由网平差是整个空中三角测量流程中必不可少的一步，需要对所有的像点进行平差剔除；而对于控制网平差，是根据实际生产中是否提供外业控制点资料，是否按控制点方式进行空中三角测量。只有在引入控制点时才需要进行控制网平差，以及剔除粗差点。控制网平差的解算方式是目前国内应用最广泛的加密方式；联合平差限于国内研究还较少的现状，应用不是很广泛。

4. 无人机空中三角测量流程

空中三角测量主要涉及资料准备、相对定向、绝对定向、区域网接边、质量检查、成果整理与提交等主要环节。空三加密流程如图 5.25 所示。

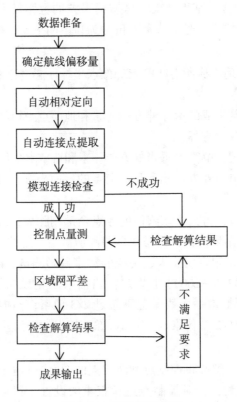

图 5.25　空三加密流程

首先进行立体像对的相对定向，其目的是恢复摄影时相邻两张影像摄影光束的相互关系，从而使同名模型连接检查不成功光线对对相交。相对定向完成后就建立了影像间的成功相对关系，但此时各模型的坐标系还未统一，需通过模型间的同名点和空间相似变换进行模型连接，将各模型控制点人工量测、编辑，统一到同一坐标系下。利用立体像对的相对定向区域网平差构建单航带自由网，确定每条航带内的影像在空间的相对关系。构建单航带后，利用航带间的物方同名点和空间相似变换方法对各单航带自由网检查解算结果，不满足要求的进行航带间的拼接，将所有单航带自由网统一到同一航测成果输出带坐标系下，形成摄区自由网。由于相对定向和模型连接过程中存在误差的传递和累积，易导致自由网的扭曲和变形，因此必须进行自由网平差，以减少这种误差。自由网平差后导入控制点坐标，进行区域网平差，目的是对整个区域网进行绝对定向和误差配赋。

1) 相对定向

相对定向的目的是恢复构成立体像对的两张影像的相对位置，建立被摄物体的几何模型，解求每个模型的相对定向参数。相对定向的解法包括迭代解法和直接解法。其中，迭代解法解算需要良好的近似值，而直接解法解算则不需要。当不知道影像姿态的近似值时，利用相对定向的直接解法进行相对定向。相对定向主要通过自动匹配技术提取相邻两张影像同名定向点的影像坐标，并输出各原始影像的像点坐标文件。通过影像匹配技术自动提取航带内、航带间所有连接点，运用光束法进行区域自由网平差，输出整个区域同名像点三维坐标。通常利用金字塔影像相关技术和最大相关系数法识别同名点对，获取相对定向点，在剔除粗差的同时求解未知参数，从而增加相对定向解的稳定性。由于无人机的姿态容易受气流的影响，重叠度小的相邻影像间的差异可能很大，匹配难度增加，大的重叠度则可以减少相邻影像间的差异，使得同名点的匹配相对容易。

2) 绝对定向

绝对定向是无人机航空影像定位的重要环节，实现了相对定向后立体模型坐标到大地坐标转换。在实际定向解算中，需要求解两个坐标空间的 3 个平移参数、3 个旋转角参数、1 个比例参数。绝对定向后，即可依据无人机影像的像片坐标计算目标大地坐标。绝对定向参数求解的可靠性与精度直接影响定位的精度。绝对定向有如下 3 个步骤。

(1) 进行平差参数设置，调整外方位元素的权和欲剔除粗差点的点位限差，通过区域网光束法平差计算，分别生成控制点残差文件、内外方位元素结果文件、像点残差文件等平差结果文件。

(2) 查看平差结果是否合格，如果不合格，继续调整外方位元素的权和粗差点的点位限差，直至平差结果合格为止。

(3) 生成输出平差后的定向点三维坐标、外方位元素及残差成果等文件。

5.3.3 解析空中三角测量的精度

在实际生产中，解析空中三角测量的定位精度是重要精度指标。空中三角测量的精度可以从两个方面分析：第一，从理论上分析，将待定点(或加密点)的坐标改正数视为一个随机误差，根据最小二乘平差中的函数关系，结合协方差传播定律求出坐标改正数的方差——协方差矩阵，以此得到平差精度；第二，直接将地面测量坐标值视为真坐标值，通过比较地面控制点的平差坐标值和地面测量坐标值进行较值分析，将多余的控制点坐标值视为多余观测值和检查点，进行精度分析。

理论精度一般是反映了对象的一种误差分布规律，观测值的精度以及区域网的网形结构都会影响不同的误差分布，通过误差分布的规律，可以对网形及控制点的分布进行更合理的设计。而实际精度是用来评价空中三角测量更为接近事实精度，理论上，在不存在各种不必要的误差影响下，理论的精度应与实际精度相同。但是实际生产中，两者都会存在不同的精度，不同的精度分析可以发现观测值或平差模型中存在不同的误差类型。因此，测量平差中对于多余控制点的观测是非常必要的。

1. 空中三角测量的理论精度

摄影测量中的空中三角测量的理论精度为内部精度，反映了一区域网中偶然误差的分布规律，与其余点位的分布有关。其理论精度都是以平差获得的未知数协方差矩阵作为测度进行评定的，通常采用式(5-6)表示第 i 个未知数的理论精度。

$$m_i = \sigma_0 \cdot \sqrt{Q_{ii}} \tag{5-6}$$

式中，Q_{ii} 为法方程逆矩阵 $\boldsymbol{Q}_{XX}$ 二阵对角线上第 i 个对角线元素；σ_0 为单位权观测值得中误差，可以用像点观测值的验后均方差表示，其计算式为：

$$\sigma_0 = \sqrt{\frac{\boldsymbol{V}^{\mathrm{T}}\boldsymbol{P}\boldsymbol{V}}{r}} \tag{5-7}$$

式中，$\boldsymbol{V}$ 为像点观测值的改正数；$\boldsymbol{P}$ 为权值；r 为多余观测数。

空中三角测量的理论精度表达了量测误差随平差模型的协方差传播规律，与区域网内部网型结构有关，区域网为何种布设，误差传播规律在区域网内部的传播就变得不同，导致精度也不同，但各未知数的理论精度和像点的量测精度成正比。因此，理论精度可以认为是区域网平差的内部精度。

2. 空中三角测量的实际精度

实际精度与理论精度存在差异是由于在平差模型中可能含有残差的系统误差，当与偶然误差综合作用而产生差异。但是实际精度的定义公式很便捷，一般用多余控制点的真实坐标与平差坐标之间的较值来衡量平差的实际精度。空中三角测量实际精度估算式如下：

$$\begin{cases} \mu_X = \sqrt{\dfrac{\sum \left(X_{真实} - X_{平差}\right)^2}{n}} \\[4mm] \mu_Y = \sqrt{\dfrac{\sum \left(Y_{真实} - Y_{平差}\right)^2}{n}} \\[4mm] \mu_Z = \sqrt{\dfrac{\sum \left(Z_{真实} - Z_{平差}\right)^2}{n}} \end{cases} \tag{5-8}$$

空三加密结果的精度由野外测量的检查点来评定，通过计算摄影测量加密点坐标值与外业实际测量坐标的差值来完成。检查点的平面中误差和高程中误差均根据式(5-9)求解。

$$m_i = \pm \sqrt{\frac{\displaystyle\sum_{i=1}^{n} \left(\Delta_i \, \Delta_i\right)}{n}} \tag{5-9}$$

式中，m_i 为检查点中误差，m；Δ_i 为第 i 个检查点野外实测点坐标与解算值的误差，m；n 为参与评定精度的检查点的个数，一幅图应该有一个检查点。

3. 区域网平差的精度分布规律

(1)精度最弱点位于区域的四周。

(2)密周边布点时，光束法的测点精度接近常数。

(3)稀疏布点时，精度随区域的增大而降低，增大旁向重叠可提高平面坐标的精度。

(4)高程精度取决于控制点间的跨度，与区域大小无关。

4. 精度评价要求

无人机影像进行空三优化时，对空三优化结果的评价主要依赖像点坐标和控制点坐标的残差、标准差、偏差和最大残差等指标，同时还需考虑点位的分布、数量和光束的连续性等因素。残差反映了原始数据的坐标位置与优化后坐标位置的差；偏差源于输入原始数据的系统误差；最大残差是指大于精度限差点的残差；标准差反映了优化后的坐标与验前精度的比较，反映了数学模型优化的好坏。对无人机影像空三优化结果进行评价，应从以下 3 个方面进行考虑。

(1)对于连接点数量，一般要求每张影像上的连接点个数不能少于 12 个，且分布均匀。对于沙漠、林地和水体等特殊地区类型，可以降低要求，但也不能少于 9 个。每条航带间的连接点不能少于 3 个。

(2)对于空三结果精度报告的评价，一般要求连接点在 X 和 Y 方向上的像坐标标准差值小于 3 像素；连接点在 X 和 Y 方向的像坐标最大残差值小于 1.5 像素；每张影像的像坐标平面残差小于 0.7 像素。地面控制点与自由网联合平差计算时，控制点精度应符合成图要求，特殊地类、特殊影像可以适当放宽。

(3)对于应急响应的项目，空三优化可以放宽精度要求。连接点在 X 和 Y 方向的像坐标标准差可以放宽到 0.6 像素以内，X 和 Y 方向的像坐标最大残差值在 5 像素以内，每张影像的像坐标平面残差值在 1 像素以内。每张影像上连接点个数不低于 10 个，对于特殊地图类型的连接点个数不能少于 8 个，航带间的连接点个数不能少于 2 个。满足以上精度要求可以提交快速空三成果，生成应急正射影像图，但不能构建立体像对和生成数字表面模型(DSM)。

5. 影响解析空中三角测量精度的主要因素

1)像控点精度和影像分辨率

控制点的可靠性与精度直接影响定位的精度，乃至最终定位能否实现。影像的精度依赖于影像分辨率。根据成像比例尺公式可知，影像的分辨率除与 CCD 本身像元大小有关外，还与航摄高度有关，在焦距一定的情况下航高越低，分辨率越高。

2)测量精度

利用光束法对测量点进行加密的时候，首先对于测量的坐标观测值往往有一个非常高的精度要求，但是在具体的测量作业过程中，这种粗差往往是不可避免的。当粗差发生的时候，基本上都是在地面控制点以及各个人工加密点当中。它不仅使得误差增大，而且会导致整个加密数学模型的形变，对加密的精度是极具破坏性的。另外，如果控制点或连接点存在较大的粗差，而没有剔除就进行自检校平差，会将粗差当作系统误差进行改正，导致错误的平差结果。因此，有效剔除粗差是提高加密精度的必然选择。

3) 平差计算精度

光束法平差的方法主要是把外业控制点所提供的相应坐标值直接作为整个系统的观测值来使用，然后能够通过这个数值列出相应的误差方程。在这个方程中还需要赋予各个不同的元素以及合适的权重，然后和待加密点所具有的相应误差方程进行联立求解。在加密软件中，控制点权重的赋予是通过在精度选项中分别设定控制点的平面和高程精度来实现的。为防止控制点对自由网产生变形影响，不宜在开始就赋予控制点较大的权重。一方面，可避免为附和控制点而产生的像点网变形，得到的平差像点精度是比较可靠的；另一方面，绝大部分控制点都不会被当作粗差挑出，避免了控制点分布的畸形。

5.3.4　解析空中三角测量的实施

1. 数据准备

1) 相机文件

一般情况下，客户会提供相机检校文件，如图 5.26 所示。

从检校的相机文件中获取的信息有像素大小以及像主点偏心、焦距和畸变参数。

说明：HAT 软件要求像元大小以及像主点偏心和焦距是以毫米为单位的，畸变参数可以是以毫米为单位，也可以是以像素为单位。相机报告中 k_1 对应输入相机文件 k_3 中，k_2 对应输入 k_5 中，k_3 对应输入 k_7 中。

航 空 摄 影 仪 器 技 术 参 数

鉴 定 报 告

1、相机类型：CanonEOS5DMarkII_50.0_5616x3744

2、鉴定软件版本：EasyCalibrate

3、检校结果（像幅5616*3744像素，像素大小：6.60 um）

单位：毫米

序号	校验内容	检校值
1	主点x0	−0.0362
2	主点y0	0.0686
3	焦距f	53.1144
4	径向畸变系数k1	0.000048036331715457530o
5	径向畸变系数k2	−0.0000000117885871339737
6	径向畸变系数k3	−0.0000000000115753371156
7	偏心畸变系数p1	−0.000007217695197994
8	偏心畸变系数p2	0.00001919736943386
9	CCD非正方形比例系数α	0.000037322939
10	CCD非正交性畸变系数β	−0.000008167361

图 5.26　相机检校报告文件

相机文件格式，如图 5.27 所示。

针对数码相机，一般框标坐标可以通过计算得到，以角框标为例，如图 5.28 所示。

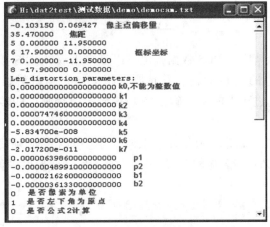

图 5.27 相机文件格式

图 5.28 框标类型

其中，$X = 0.00488 \times 7360 / 2 = 17.9584$，$Y = 0.00488 \times 4912 / 2 = 11.98528$（0.00488 是扫描分辨率，也是像素大小；7360 和 4912 是影像长、宽，像素单位）。

2）控制点文件

控制点格式如图 5.29 所示。

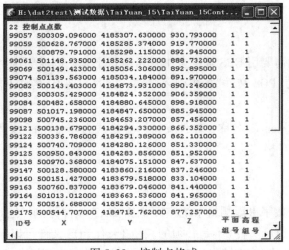

图 5.29 控制点格式

说明：控制点保存的文本格式是 编码(E): ANSI ，控制点的点数可以等于或者大于控制点的总个数；ID 号必须是纯数字，4~9 位数字，首字母不能为 0；*X* 指的是向东，*Y* 指的是向北。

3)POS 文件

POS 文件可以是低精度的 POS 数据，也可以是采用双屏 GPS 接收机数据解算得到的高精度、仅有 GPS 信息的 POS 数据。并且要求将 POS 的坐标转换为与控制点坐标系一致，主要是因为转点的过程中能够正确读取 POS 数据，否则后期转点的工程中会没有读取到 POS 数据。

POS 文件文本格式，如图 5.30 所示，要求文本中的空格必须使用的是空格键，不能是 Tab 键。并且 ID 号必须与影像的 ID 的名字完全一致，包括后缀名。

pos.txt - 记事本

文件(F) 编辑(E) 格式(O) 查看(V) 帮助(H)

影像ID	向东	向北	高程	Omega	Phi	Kappa
0206.jpg	393082.8984	3131444.434	431.89189	2.112609985	0.046123103	94.59491096
0207.jpg	393082.8791	3131496.318	431.71668	1.312187944	-0.020970255	94.65260781
0208.jpg	393082.9494	3131542.039	431.4747	0.014266649	0.298224533	94.75883419
0209.jpg	393083.2075	3131595.084	432.21661	1.630752478	0.493545845	97.92408223
0210.jpg	393082.9681	3131646.165	433.21295	0.372938229	-0.348014565	96.68087841
0211.jpg	393082.5318	3131697.743	432.81631	-0.079182767	-1.07670229	94.46731326
0212.jpg	393082.7805	3131743.055	432.67035	0.480195929	-0.057353075	93.46194421
0213.jpg	393084.089	3131794.256	433.29276	0.702102483	-0.661766254	93.75180356
0214.jpg	393085.0667	3131845.378	433.28834	2.786121874	-1.418185136	93.99422201
0215.jpg	393085.6719	3131891.47	434.22242	0.66291217	-1.856841625	94.66790578
0216.jpg	393086.1255	3131943.938	433.48387	1.150441958	-1.357967272	93.9142371
0217.jpg	393086.63	3131997.43	432.36449	2.177125032	-1.75983987	94.02516173
0218.jpg	393086.629	3132042.88	430.78379	1.308119944	-1.824813284	93.80468757
0279.jpg	392922.8436	3132028.238	432.35939	-0.616559884	0.949104589	263.3167925
0280.jpg	392922.1992	3131975.536	432.11862	-2.458905676	0.322346056	264.3170049
0281.jpg	392922.1252	3131930.287	432.17601	-0.290145828	-0.796182153	264.6314442
0282.jpg	392921.7522	3131878.008	433.73406	-2.162514609	-0.614611828	266.2596183
0283.jpg	392921.7597	3131824.04	436.12954	0.577140388	0.974372028	264.840803
0284.jpg	392921.6566	3131779.393	437.1125	-0.881667456	3.028540317	265.4430389
0285.jpg	392921.4106	3131725.368	436.58587	-1.252313854	3.07139756	265.0644857
0286.jpg	392921.411	3131679.951	434.74841	-0.057066596	3.302127664	265.1714569
0287.jpg	392921.0009	3131624.586	432.66782	0.094709924	2.25739642	265.8154615
0288.jpg	392920.2562	3131578.645	431.64444	1.994351496	1.489690269	263.8143491
0289.jpg	392919.0109	3131530.916	430.64872	-2.931882337	1.936540054	263.6398261
0290.jpg	392918.1623	3131482.724	430.5425	-2.03950057	-0.077807669	265.2669117
0291.jpg	392917.8757	3131425.923	431.18373	-1.447119505	-0.143296745	265.5582607
0330.jpg	392756.8397	3131445.342	431.21504	0.996831973	-1.753365447	94.23795825
0331.jpg	392757.7162	3131499.436	432.19251	0.702159779	0.323090901	92.54377935
0332.jpg	392758.3029	3131551.412	432.52047	1.347424848	0.508213565	93.07147348
0333.jpg	392758.8212	3131595.494	432.99622	1.199773624	-0.055920681	94.71185165

第 37 行，第 91 列

图 5.30　POS 文件文本格式

注意：如果后面需要用 GPS 辅助空中三角测量平差，则需要再将 GPS 数据通过 HAT 软件的“参数”菜单的“POS 文件”处再引入一次，此时影像 ID 名称不能带后缀名。

4)影像文件

影像文件命名为 images 名称，软件支持影像格式为“ *. jpg”或者标准“ *. tif”格式，不能是压缩的“ *. tif”格式。

2. 新建工程

以武汉航天远景数字摄影测量系统空三加密 HAT 软件为例。通过单独转点自动创建工程，需要有影像、POS 文件(不是必须的)，如果有 POS 文件可以提高转点精度和速度，启动 HAT 安装目录下的 PMO 转点程序，弹出界面如图 5.31 所示。

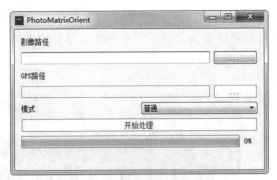

图 5.31 PMO 转点程序界面

如图 5.31 中，"影像路径"指定影像文件夹；"GPS 路径"指定 POS 文本；"模式"有普通和自检校两种，如果已有相机文件，可以选择普通模式，如果没有相机文件，可以选择自检校模式(一般情况下建议用自检校模式，转点效果会优于普通模式，包含专业量测相机影像)。但是根据作业经验，建议无论是否有相机文件都选择自检校模式，转点精度会更高。参数设置完成以后，选择开始处理，进度条完成 100%的时候，自动跳转到 HAT主界面，如图 5.32 所示。

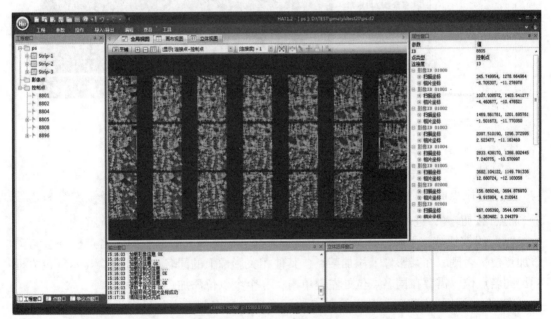

图 5.32 HAT 界面

3. 交互编辑

1) 查看连接点分布

转点完成后，可以查看连接点分布以及精度如何。此时，可在全局视图窗口的"平铺"模式下查看连接点的分布情况，并且可以根据需要对影像在交互编辑前对影像旋转设置显示(不会改变原始影像文件)，如图 5.33 所示。根据需要还可调整航带顺序、航带内影像的顺序，使整个工程的影像按从上到下、从左到右重叠顺序排列显示，便于查看、添加、编辑点。

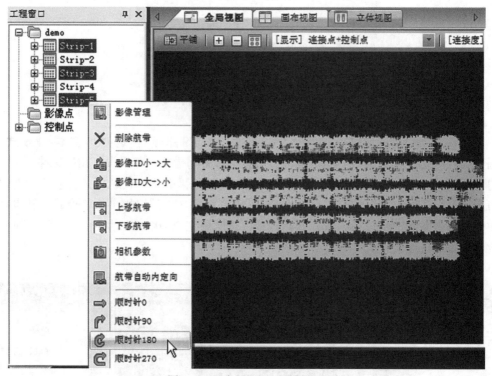

图 5.33　"全局视图"平铺界面

2) 添加编辑点

自动转点后，可先在工程区域的四角周边刺入 4 个控制点。

刺入控制点前需要先指定控制点文件，然后在"全局视图"窗口工具条上左键单击按下"加点"按钮▩，进入加点状态，接着按下"补齐"按钮▩，如图 5.34 所示。

"补齐"按钮被按下时，在某影像上添加某点，其他相关影像上的同名点位处会自动添加点位；否则，在某影像上添加某点，其他相关影像上的同名点位处只会显示绿色方框标记同名点位，需要在同名点位处左键单击，一个个点位添加。

在"全局视图"中找到要刺入控制点的影像后，在控制点点位处左键单击，鼠标单击处的影像上添加一个点，相关影像的同名点位处也自动添加了点，此时"全局视图"工具条上的"补充点锁"按钮▩被按下(进入补充点状态)，如图 5.35 所示。

在"全局视图"窗口添加点位后，必须在"画布视图"窗口精细调整点位。左键单击"画布视图"标题进入"画布视图"界面，如图 5.36 所示。

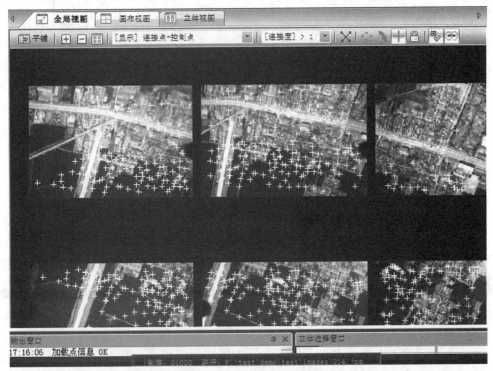

图 5.34 影像信息界面

图 5.35 控制点添加界面

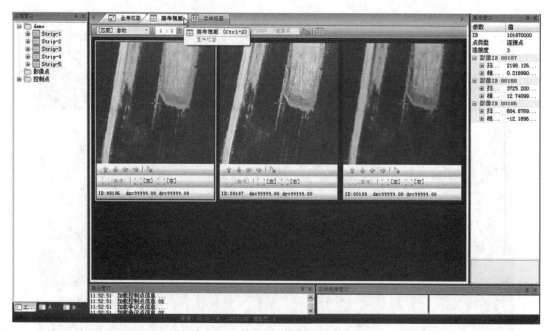

图 5.36　"画布视图"精细调整点位界面

用户在"画布视图"中每个影像精细窗口上鼠标左键单击，确定控制点的精确位置，使用"画布视图"里的工具条按钮➕(快捷键 Z)放大视图，一般放大到 3 倍(可直接在"缩放比例"列表选择"1∶3")，然后使用精细窗口下的 ⬆ ⬇ ⬅ ➡ 微调整点位，调整后的结果如图 5.37 所示。

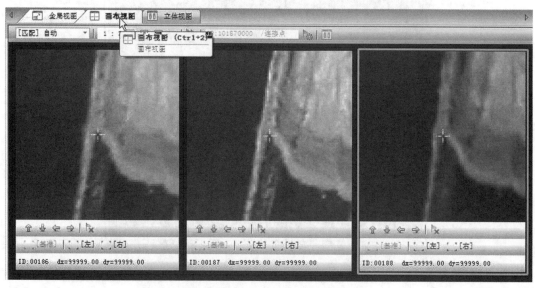

图 5.37　"画布视图"微调界面

如果某精细窗口上的点位距离影像边沿太近或者不是同名点位，可鼠标左键点击该精细窗口下的按钮，"画布视图"中该精细窗口消失，删除了该影像上的点位。若想取消删除该影像上的点位，可使用程序窗口上的"撤销"按钮。点击"画布视图"工具条上的按钮，会删除该 ID 点。

在"画布视图"中精确调整 ID 点位后，可在"立体视图"下观看点位是否准确。首先选择左右片，在每个影像的精细窗口下都有"左""右"选项，在左影像的精细窗口下左键单击"左"前的方框，在右影像的精细窗口下左键单击"右"前的方框，然后左键点击画布视图上的工具条上的"激活立体观测"按钮，如图 5.38 所示。

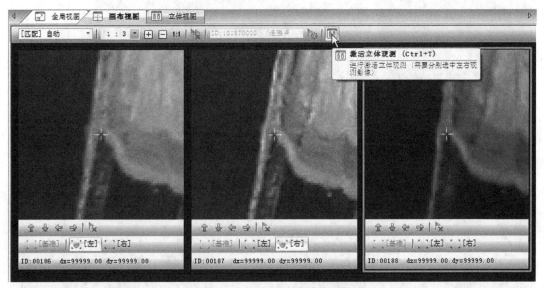

图 5.38 "激活立体观测"按钮

一般分别选择"画布视图"中的第一、第二影像为左、右片，有时若是反立体，可选择第一、第二影像为右、左片。

程序自动将"立体视图"窗口置前，显示选择的左、右片配成的立体像对。缺省"真立体"模式显示，也支持红绿立体显示。"立体选择"窗口中显示当前编辑 ID 点的影像信息，当前的左、右片影像前会有"钩"标记，如图 5.39 所示。

在"立体视图"中查看编辑点位时，先查看编辑当前像对的点位，若准确，再切换到下个相邻像对的点位，直到所有影像相邻像对的点位都正确，该 ID 点的立体观测检查才结束。

ID 点点位编辑准确后，若是控制点，需要指定控制点点号。在"画布视图"中使用工具条上的"修改 ID 和类型"按钮，弹出对话框，如图 5.40 所示。

用户在弹出的对话框中"点类型"列表中选择"控制点"参数项，"点 ID"列表中列出控制点点号(之前必须指定控制点文件)，用户在"点 ID"下拉列表选择控制点点号，然后点击"确定"按钮，连接点被修改为指定点号的控制点(控制点点号只能选择指定的，连接点点号可以输入编辑)。

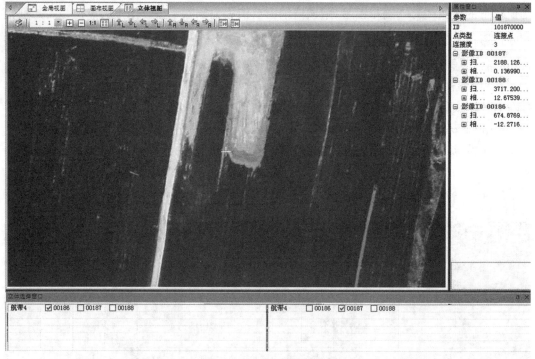

图 5.39　立体观测界面

图 5.40　修改 ID 和类型界面

4. 平差解算

刺入了控制点后(没有 POS 信息需要在工作区四周边至少添加 3 个 ID 控制点,最好是 4 个,分别为最大范围 4 个点),用户可以先平差解算,了解连接点的精度情况。如果平差收敛,便于添加其他的控制点,编辑删除粗差点。

在程序主界面选择菜单命令"操作"→"PATB 平差",调用"PATB 平差"界面,如图 5.41 所示。

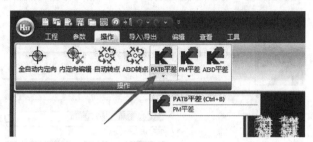

图 5.41 调用"PATB 平差"界面

如果是第一次启动 PATB 程序,在选择"PATB 平差"后会弹出对话框,要求指定 PATB 程序的安装路径,如图 5.42 所示。

图 5.42 指定 PATB 安装路径界面

选择 PATB 的应用程序文件(仅第一次运行 PATB 时需要设置路径,以后不需要),点击"打开",首先会弹出一个"使用时标文件提高平差精度"和"不使用时标文件平差"二选一的窗口,根据情况选择其中一项后,点击"继续"按钮,弹出 PATB 程序界面,如图 5.43 所示。

指定 PATB 应用程序路径后,在 HAT 安装路径下的 bin 文件生成的 HAT.exe.ini 文件中记录了 PATB 应用程序的路径,下次再调用 PATB 程序的时候,用户不必再指定路径。

若指定了 GPS 信息,PATB 可以利用 GPS 参与平差,平差前需要设置参数,其中 GPS 项中,需要勾选 GPS 改正模式和 GPS 权重,如图 5.44 和 5.45 所示。

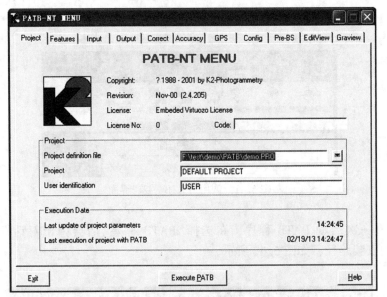

图 5.43　PATB 平差解算界面

图 5.44　勾选 GPS 参与平差选项

如果不需要 GPS 参与，则不需要勾选动态 GPS 观测，后面 GPS 项默认则是灰色，不可设置。

点击如图 5.45 所示的"Execute PATB"按钮，执行平差解算，解算完成后弹出如图 5.46 所示的对话框。

如图 5.46 所示，点击"确定"按钮，回到"PATB-NT MENU"对话框界面(图 5.45)，点击"Exit"按钮，退出 PATB 平差解算。

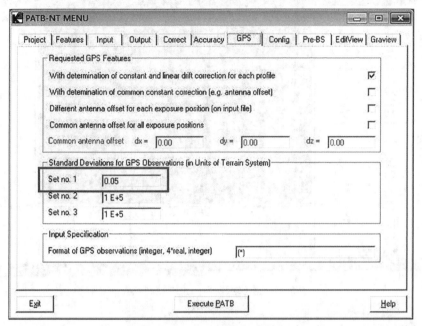

图 5.45　GPS 参数设置界面

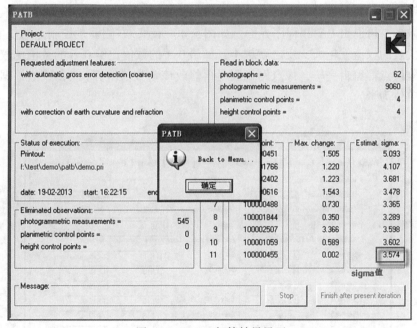

图 5.46　PATB 解算结果界面

　　然后，如图 5.47 所示，点击"争议点窗口"显示争议点信息；点击"全局视图"窗口显示预测的控制点点位(红色旗标记)。

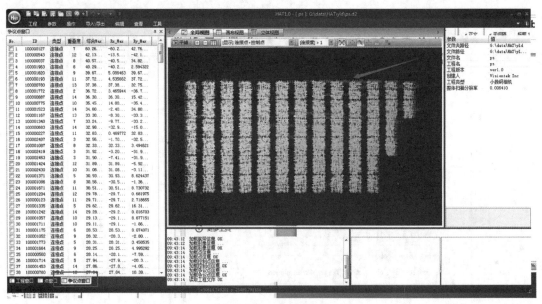

图 5.47　争议点窗口与预测控制点界面

PATB 平差解算一次后, 回到 "PATB-NT MENU" 对话框界面, 点击 "Accuracy" 选项卡, 如图 5.48 所示, 左侧框处输入之前解算的 sigma 值(图 5.46), 然后再点击 "Execute PATB" 按钮执行解算, 直到解算的 sigma 值与如图 5.48 所示左侧方框输入的值相同, 单位默认为微米, 再退出 PATB 程序界面。如图 5.48 所示, 右侧框是控制点的权值(给的数值越小, 代表的权值就越大, 反之就越小, 如给 0.1 的数值比给 0.6 的数值的权值要大), 在连接点争议点都编辑完毕, 像点网稳固时再修改该参数值解算(该参数值根据定向精度值设置, 单位为米)。

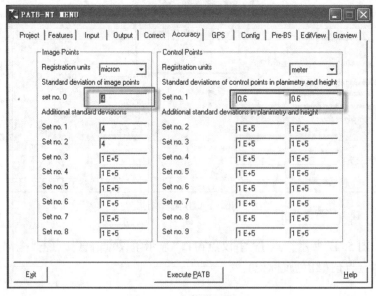

图 5.48　权值设置界面

如图 5.49 所示，点击"平铺"按钮 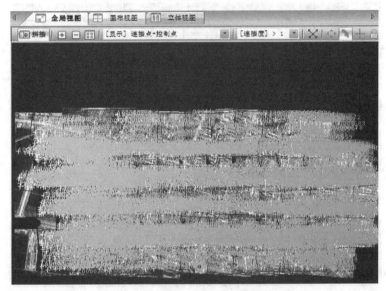，变成拼接状态，可拼接显示全局图。

图 5.49 拼接显示全局图

点击"查看"菜单，取消"文字"选项，如图 5.50 所示。

图 5.50 查看菜单界面

若平差解算不收敛，没有争议点信息，用户需要查看是否有的影像上没有连接点，或者航带间没连接等情况。用户需要查看连接点分布，添加补充或调整连接点，然后再平差解算。

平差解算后编辑争议点，再平差解算通常直到没有明显争议点信息为止，检查 pri 最后一次平差解算，所需要设置的如图 5.51 所示[右侧勾选"With calculation of a posteriori variances by inversion"（输出验后方差），在连接点没有明显大错点并且能肯定控制点没有问题的情况下可以取消勾选"With automatic gross error detection"（自动探测粗差）]，再解算。

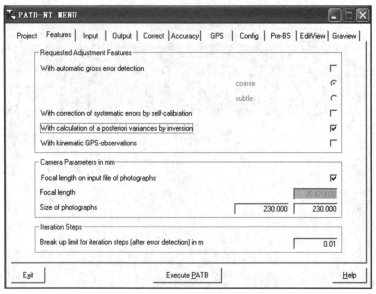

图 5.51　最后一次 PATB 解算界面

5. 添加预测的控制点

平差解算收敛后，点击主菜单命令"编辑"→"刷新预测控制点"，会刷新显示预测点位。在"全局视图"的工具条上"切换显示点类型"下拉列表里选择"控制点+预测控制点"，"全局视图"中只显示控制点标记和预测控制点标记，在某红色旗子标记处右键单击，弹出菜单，如图 5.52 所示。

图 5.52　添加预测控制点界面

选择“添加该 ID 所有预测控制点”命令时，将该 ID 控制点的所有预测的同名点位都添加。然后，左键单击“画布视图”标题，在“画布视图”“立体视图”里精细编辑点位，不需要再设置 ID 号。添加预测控制点的过程中可编辑争议点。

全局视图的拼接模式下也可使用“添加该 ID 所有预测控制点”命令。

6. 编辑争议点

平差解算后，争议点列表里有争议点信息，按粗差值从大到小的顺序排列。查看每个争议点的“综合 Max”值，了解点位偏差情况，如图 5.53 所示。

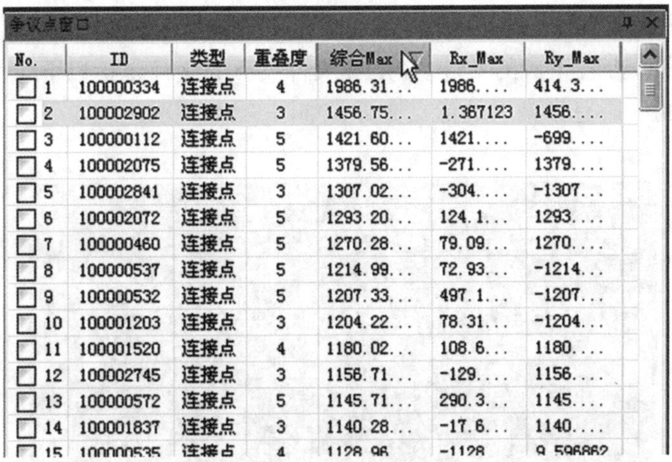
争议点窗口

No.	ID	类型	重叠度	综合Max	Rx_Max	Ry_Max
1	100000334	连接点	4	1986.31...	1986....	414.3...
2	100002902	连接点	3	1456.75...	1.367123	1456....
3	100000112	连接点	5	1421.60...	1421....	-699....
4	100002075	连接点	5	1379.56...	-271....	1379....
5	100002841	连接点	3	1307.02...	-304....	-1307...
6	100002072	连接点	5	1293.20...	124.1...	1293....
7	100000460	连接点	5	1270.28...	79.09...	1270....
8	100000537	连接点	5	1214.99...	72.93...	-1214...
9	100000532	连接点	5	1207.33...	497.1...	-1207...
10	100001203	连接点	3	1204.22...	78.31...	-1204...
11	100001520	连接点	4	1180.02...	108.6...	1180....
12	100002745	连接点	3	1156.71...	-129....	1156....
13	100000572	连接点	5	1145.71...	290.3...	1145....
14	100001837	连接点	3	1140.28...	-17.6...	1140....
15	100000535	连接点	4	1128.96	-1128	9.596862

图 5.53　争议点窗口

有时显示值很大时，该点不一定是大错点，需要查看该争议点，一般在争议点列表上从上到下顺序查看。左键双击“争议点窗口”里的某点，“画布视图”窗口置前，显示被选择点的精细窗口，用户查看争议点的点位情况。若只是个别影像上点位错得离谱，用户可按住“Shift”键多选争议点，然后右键点击使用“删除争议点(仅争议点)”命令，如图 5.54 所示。

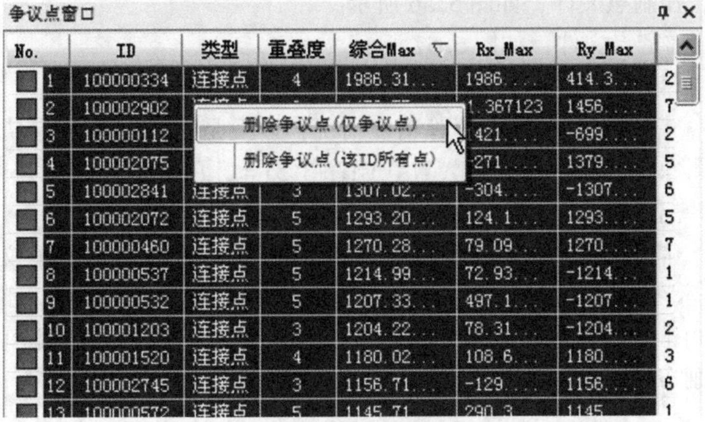

图 5.54　编辑争议点窗口

若争议点列表里显示的粗差点，在"画图视图"里面查看是同名点位，用户可以查看精细窗口下的残差信息，看哪张影像上残差值很大。然后在"全局视图"查看绿色方框高亮显示的点时，查看问题影像上是否缺点或者有大错点。注意：在"全局视图"里查看被选择的点时，请按下"拾取"按钮█████，拾取与加点状态下高亮显示的点不一样。

平差解算后，画布视图的精细窗口下会显示点位的残差信息，用户在调整点位时，可以参考该值进行点位调整。一般 dx/dy 负值表示要向左/下方向调整，否则是向右/上方向调整。

编辑完争议点后，用户需要再次平差解算，直到争议点列表里没有争议点信息，平差精度满足定向精度要求。

选择程序主界面菜单命令"工具"→"PATB 输出目录"，会弹出该工程的 PATB 文件夹资源对话框，用户可查看生成的文件。PATB 文件夹下的文件包括以下 4 种。

（1）＊.im，测区所有影像上的像点文件，如图 5.55 所示。

图 5.55　像点文件

（2）＊.con，控制点文件，如图 5.56 所示。

（3）＊.adj，加密点文件，如图 5.57 所示。

（4）＊.ori，外定向参数文件，如图 5.58 所示。

空三解算后，打开该文件查看解算精度情况，以及是否有警告或者错误信息，打开＊.pri文件，如图 5.59 所示，"SIGMA NAUGHT 3.51＝0.141"，记录像点精度 3.51 单位为（μm），0.141 单位为（m），像方 3.51μm 对应物方地面 0.141m。

控制点平面、高程超限时（该控制点像方没超限），该控制点会在争议点窗口列表中显示，但可能显示在最后几行，从争议点窗口无法看出控制点超限多少。此时，必须打开pri 文件，查看如图 5.59 显示区域带"＊"号的控制点，查看平面、高程超限情况，然后根据 rx、ry 值在"画布视图""立体视图"里编辑超限控制点点位。

```
I:\fmdata2\3K\patb\3k.con
0   平面坐标起始标识
100000018      393216.978        4497711.298      1 点号 平面坐标 组号
100000114      393376.189        4497789.670      1   （单位 米）
100000304      393563.542        4497774.933      1
100000322      393458.257        4497774.517      1
100000409      393656.131        4497624.423      1
100100103      393349.921        4497456.074      1
100100112      393357.927        4497570.013      1
100100212      393336.433        4497599.310      1
100100221      393451.007        4497541.628      1
100100234      393550.922        4497573.578      1
100100441      393653.076        4497751.365      1
100200206      393591.167        4497381.945      1
100200220      393470.480        4497376.346      1
100200308      393569.180        4497376.198      1
100200325      393464.027        4497357.379      1
    -99 平面坐标结束标识
0   高程坐标起始标识
100000018       900.209 1         点号 高程坐标 组号
100000114      1043.680 1         （单位 米）
100000304       981.828 1
100000322      1022.392 1
100000409       985.543 1
100100103      1070.819 1
100100112       950.616 1
100100212       940.273 1
100100221      1049.526 1
100100234      1023.142 1
100100441      1094.821 1
100200206      1018.747 1
100200220       994.299 1
100200308      1022.459 1
100200325       996.901 1
    -99     高程坐标结束标识
```

图 5.56　控制点文件

```
I:\fmdata2\3K\patb\3k.adj
100000000      393349.935022     4497890.409334       997.534480      3
100000001      393348.834439     4497889.644135       998.818477      3
100000002      393351.672033     4497849.904437      1005.356484      3
100000003      393353.233580     4497834.617653      1007.795081      3
100000004      393351.963854     4497850.816327      1005.260682      3
100000005      393353.539828     4497844.836034      1006.431347      3
100000006      393347.765813     4497854.497807      1004.544233      3
100000007      393366.149650     4497705.829068      1022.393936      4
100000008      393357.232994     4497714.065217      1020.961017      4
100000009      393362.215201     4497711.701483      1021.502623      4
```

图 5.57　加密点文件

```
I:\fmdata2\3K\patb\3k.ori
     1000       0.00000000      393249.44826     4497820.17538      1298.49611
-0.073597144894 -0.997137631157 -0.017320646490  0.982250634795 -0.075481124484
 0.171715725232 -0.172531593364 -0.004375428900  0.984994266437
     1001       0.00000000      393360.31353     4497819.75894      1302.18438
-0.140653618383 -0.989535954821  0.032173805374  0.975304674331 -0.132895042054
 0.176407766343 -0.170286088288  0.056191653420  0.983791210685
     2001       0.00000000      393359.66716     4497604.66399      1334.97623
-0.057633726302  0.998094382897 -0.022044419302 -0.997473918679 -0.056651420479
 0.042853215907  0.041522706419  0.024458523822  0.998838147782
     2002       0.00000000      393457.14444     4497591.51004      1339.17255
-0.091299035274  0.994532374373  0.050693613826 -0.984979746929 -0.097679799315
 0.142385234295  0.146558467164 -0.036932548388  0.988512317866
     1002       0.00000000      393466.86353     4497821.73952      1303.88317
```

图 5.58　外定向参数文件

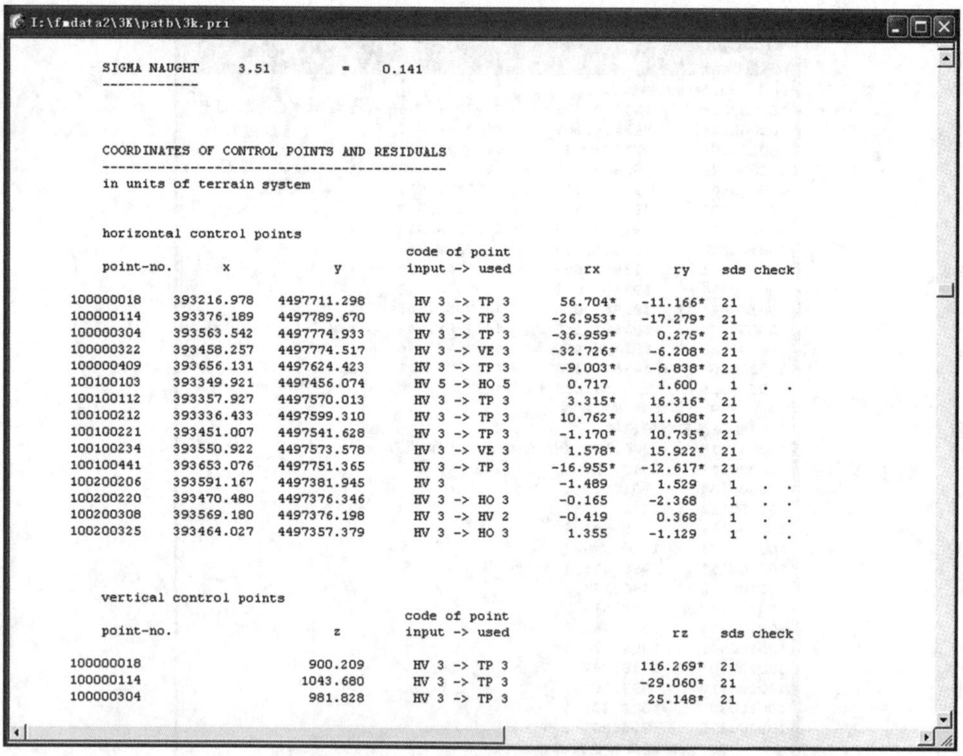

图 5.59　pri 控制点精度报告文件

图 5.59 中，TP 代表像点，HV 代表平高控制点，HO 代表平面控制点，VE 代表高程控制点。HV 3→HO 3 代表 3 度平高点降为 3 度平面点，即该控制点的高程超限，高程为粗差。从误差探测到高程为粗差开始，高程不参与后面的平差迭代解算，其四个像方的量测值有一个有错误。rx 或者 ry 或者 rz 的值大于 3 倍中误差时，会用"＊"号标识，当成粗差点处理，组号设置成 21。

依据《数字航空摄影测量　空中三角测量规范》和《1∶500、1∶1000、1∶2000 地形图航空摄影测量内业规范》（GB/T 7930—2008）等规范，检查平差解算结果是否符合要求，判断依据有以下 4 项：定向点参数符合规定要求；检查点残差符合规定要求；公共点残差符合规定要求；验后方差符合规定要求。以上 4 项都符合要求，实际生产中也不能认定空三加密成果精度 100% 符合要求。空三加密精度检测最理想的方法：将所有像控点和检查点套合立体模型进行检测，并进行模型接边检查，检查结果符合规范要求，才是真的符合要求。

7. 导出空三成果

平差完成满足定向精度后，需要输出空三成果。在程序主界面选择菜单命令："导入 \ 导出"→"导出为 MapMatrix 工程"，如图 5.60 所示。

弹出"另存为"对话框，设置路径后，点击"保存"按钮，输出 XML 成果文件，输出窗口里会提示"导出 ＊.xml 文件成功"。

图 5.60 导出 MapMatrix 工程界面

说明：加密点坐标在解算后的文件夹 PATB 下的 *.adj 文件下。

5.4 无人机影像 DEM 生产

5.4.1 DEM 基本概念

数字高程模型(Digital Elevation Model，DEM)，是在一定范围内通过规则或不规则格网点描述地面高程信息的数据集，用于反映区域地貌形态的空间分布。DEM 是地形起伏的数字表达，它表示地形起伏的三维有限数字序列，用一系列地面点的平面坐标 X、Y 以及该地面点的高程 Z 组成的数据阵列。当数据点呈规则分布时，数据点的平面位置便可以由起始点的坐标和方格网的边长等参数准确确定。DEM 的表示形式主要有规则矩形格网、不规则三角网，如图 5.61 所示。

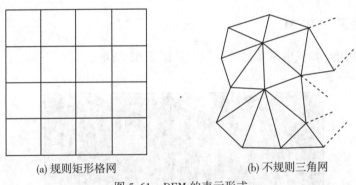

(a) 规则矩形格网　　　　　　　(b) 不规则三角网

图 5.61 DEM 的表示形式

5.4.2 DEM 制作

空三加密完成后，获取了每张像片的外方位元素和加密点的坐标，就可以进行影像匹配。影像匹配是确定相邻影像或多幅影像之间同名点的过程，同名点匹配的准确性将严重影响后续位姿估计以及三维信息获取的精确性。特征点匹配按匹配获得的同名点数目分为稀疏匹配和密集匹配。稀疏匹配主要采用基于灰度的匹配和基于特征的匹配两种算法。基于灰度的匹配以一定窗口内的灰度分布来确定匹配关系，常用的相似性测度有相关函数测度、协方差函数测度、相关系数测度、差平方和测度以及差绝对和测度等；基于灰度的匹配稳定性和精度较好，但是对于影像之间的旋转以及光照变化较为敏感。基于特征的匹配通过提取影像中较为明显的特征点，利用一种或多种相似性测度建立起匹配点对，所以该算法对于影像间常见的旋转、缩放、模糊以及光照变换均有良好的匹配效果。目前，常见且匹配效果好的算法有 Harris 算法、SIFT 算法、SURF 算法以及 KAZE、BRIEF、ORB 算法等。

1. 自动生成 DEM

做完核线重采样和影像匹配后，就可以生成 DEM 了。

在 MapMatrix 软件中生成 DEM 的步骤如下。

(1)在"工程浏览"窗口中选中一个立体像对。

(2)单击"工程浏览"窗口上的生成 DEM 的图标，或在右键菜单中单击"新建 DEM"选项，系统自动在工程浏览窗口的"产品"中的 DEM 节点下创建一个 DEM 的名称。该名称与模型名称一样。

(3)目前只是创建了 DEM 节点，并没有生成真正的 DEM 文件。选中 DEM 名称，在右侧"对象属性"窗口中修改 X 方向间距、Y 方向间距，一般只需要修改这两个参数。

(4)然后单击"DEM 自动生成处理"图标，系统自动完成 DEM 生成。并将处理过程和结果显示在主界面中下部的"输出"窗口中。成功完成 DEM 生成后，该输出窗口给出"DEM 内插完成"的提示。如果前面的步骤有问题，缺乏必要的数据，系统也会给出提示。

(5)选择 DEM 单击"三维浏览"按钮，或右键选择"三维浏览"命令，即可在 DEMMatrix 中三维浏览 DEM。

2. 人机交互制作 DEM

(1)在 MapMatrix 软件中采集好等高线，如图 5.62 所示。

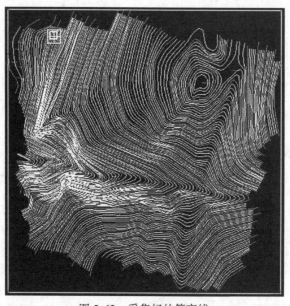

图 5.62　采集好的等高线

（2）构建三角网。对采集的等高线，构建三角网，如图 5.63 所示，输入"构建三角网"。

（3）生成 DEM。如图 5.64 所示，输入"生成 DEM"。

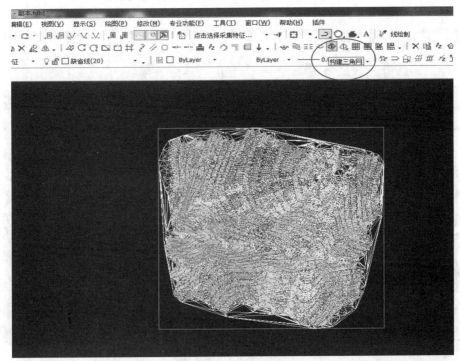

图 5.63　构建三角网

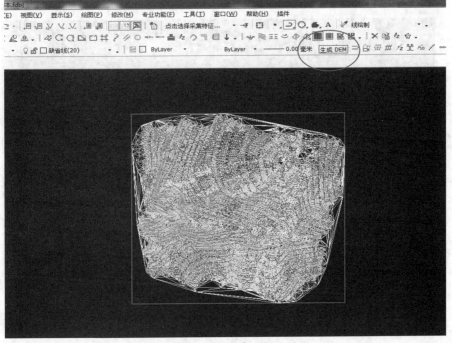

图 5.64　生成 DEM

133

（4）DEM 设置。根据要求设置格网间距、输出格式和选择输出路径，点击"确定"，如图 5.65 所示。

处理完后，左下角提示完成构建三角网，保存完成，如图 5.66 所示。

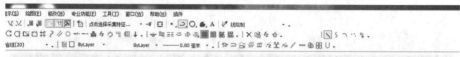

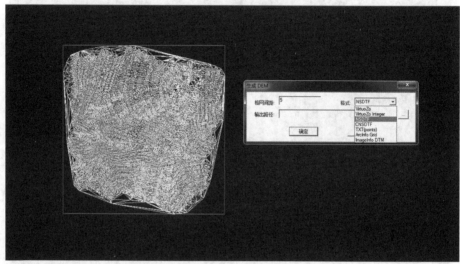

图 5.65　DEM 设置

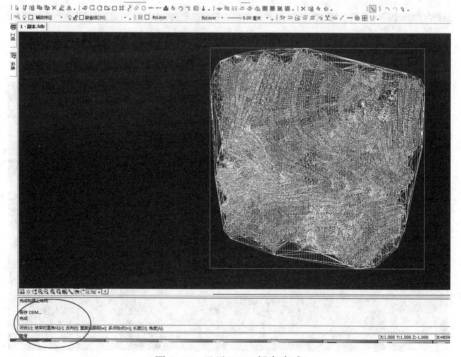

图 5.66　显示 DEM 保存完成

（5）查看输出文件。打开前一步保存的具体路径，查看输出文件。

（6）加载生成 DEM。点击加载工程，鼠标右键加入 DEM，选择所需要加载的 DEM，如图 5.67 所示。

（7）检查 DEM。右键显示，可以检查明显的凸起或者凹陷，如图 5.68 所示。

图 5.67　加载 DEM

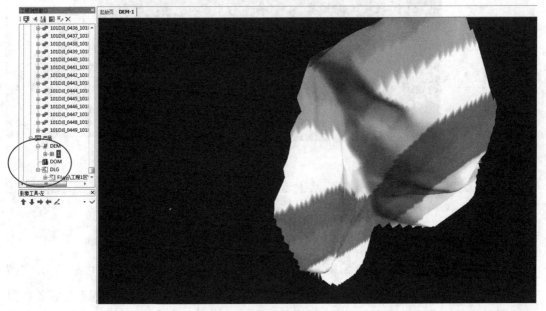

图 5.68　查看生成的 DEM

5.4.3　DEM 编辑

1. 平面编辑

在 MapMatrix 软件工程栏选择 DEM 文件后点击鼠标右键，如图 5.69 所示，在弹出的菜单中选择"平面编辑"命令，即可打开"平面编辑"界面，如图 5.70 所示。

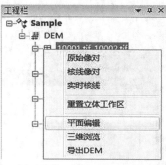

图 5.69　选择"平面编辑"

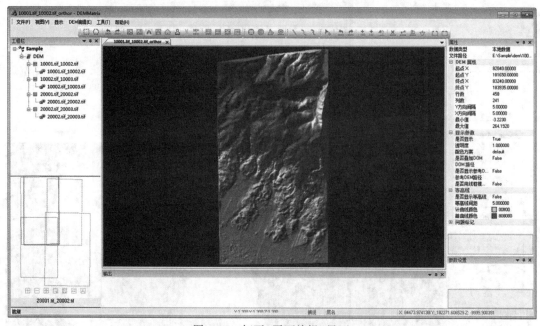

图 5.70　打开"平面编辑"界面

1) 编辑区域的选择

(1) 矩形选区。选择"DEM 编辑"→"矩形选区"命令，或单击工具栏的"矩形选区"按钮 ▨，或按快捷键"Ctrl+R"。"参数设置"界面可设置选区颜色，然后在起点位置长按鼠标左键拉框，拖动到需要结束的地方松开鼠标即可。双击右键结束绘制选区。

（2）多边形选区。选择"DEM 编辑"→"多边形选区"命令，或单击工具栏的"多边形选区"按钮 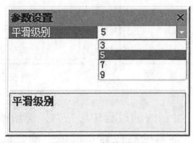，或按快捷键"Ctrl+P"。"参数设置"界面可设置选区颜色，然后在平面图上左键单击确定起点，再依次左键单击绘制范围即可，双击右键结束绘制选区。

2）编辑的方法

（1）定值高程。对选中区域内的 DEM 设置一个固定高程值。具体方法：先绘制选区，然后选择"DEM 编辑"→"定值高程"命令，或单击工具栏的"定值高程"按钮 ，或按快捷键"E"，在弹出的对话框中输入要指定的高程值，单击"确定"后（或按"Enter"键）所选范围则自动赋予该高程值。

（2）平均高程。对选中区域内的 DEM 取平均值。具体方法：先绘制选区，然后选择"DEM 编辑"→"平均高程"命令，或单击工具栏的"平均高程"按钮 ，或按快捷键"N"，系统自动对选定区域赋予平均高程值。

（3）匹配点内插。根据选中区域最外围 DEM 点的高程，赋值给所选闭合区域里的其他点的高程。具体方法：先绘制选区，然后选择"DEM 编辑"→"匹配点内插"命令，或单击工具栏的"匹配点内插"按钮 ，或按快捷键"O"，即可处理。

（4）局部平滑。对选中区域的 DEM 做圆滑处理，使之过渡自然。具体方法：先绘制选区，然后选择"DEM 编辑"→"局部平滑"命令，或单击工具栏的"局部平滑"按钮 ，参数设置中可设置平滑级别，如图 5.71 所示。

图 5.71 参数设置

等级越高，平滑度越大，参数设置后在界面上左键单击即可处理，不同平滑度处理结果如图 5.72 所示。

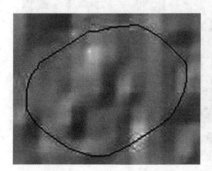
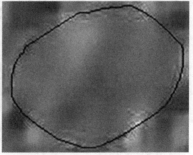

图 5.72 不同平滑度处理结果

（5）全局平滑。选择"DEM 编辑"→"全局平滑"命令，或单击工具栏的"全局平滑"按钮 🅐，参数设置中可设置平滑级别，然后在界面上左键单击即可对全图的 DEM 平滑。等级越高，平滑度越大。

（6）房屋过滤。先绘制选区，然后选择"DEM 编辑"→"房屋过滤"命令，或单击工具栏的"房屋过滤"按钮 ⌂，参数设置中输入临界高度值（即地面的高程值，这个值以下的认为是地面，以上的认为是房屋），然后左键单击即可处理。临界高度参数设置如图 5.73 所示。

2. 立体编辑

在 MapMatrix 软件立体编辑 DEM 时，需要先打开立体像对。DEM 点匹配效果不好的地方，也可以通过添加特征线、特征点或者导入已有的矢量特征，然后再使用相应的编辑命令处理。

1）添加特征线

具体方法：选择"矢量"→"加线"命令，或单击工具栏的"添加特征线"按钮 ±，参数设置如图 5.74 所示。

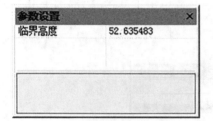

图 5.73　临界高度参数设置

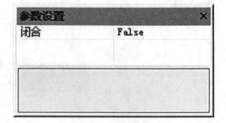

图 5.74　参数设置

可设置是否采集闭合线，绘制线的过程中可按"C"键切换闭合、非闭合状态。

测标变为采集状态 ➕，调整测标高程后左键单击确定起点，再依次左键单击绘制特征线即可，如图 5.75 所示，右键结束当前特征线的绘制。再次左键单击可连续绘制多根特征线。

图 5.75　绘制特征线

绘制结束后特征线默认变为选中状态，是为了方便后面使用编辑命令。

2）添加特征点

特征点可结合特征线一起表示地貌起伏状态，然后选择相应的命令编辑 DEM。具体方法：选择"矢量"→"加点"命令，或单击工具栏的"添加特征点"按钮，测标变为采集状态，调整测标高程后左键单击即可。

3）导入特征矢量

当所编辑 DEM 的范围内有矢量数据时，可导入外部矢量数据辅助内插 DEM 数据，这样可以节省特征线/点的采集时间，提高工作效率。

具体方法：选择"矢量"→"导入特征矢量"命令，在"选择 DXF 文件"对话框中选择要加载的矢量数据来辅助参与编辑，支持的矢量格式有 fdb、dxf、xml（此 xml 是测图模块 FeatureOne 导出的 xml 矢量格式）。

单击"打开"，会出现如图 5.76 所示的"特征分类"对话框。

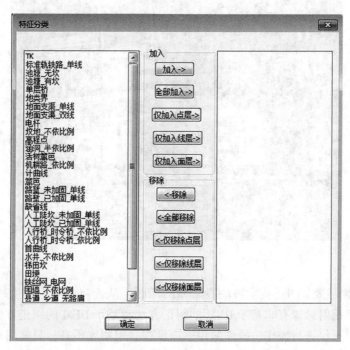

图 5.76　特征分类

该界面左边区域显示选择的 dxf 文件中数据的分层情况，根据需要加入点层、线层或面层，或者全部加入。设置完毕后点击"确定"，进入"DEM 编辑"界面。

4）编辑特征矢量

可对添加的特征点/线和导入的特征矢量做简单编辑操作，使之更完美地表示地貌。

5.5　无人机影像 DOM 生产

5.5.1　DOM 基本概念

数字正射影像图（Digital Orthophoto Map，DOM），是利用 DEM 对扫描处理的数字化的航空像片/遥感影像（单色/彩色），经逐像元进行纠正，再按影像镶嵌，根据图幅范围剪裁生成的影像数据。一般是带有公里格网、图廓内外整饰和注记的平面图。

DOM 同时具有地图几何精度和影像特征，如图 5.77 所示，其精度高、信息丰富、直观真实、制作周期短。它可作为背景控制信息，评价其他数据的精度、现实性和完整性，也可从中提取自然资源和社会经济发展信息，为防灾治害和公共设施建设规划等应用提供可靠依据，还可以作为原始数据制作 DLG 等地理信息数字成果。

图 5.77　正射影像图

DOM 采用数字微分纠正技术解决投影差的问题，从而将中心投影生成的影像纠正为正射影像。数字正射影像有非基于 DEM 的纠正方法和基于 DEM 的纠正方法。前者在计算机上利用光学纠正仪进行操作，操作简单、速度快，但精度不高，只能用来做平地的正射影像图，不能满足有起伏和有建筑物的区域。基于 DEM 的纠正有单片纠正和全数字摄影测量两种方法。单片纠正需要测区内已有 DEM 数据作为支撑；对于 DEM 没有覆盖的区域，一般采用全数字摄影测量方法。首先根据影像纹理配成立体像对，生成 DEM，然后对每一个像元根据其高程进行数字微分纠正，生成正射影像图。

5.5.2　DOM 制作

DEM 生成以后，就可以利用已有的 DEM 制作 DOM。在 MapMatrix 软件制作 DOM 的步骤如下。

（1）在主界面的"工程浏览"窗口中，用鼠标左键单击选中"产品"节点下需要用来生成 DOM 的 DEM 文件；然后单击鼠标右键，系统弹出如图 5.78 所示的右键菜单。

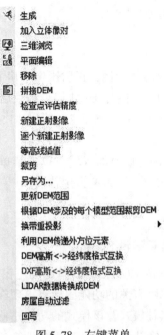

图 5.78　右键菜单

（2）单击"新建正射影像"选项，系统会自动在"产品"节点下的 DOM 子节点中创建一个 DOM 的保存路径及 DOM 文件名，其名字与 DEM 的一样，系统自动在该节点下列出对应的 DEM 和影像，如图 5.79 所示。

图 5.79　自动创建 DOM 的保存路径及 DOM 文件名

（3）单击该系统创建的 DOM 路径名，该正射影像文件参数将显示在右边的"对象属性"窗口中。用户可以在此对生成正射影像的参数进行修改，程序自动保存修改结果。

（4）单击"工程浏览"窗口上的"DEM 自动生成处理"图标 ，系统自动生成相应的 DOM。

（5）关于处理进展情况，系统会在中下方的"输出"窗口中给出实时的提示。处理完成后，系统提示"正射影像生成完成"。

（6）单击"三维浏览"图标 ，即可查看生成的 DOM 影像。

5.5.3　DOM 编辑

由于正射影像的某些区域会出现变形(如模糊、重影等情况),此时可以通过对应的纠正过的原始影像对该正射影像进行修复。

1. 常用的 DOM 编辑方式

(1)使用 DEM 重纠影像。以房屋为例,正射影像中房屋容易出现变形,使用 DEM X/Y 方向内插,对所选范围进行 DEM 内插,DEM 编辑结束后,选择"编辑"→"重纠影像"。

(2)调用 PS 编辑。单击菜单栏中的"编辑"→"使用 PS 处理"菜单项,或者单击工具栏中的"调用 PS 处理"按钮。

(3)用参考影像替换。选中进行修改的区域,单击菜单栏中的"编辑"→"用参考影像替换"菜单项,或者单击工具栏中的"用参考影像替换"。

2. DOM 编辑

本节主要介绍用参考影像替换编辑 DOM。

在"工程浏览"窗口单击生成的 DOM,然后单击浏览窗口中的"编辑"图标 ,系统自动进入编辑状态。同时,与编辑有关的功能图标将出现在工具栏上,有修补模式、剪切模式和定向模式,本节主要讲修补模式,该模式的功能是修补 DOM。

打开"对象属性"窗口,在"修补参数"窗口里加载参考 DEM 和参考影像,如图 5.80 所示。DOM 窗口中会显示 DOM 与参考影像重叠区域的范围线。

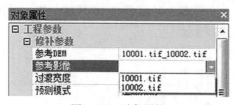

图 5.80　对象属性

在 DOM 窗口里,在需要编辑的范围边缘,单击鼠标左键,将该区域围起来,单击鼠标右键可以闭合该区域,再单击 图标即可对所选区域进行修复,修补后结果如图 5.81 左图所示。有时 DOM 与原始影像对应区域存在色差,可以使用 图标,匹配修补区域的颜色,然后单击 图标将修补范围线周边的 DOM 影像过渡,显示自然,如图 5.81 右图所示。

选择修补范围线后也可以直接选择"快速修复"图标 完成快速修复。修复后选择"切换显示"图标 ,可切换显示修补前和修补后的情况。若按下"隐藏修补用的范围线"图标 ,可查看范围线压盖的地方是否有错位情况。若修补不满意,在范围线激活情况下(线上点都高亮显示),点击 ,可删除该范围的修补。若满意修补的结果,就单击"保存"图标 ⊞ ，保存修补的结果；会提示如图 5.82 所示的对话框，根据需要选择是否做备份。

图 5.81　修补后的 DOM

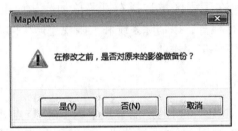

图 5.82　保存结果选择

5.6　无人机影像 DLG 生产

5.6.1　DLG 基本概念

数字线划图(Data Line Graph，DLG)，是以点、线、面形式或地图特定图形符号形式表达地形要素的地理信息矢量数据集。点要素在矢量数据中表示为一组坐标及相应的属性值；线要素表示为一串坐标组及相应的属性值；面要素表示为首尾点重合的一串坐标组及相应的属性值。数字线划图是国家基础地理信息数字成果的主要组成部分。

数字线划图既包括空间信息，也包括属性信息，是各专业信息系统的空间定位基础；与其他地图产品相比，数字线划图是一种更为方便放大、漫游、查询、检查和量测的叠加地图。其数据量小，便于分层，能快速地生成专题地图。此数据能满足地理信息系统进行各种空间分析要求，被视为多能的数据，可随机地进行数据选取、显示及与其几种产品叠加，便于分析、决策。数字线划图的技术特征为：地图地理内容、分幅、投影、坐标系统与同比例尺地形图一致；图形输出为矢量格式，任意缩放均不变形。

5.6.2　DLG 要素采集

相对于传统摄影测量技术，无人机摄影测量要处理的影像数量多、重叠度大、模型数量多，导致利用无人机影像制作 DLG 的工作量急剧增大。如要采集核线的模型和采集同一幅图的矢量时要切换的模型次数增多；同时，因为影像存在较大畸变，加之模型基高比小，如果不做去畸变和选择最佳交会角测图等处理，则空三加密成果差，3D 产品成果精度低，特别是 DLG 的高程精度低。根据无人机摄影测量的特点，利用无人机影像制作 DLG 主要有立体采集法和综合法。立体采集法是利用数字摄影测量系统全要素立体采集，当遇到内业无法采集的要素时，辅以外业调绘工作，这是传统摄影测量常用的方法。

在完成空三加密后，在 MapMatrix 软件中恢复立体模型，在建立的视觉立体模型上采集居民地、道路、水系、植被、地貌等地形要素特征点的坐标和高程。DLG 要素采集的具体步骤如下。

1. 导入空三数据

启动 MapMatrix 软件，在工程区域选择右键菜单加载相应空三成果。空三数据导入时，应对各种定向数据进行检查，以消除系统和人眼视差产生的误差，若发现问题应及时找出原因，否则不能进入下一工序作业。

2. 创建 DLG 文件

在 MapMatrix 的"工程浏览"窗口的产品节点下的 DLG 节点处，点击鼠标右键，在弹出的右键菜单中选择"新建 DLG 命令"，系统弹出如图 5.83 所示的对话框。

图 5.83　创建 DLG 文件

在该对话框的文件名文本框处输入 DLG 文件名，如 samples.fdb。点击"打开"按钮，此时在 DLG 节点下会自动添加一个数据库节点，如图 5.84 所示。

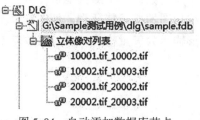

图 5.84　自动添加数据库节点

在如图 5.84 所示的"G：\ Samples 测试用例 \ dlg \ samples. fdb"节点处单击鼠标右键，在弹出的右键菜单中选择"加入立体像对"命令，系统弹出如图 5.85 所示的对话框。

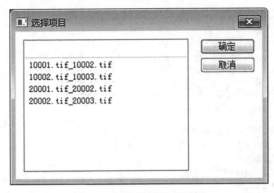

图 5.85　选择项目对话框

在选择项目对话框左边的立体像对列表中，单击"需要添加到模型中的立体像对"，点击"确定"按钮。

此时，"工程浏览"窗口的 DLG 节点如图 5.84 所示，在该节点下列出了 DLG 数据库（ * . fdb）文件目录，以及该模型下所有的立体像对。

选中 DLG 节点下的 DLG 数据库（ * . fdb）文件目录节点，即图中所示的"G：\ Samples 测试用例 \ dlg \ samples. fdb"节点，点击"工程浏览"窗口的"加载到特征采集"按钮![img]，或在该节点处点击鼠标右键，在弹出的右键菜单中选择"数字化"命令，系统调出特征采集界面。

3. 设置工作区属性

选择"工作区"菜单下的"设置矢量文件参数"命令，选择子菜单中的"手工设置边界"命令，系统弹出如图 5.86 所示的"设置工作区属性"对话框。

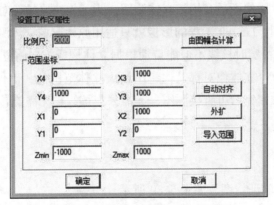

图 5.86　"设置工作区属性"对话框

4. 打开立体像对

立体上采集矢量时，需要打开立体像对，如图 5.87 所示。

FeatureOne 提供了打开三种立体像对的模式：核线像对、原始像对和实时核线像对，如图 5.88 所示。

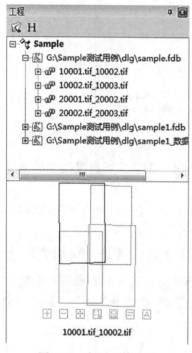

图 5.87 打开立体像对

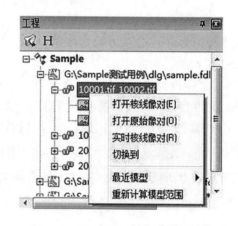

图 5.88 选择打开立体像对的模式

（1）核线像对：采集核线的立体像对。

（2）原始像对：对于 ADS 数据和卫星影像测图，可以直接在原始像对上进行，不需要采集核线，但普通航片影像不适合用该立体测图。为了加快原始像对的漫游速度，可以对原始影像进行分块处理。Lensoft 工程的影像就只适用原始影像立体测图。

（3）实时核线像对：实时核线不但能自动根据立体构成方向将立体像对构建好，无需事先旋转影像，而且每个立体像对都是构建出最大立体范围的，确保立体测图没有漏洞。实时核线优点：空三加密完后可直接测图，无需采集核线；无需旋转影像处理主点和外方位元素。

5. 采集绘图

（1）导入控制点，验证精度，如图 5.89 所示。

（2）导入范围，如图 5.90 所示。

图 5.89　导入控制点

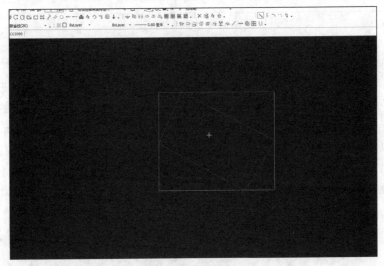

图 5.90　导入范围

（3）打开立体模型进行地物采集。

具体操作是：鼠标左键（或左脚踏）输入（或称确认），鼠标右键（或右脚踏）结束（或称放弃），在空状态按鼠标右键是在编辑和输入之间交换状态，脚盘旋转可以调整测标高程（或用鼠标滑轮调整测标高程）。航空摄影测量是在空中对目标进行测量，因此立体测图中主要测量顶部，不测量底部，采集目标的外轮廓。例如，房屋要测量的是外框，人字形房屋测量 4 个角点即可，中间的屋脊一般不测量；若多个房屋挨在一起，一般需要一栋一栋地测量；若是"房上有房"，即有裙楼和主楼，通常测量外围的裙楼。地物采集通常是不能进行压盖测量的（一个目标压住另一个目标，或者一个目标包含了另一个目标），

147

压盖测量的结果有歧义，会导致 GIS 分析时无法正确判断这个位置到底是什么地物。立体采集界面如图 5.91 所示。

图 5.91　立体采集界面

采集与编辑是立体测图的两大状态，在空状态按鼠标右键可以在编辑和采集间交换状态。在编辑状态下可以通过鼠标左键拉矩形选择目标，选中了多个目标只支持删除；若要编辑目标上的点，必须先选择一个目标，然后再选择编辑的点，移动鼠标进行修改目标上的单点。

通常情况下，用单线就可以测量出目标，但对于由平行双线组成的目标，如等级公路，此时可以用单线加宽度的方式测量。测量操作为测量任意一条边然后按右键结束，此时系统会弹出对话框要求输入宽度。如图 5.92 所示，如已知宽度，直接用键盘输入；如果不清楚宽度，则可以用鼠标点击平行地物的对面边上一个点，系统会自动计算出宽度。

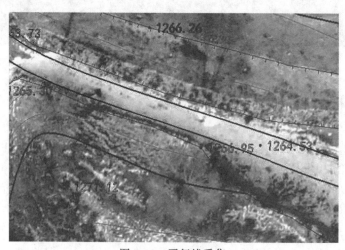

图 5.92　平行线采集

除平行双线目标外，还有一类目标也是双线（或多线）组成，但是不相互平行，如边坡。边坡是由两条线构成，一条是基线，另一条是范围线，测量时需要先测量基线，然后按鼠标右键，此时测量过程不会结束，而需要继续测量另外一条范围线，范围线测量完成后，再点击鼠标右键，此时测量过程结束。

除普通线状地物外，还要采集面状地物。面状地物一般需要闭合功能，即最后一点与开始点连接形成闭合区域。常见的面状地物包括房子、田块、街区、各种地块等，其实在测量中大多地物是面状地物，因此闭合功能也是比较常用的功能。对于面状地物，采集过程中没有闭合，可以使用编辑的闭合功能进行闭合。同样如果将线状地物采集为面状，只需在编辑中再次选择闭合就会解除闭合。

对于一些非常有规则的目标，如立体直角房屋，就需要运用自动直角化功能。自动直角化就是在测量完目标后对数据进行微小的更正，使相互垂直的边强制改为数学意义上的垂直，相互垂直的边的夹角是90°，如图5.93所示。这里特别提醒，自动直角化是做微小调整，如果测量中输入的边相互差异很大，如夹角是80°，系统不会做任何修改，只有接近90°（如85~95°）才会自动修正。

(a)非直角化房屋　　　　　　　　　(b)自动直角化房屋

图5.93　自动直角化修改效果对比

在测量过程中，精度永远是第一位的。因此在测图作业过程中，每测量一个点都需要认真地在立体环境中切准目标，千万不能想当然地作业。例如，切准了一栋房子的一个点后，就不再调整视差或高程而直接测量剩下的点，这是绝对不允许的做法，也是完全错误的作业方法。每测量一个点都需要认真观测，以立体环境下肉眼看到的为准，仔细调整测标位置，丝毫不差地测量出目标。

每测量一个地物都需要先指定地物类别。在键盘上单击"F2"键，系统弹出如图5.94所示采集码输入窗口，或点击左界面的"采集"窗口。输入采集码或者在输入框下方的列表中双击一个层码即可。在生产单位，开始测图任务作业前，一般需要进行地物编码的培训，主要培训地物如何分类，如何选择编码。在实习过程中，地物编码就不那么严格，只要选择了相似的编码都会判为正确。例如，对于一栋房屋，是选择了一般房屋，还是带晕线的房屋，都判为正确；对于一条公路，无论选择一级公路，还是二级公路，都判为正确。如果正在采集过程中分错了地物类别，在编辑中也可以通过修改地物编码实现重新分类。每次测量地物目标都需要选择正确的分类码，在 MapMatrix 立体测图中，选择了分类码后测量的所有地物都属于这个分类码，直到选择新的分类码。

图 5.94　分类码选择界面

　　地貌测量主要是等高线和高程点。等高线是非常有挑战性的一类测量，因为测绘中的等高线不仅是高度相等点的连线，还是一个能表现地貌特征点的曲线。例如，云贵高原的等高线要反映出喀斯特地貌的特点，等高线需要有棱有角；而黄土高原的等高线需要表现出风化地面的特点，需要平缓光滑。此外，等高线还需要表现出一定的艺术效果，使阅读者感觉等高线非常漂亮，为此可对等高线做适当的夸张。因此等高线的测绘是相当有挑战性的工作。等高线的绘制一般不能用鼠标作业，需要首轮脚盘或者三维鼠标才可以进行。绘制等高线时，首先需要启动物方测图模式，指定一个高程并锁定高程，使测标在这个高程面上移动，然后在立体环境中观测测标与地形的交点，找到第一个交点就沿着交点并保持与地形相交，不断地移动测标，最终回到这个起点（或者影像边缘），完成一根等高线的绘制。与其说是绘制等高线，不如说是寻找等高线，因为等高线不是绘制才有，地形一直有此特点，我们只是将其找出来而已。等高线的一些特点可以帮助我们判断所绘制的等高线是否正确：所有的等高线是闭合曲线，不存在不闭合的等高线，也不存在相互交叉的等高线；等高线是等高距的整数倍，如 5m 等高线只可能是 5 的整数倍，即 20m、25m、30m 等，而不会出现 2m、2.1m 之间的等高线，如图 5.95 所示。因此对于同一个地形，所有作业人员绘制的等高线应该非常类似、非常接近，不会出现两人绘制的等高线完全不一样的现象。也正因为如此，全国的等高线图是自然拼合的，也就是说任意两幅相邻的等高线图放在一起都是可以相互拼合的，拼接的地方只会出现微小且在精度范围内的差异。

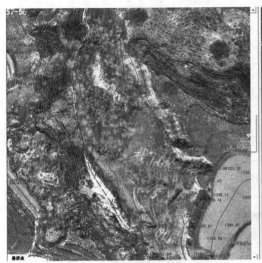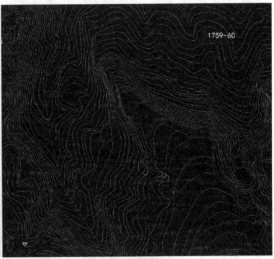

图 5.95　等高线绘制

　　绘制等高线时，还有一个非常重要的特点，等高线永远出现在不平坦的地方（或者说不等高的地方），等高线的两侧肯定不等高，因此等高线的绘制肯定是在山坡面上进行，在平坦的地面上是不可能有等高线的。有的等高线位于茂密森林（或植被）覆盖的山上，此时需要估算树林或植被的高度，然后适当地将等高线下压树高才能绘制正确高度。

　　高程点的测量比等高线简单很多，测量时选择分类码为一般高程点，然后在立体模型中按一定的间隔、呈梅花状随机测量一些高程点，高程点的高度会自然标注出来。

　　立体测图的目标和任务是测量全要素图。全要素图就是将看到的立体影像中所有目标都描绘出来，如房屋、道路、地块、树木、森林，而且地物间要相互完全接上，如房屋与道路间有街区接上。绝不允许出现两个类别中间没有测量，存在地图空洞，这种情况下就是漏测，需要补测，当然也不能无中生有或有地物却不测量。总之，DLG 的要素采集是非常艰苦的工作，需要作业人员非常认真和仔细。

　　测量完几何坐标形状后，还需要在一些位置添加文字标注，例如，在房屋上标注"砖""混 2"等；道路上也要标注道路名称，如"黄河路"；江、河、湖中也要标注名称，如"长江""黄河""洞庭湖"等。文字标记的添加在采集窗口中的辅助特征类中选择"40 缺省注记"，此时视图工具栏中的"文本"按钮 Ⓐ 便会自动点亮，设置窗口中会显示文本参数设置界面，如图 5.96 所示，在"内容"文本框中添加文本内容，添加后的文字可以选中后在地物属性窗口中修改，也可以双击文字进行修改。

　　立体测图完成后，一般还要进行外业补绘，即对在内业中不能确认的地方进行实地考察，然后在图上补充完整，例如，有些地块分不清到底是什么类型，有些房屋分不清楚是属于一栋还是两栋。补充完成后就可以正式提交出版和入库，自此 DLG 的生产就全部结束，DLG 成果如图 5.97 所示。

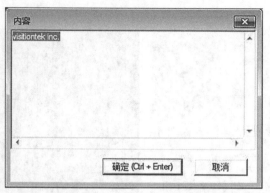

图 5.96　文字注记内容

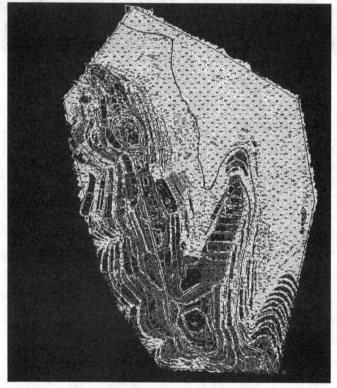

图 5.97　DLG 成果

5.6.3　DLG 输出

1. 批量导出 DXF

程序支持同时将多幅 FDB 数据导出 DXF/DWG。选择菜单"工具"→"批量导出 DXF"，会弹出如图 5.98 所示的界面。

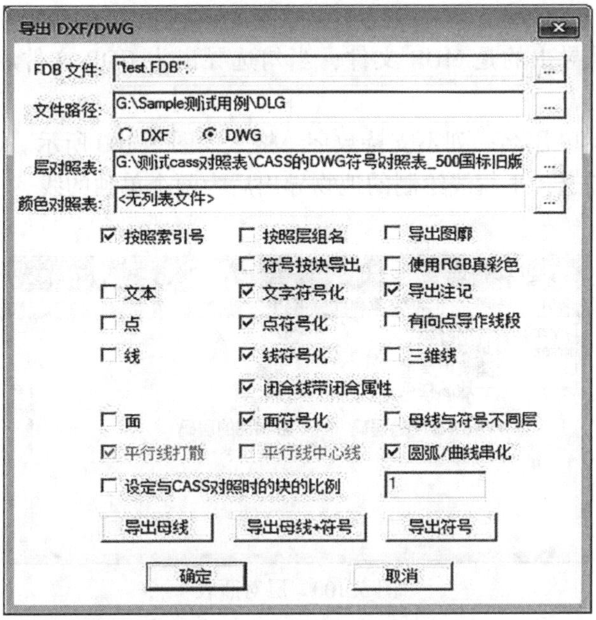

图 5.98 批量导出 DXF

点击"FDB 文件"后面的按钮 ![], 选择 FDB 文件所在的路径, 可以选择同一路径的多幅 FDB 文件, "文件路径"默认为 FDB 所在的路径, 也可以自行修改。

2. 批量导出 ArcGIS MDB/GDB

安装 ArcGIS10.0 及以上的版本后, 可以导出 MDB、GDB 文件。初次导出文件时需要在程序的安装目录下(C：\VisionTek\MapMatrix50\Bin), 找到 ![regdwg.bat] 文件, 双击进行注册, 然后可以导出文件。

选择"工作区"→"批量导出 ArcGIS MDB/GDB"文件, 出现如图 5.99 所示的对话框。

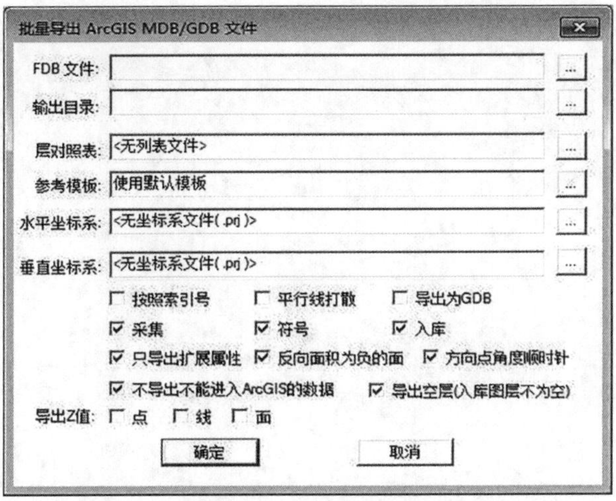

图 5.99 "批量导出 ArcGIS MDB/GDB"对话框

FDB 文件：存储文件路。

输出目录：默认导出的是 MDB 文件，当勾选导出为 GDB 文件后，导出的是一个文件夹。

层对照表：ArcGIS 层名一列不支持数字，格式如图 5.100 所示。

平行线打散：勾选，平行线绘制的地物导出后为两个单独的线。

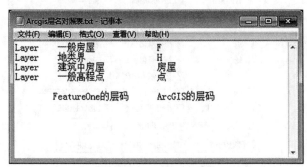

图 5.100　层对照表

设置好参数后，点击图 5.99 所示的"确定"按钮即可。

【习题与思考题】

1. 简述无人机航空摄影的流程。

2. 简述无人机航空摄影质量检查的具体内容与要求。

3. 简述无人机航空摄影飞行质量检查的内容与要求。

4. 简述无人机航摄像片控制测量的布点方案，以及像片控制测量的流程。

5. 论述无人机解析空中三角测量作业流程。

6. 论述无人机影像 DEM 生产作业流程。

7. 论述无人机影像 DOM 生产作业流程。

8. 论述无人机影像 DLG 生产作业流程。

第6章　无人机倾斜摄影测量与数据处理

【学习目标】　通过学习本章，了解倾斜摄影测量技术；掌握倾斜摄影测量作业流程；理解倾斜摄影测量的特点；理解倾斜摄影测量的关键步骤；能进行无人机倾斜摄影测量，并能对航摄质量进行检查；理解像片控制点布设要求以及倾斜摄影数据处理技术要求；能利用 ContextCapture 软件进行无人机倾斜摄影数据三维实景建模；能利用 DP-Modeler 软件完成无人机倾斜摄影数据模型精细化处理；能利用 EPS 软件完成无人机倾斜实景三维模型 DLG 生产。

6.1　倾斜摄影测量概述

6.1.1　倾斜摄影测量技术

倾斜摄影技术是国际测绘遥感领域新兴发展起来的一项高新技术，融合了传统的航空摄影、近景摄影测量、计算机视觉技术，颠覆了以往正射影像只能从垂直角度拍摄的局限，通过在同一飞行平台上搭载多台传感器（目前常用的是五镜头相机），同时从垂直、前视、后视、左视、右视 5 个不同角度采集影像，获取地面物体更为完整准确的信息。垂直地面角度拍摄获取的影像称为正片，镜头朝向与地面成一定夹角（一般为 15°～45°）拍摄获取的影像称为斜片。

如图 6.1 所示，为在测绘倾斜摄影中常用的 Leica RCD30、SWDC-5 两款 5 镜头相机，其中前者为瑞典产相机，后者为中国产相机。

图 6.1　两款 5 镜头相机

如图 6.2、图 6.3 所示，飞机搭载 5 镜头相机(1 个垂直方向和 4 个倾斜方向)，从 5个视角对同一物体进行影像数据采集。同时，如图 6.4 所示，飞机高速飞行过程中，镜头高速曝光，形成连续的满足航测航向重叠度、旁向重叠度的影像数据。

图 6.2　倾斜摄影 5 镜头影像获取示意图

图 6.3　同时拍下 5 镜头的影像

倾斜摄影采集的多镜头数据，通过高效自动化的三维建模技术，可快速构建具有准确地理位置信息的高精度真三维空间场景，使人们能直观地掌握区域目标内的地形、地貌和建筑物细节特征，在原先仅有正片的基础上，提升数据匹配度，提升地面平面、高程精度，为测绘、电力、水利、数字城市等提供现势、详尽、精确、真实的空间地理信息数据。

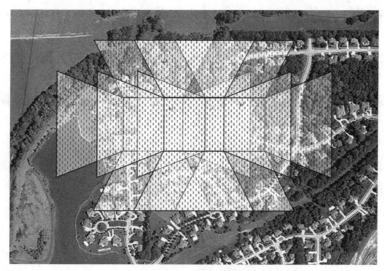

图 6.4 倾斜摄影 3 组影像获取示意图

6.1.2 倾斜摄影测量的作业流程

1. 倾斜影像采集

倾斜摄影技术不仅在摄影方式上区别于传统的垂直航空摄影，其后期数据处理及成果也大不相同。倾斜摄影技术的主要目的是获取地物多个方位(尤其是侧面)的信息，并可供用户多角度浏览、实时量测、三维浏览等，方便用户获取多方面的信息。

1) 倾斜摄影系统构成

倾斜摄影系统分为三部分，第一部分为飞行平台，包括小型飞机或者无人机；第二部分为人员，包括机组成员、专业航飞人员或地面指挥人员(无人机)；第三部分为仪器部分，包括传感器(多镜头相机)、GNSS 定位装置(获取曝光瞬间相机的位置信息，即 X、Y、Z 三个线元素)和姿态定位系统(记录相机曝光瞬间的姿态，即 φ、ω、κ 三个角元素)。

2) 倾斜摄影航线设计及相机的工作原理

倾斜摄影的航线采用专用航线设计软件进行设计，其相对航高、地面分辨率及物理像元尺寸满足三角比例关系。航线设计一般采用 30% 的旁向重叠度、66% 的航向重叠度，目前要生产自动化模型，旁向重叠度需要达到 66%，航向重叠度也需要达到 66%。

航线设计软件会生成一个飞行计划文件，该文件包含飞机的航线坐标及各个相机的曝光点坐标位置。实际飞行中，各个相机根据对应的曝光点坐标自动进行曝光拍摄。

2. 倾斜影像数据加工与测量

1) 数据加工

数据获取完成后，要进行数据加工：首先，要对获取的影像进行质量检查，对不合格的区域进行补飞，直到获取的影像质量满足要求；其次，进行匀光匀色处理，因在飞行过程中存在时间和空间上的差异，影像之间会存在色偏，这就需要进行匀光匀色处理；再次，进行几何校正，同名点匹配、区域网联合平差；最后，将平差后的数据（三个坐标信息及三个方向角信息）赋予每张倾斜影像，使得它们具有虚拟三维空间中的位置和姿态数据。

至此，倾斜影像数据加工完毕，影像上的每个像素均对应真实的地理坐标位置，可进行实时测量。

2）数据测量

倾斜摄影测量技术通常包括几何校正、区域网联合平差、多视影像密集匹配、DSM生成、真正射影像纠正和三维建模等关键内容，其基本流程如图 6.5 所示。

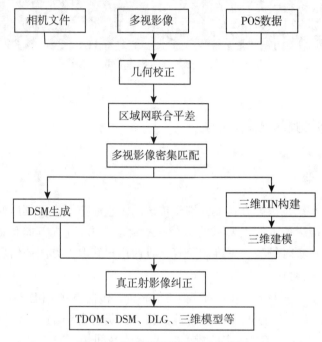

图 6.5　倾斜摄影测量技术流程图

3. 倾斜模型生产

倾斜摄影获取的倾斜影像经过数据加工处理，通过专用测绘软件可以生产倾斜摄影模型。模型有两种成果数据：一种是单体对象化的模型；另一种是非单体化的模型数据。

单体化的模型成果数据，利用倾斜影像的丰富可视细节，结合现有的三维线框模型（或其他方式生产的白模型），通过纹理映射，生产三维模型。这种工艺流程生产的模型数据是对象化的模型，单独的建筑物可以删除、修改及替换，其纹理也可以修改，尤其对于建筑物底商这种时常变动的信息，这种模型就能体现出及时修改的优势。国内比较有代表性的如天际航的 DP-Modeler。

非单体化的模型，简称倾斜模型，这种模型采用全自动化的生产方式，模型生产周期短、成本低，获得倾斜影像后，经过匀光匀色等处理步骤，通过专业的自动化建模软件生产三维模型。这种工艺流程一般会经过多视角影像几何校正、联合平差处理等流程，可运算生成基于影像的超高密度点云，用点云构建 TIN 模型，并以此为基础生成基于影像纹理的高分辨率倾斜摄影三维模型，因此也具备倾斜影像的测绘级精度。这种全自动化的生产方式大大减少了建模的成本，模型的生产效率大幅提高，大量的自动化模型涌现出来。目前比较有代表性的有 Bentley 公司的 ContextCapture。

无论是单体化的还是非单体化的倾斜摄影模型，在如今的测绘地理信息行业都发挥了巨大的作用，真实的空间地理基础数据为测绘地理信息行业提供了更为广阔的应用前景。

6.1.3 倾斜摄影测量的特点

传统三维建模通常使用 3DS Max、AutoCAD 等建模软件，基于影像数据、AutoCAD 平面图或者拍摄图片估算建筑物轮廓与高度等信息，进行人工建模。这种方式制作出的模型数据精度较低，纹理与实际效果偏差较大，并且生产过程需要大量的人工参与；同时数据制作周期长，造成数据的时效性较低，因而无法真正满足用户需求。

倾斜摄影测量技术以大范围、高精度和高清晰的方式全面感知复杂场景，所获得三维数据可真实地反映地物的外观、位置、高度等属性，增强了三维数据所带的真实感，弥补了传统人工模型仿真度低的缺点。同时该技术借助无人机飞行载体可以快速采集影像数据，实现全自动化的三维建模。试验数据证明：传统测量方式需要 1~2 年的中小城市人工建模工作，借助倾斜摄影测量技术 3~5 个月就可完成。

与传统的垂直航空摄影相比，倾斜摄影技术有一定的突破性。它不仅在数据的获取方式上有所不同，而且后期数据处理方法及获得的成果也不相同。倾斜摄影技术主要是从多角度、多方位地对地物进行信息采集，因而能从三维的角度获得更多的信息。

1. 倾斜摄影建模的优点

相比其他三维实景建模方式，倾斜摄影建模的优点有如下 4 点。

(1)反映地物周边真实情况。相对于正射影像，倾斜影像能让用户从多个角度观察地物，能够更加真实地反映地物的实际情况，极大地弥补了基于正射影像应用的不足。

(2)倾斜影像可实现单张影像测量。通过配套软件的应用，可直接基于成果影像进行包括高度、长度、面积、角度和坡度等的测量，扩展了倾斜摄影技术在行业的应用。

(3)可采集建筑物侧面纹理。针对各种三维数字城市应用，利用航空摄影大规模成图的特点，加上从倾斜影像批量提取及贴纹理的方式，能够有效地降低城市三维建模成本。

(4)数据量小，易于网络发布。相较于三维 GIS 技术应用庞大的三维数据，应用倾斜摄影技术获取的影像的数据量要小得多，其影像的数据格式可采用成熟的技术快速进行网络发布，实现共享应用。

2. 倾斜摄影建模的问题

(1)高精度影像匹配的问题。倾斜航空摄影后期数据影像匹配时，因倾斜影像摄影比例尺不一致、分辨率差异、地物遮挡等因素导致获取的数据中含有较多的粗差，严重影响后续影像空三精度。然而，如何利用倾斜摄影测量中包含的大量冗余信息进行数据的高精度匹配是提高倾斜摄影技术实用性的关键。

(2)三维建模完整表达的问题。倾斜摄影测量所形成的三维模型在表达整体的同时，某些地方存在模型缺失或失真等问题。因此，为了三维模型的完整准确表达，需要进行局部区域的补测，常用方法是人工相机拍照或者使用车载近景摄影测量系统进行补测，增加了人工工作量。

(3)建模并行处理的问题。倾斜摄影影像具有重叠度高、数据冗余大、影像倾角大、模型成果数据量大等特点，造成在建模中运算速度慢、空三解算失败、模型修正困难和数据应用困难等多方面问题。

随着科技的发展，无人机成为倾斜摄影测量实用的载体，为了增加其便携性和灵活性，无人机的续航能力不强。因此，电池的续航能力成为无人机倾斜摄影测量推广的限制条件，研制体积小、长续航的电池迫在眉睫。

6.1.4　倾斜摄影测量的关键技术

1. 多视影像联合平差

多视影像不仅包含垂直摄影数据，还包括倾斜摄影数据，而部分传统空中三角测量系统无法较好地处理倾斜摄影数据，因此多视影像联合平差需充分考虑影像间的几何变形和遮挡关系。结合 POS 系统提供的多视影像外方位元素，采取由粗到精的金字塔匹配策略，在每级影像上进行同名点自动匹配和自由网光束法平差，得到较好的同名点匹配结果。同时，建立连接点和连接线、控制点坐标、DGPS/IMU 辅助数据的多视影像自检校区域网平差的误差方程，通过联合解算，确保平差结果的精度。

2. 多视影像密集匹配

影像匹配是摄影测量的基本问题之一，多视影像具有覆盖范围大、分辨率高等特点。因此，如何在匹配过程中充分考虑冗余信息，快速准确地获取多视影像上的同名点坐标，进而获取地物的三维信息，是多视影像匹配的关键。由于单独使用一种匹配基元或匹配策略，往往难以获取建模需要的同名点。因此，近年来随着计算机视觉技术发展起来的多基元、多视影像匹配，逐渐成为人们的焦点。

目前，在该领域的研究已取得了很大进展，如建筑物侧面的自动识别与提取。首先，通过搜索多视影像上的特征，如建筑物边缘、墙面边缘和纹理，确定建筑物的二维矢量数据集；然后，将影像上不同视角的二维特征转化为三维特征；最后，在确定墙面时，可以设置若干影响因子并赋予一定的权值，将墙面分为不同的类，将建筑物的各个墙面进行平面扫描和分割，获取建筑物的侧面结构，再通过对侧面进行重构，提取出建筑物屋顶的高度和轮廓。

3. DSM 的生成

多视影像密集匹配能得到高精度、高分辨率的数字表面模型(DSM)，该模型能充分地表达地形、地物起伏特征，目前已经成为新一代空间数据基础设施的重要内容。由于多角度倾斜影像之间的尺度差异较大，加之较严重的遮挡和阴影等问题，基于倾斜摄影自动获取 DSM 存在许多难点，生成 DSM 的步骤如下：

（1）根据自动空三解算出来的各影像外方位元素，分析与选择合适的影像匹配单元，进行特征匹配和逐像素级的密集匹配，可引入并行算法，提高计算效率；

（2）在获取高密度 DSM 数据后，进行滤波处理，将不同匹配单元进行融合，形成统一的 DSM。

4. 真正射纠正

多视影像真正射纠正涉及物方连续的数字高程模型（DEM）和大量离散分布粒度差异很大的地物对象，以及海量的像方多角度影像，具有典型的数据密集和计算密集特点。因此，多视影像的真正射纠正，可在物方与像方同时进行。在有 DSM 的基础上根据物方连续地形和离散地物对象的几何特征，通过轮廓提取、面片拟合和屋顶重建等方法提取物方语义信息，同时在多视影像上通过影像分割、边缘提取和纹理聚类等方法获取像方语义信息；再根据联合平差和密集匹配的结果建立物方和像方的同名点对应关系；继而建立全局优化采样策略和顾及几何辐射特性的联合纠正，同时进行整体匀光处理，实现多视影像的真正射纠正。

根据真正射处理流程中遮挡检测与正射校正的关系，可将真正射影像纠正分为间接法和直接法两个大类。两种方法的基本流程如图 6.6 所示。

1）间接法

间接法的主要特点是在正射校正环节之外进行遮挡检测，首先通过对物方 DSM 进行可见性分析，标记出遮挡区域；然后依据遮挡检测结果，对未被遮挡区域进行正射校正，遮挡区域保持空白；最后在辅助影像上搜索遮挡区域的可见纹理，进行遮挡补偿。

间接法最大限度继承了传统正射影像处理方法，仅添加了遮挡检测与遮挡补偿两个环节，但遮挡检测计算量大、复杂、费时，遮挡补偿又需要对多张辅助影像进行遮挡检测以得到所需的可见区域，使得影像匀光、拼接与无缝镶嵌更加复杂，因此往往需要人工交互。

2）直接法

直接法首先对多视影像进行空三解算、密集匹配，生成高精度的地表点云 DSM，同时在多视匹配过程中记录同名像点及其与地面点的可视对应关系；然后在正射校正过程中利用记录结果，选取地面点在影像上的最佳像素进行灰度重采样，避开了间接法中在物方-像方之间复杂的遮挡检测与遮挡补偿；最后以像素为单位组合生成真正射影像，避开了传统的影像拼接与镶嵌过程。

直接法是目前最有前途的全自动处理方法，但存在如下局限：

（1）多视匹配对影像重叠度依赖性较强（在建筑物密集的城市区域，影像的航向重叠度和旁向重叠度一般要求至少达到 68% 和 75%）；

（2）DSM 点云缺乏矢量信息，容易导致结果影像中的地物边缘模糊；

（3）多视匹配与同名点记录计算量大，在实际生产时需要采用并行处理，对软硬件要求较高。

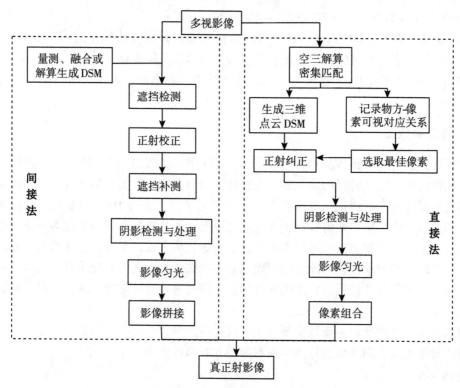

图6.6　真正射影像纠正基本流程

6.2　无人机倾斜摄影数据处理的内容与要求

无人机倾斜摄影数据处理过程中，存在模型分辨率不一致、精度不可靠、格式不匹配等问题。但目前国家和行业内还没有明确针对无人机倾斜摄影的技术标准，一般都是以数据质量、甲方的需求和数据软件自身能达到的性能为准。行业内一般认为应遵循传统低空摄影的相关技术规范。像片的获取满足《低空数字航空摄影规范》、《无人机航摄系统技术要求》(CH/Z 3002—2010)、《无人机航摄安全作业基本要求》(CH/Z 3001—2010)，数据处理满足空三加密、DOM、DEM、DLG 等产品生产标准，参照《低空数字航空摄影测量内业规范》。

6.2.1　倾斜航空摄影的质量要求

1. 像片重叠度的要求

航向重叠度一般应为 60%~80%，最小不应小于 53%；旁向重叠度一般应为 15%~60%，最小不应小于 8%。在无人机倾斜摄影时，旁向重叠度是明显不够的，无论是航向重叠度还是旁向重叠度，按照算法理论建议值都是 66.7%，可以分为建筑稀少区域和建筑密集区域两种情况。

1）建筑稀少区域

考虑到无人机航摄时的俯仰、侧倾影响，无人机倾斜摄影测量作业时，在无高层建筑、地形地物高差比较小的测区，航向重叠度、旁向重叠度建议最低不小于 70%。要获得某区域完整的影像信息，无人机必须从该区域上空飞过。以两栋建筑之间的区域为例，如果这两栋建筑的高度对这个区域能形成完全遮挡，而飞机没有飞到该区域上空，那么无论增加多少相机都不可能拍到被遮挡区域，从而造成建筑模型几何结构的粘连。

2）建筑密集区域

建筑密集区域的建筑遮挡问题非常严重。航线重叠度设计不足、航摄时没有从相关建筑上空飞过，都会造成建筑模型几何结构的粘连。为提高建筑密集区域影像采集质量，影像重叠度最多可设计为 80%~90%。当高层建筑的高度大于航摄高度的 1/4 时，可以采取增加影像重叠度和交叉飞行增加冗余观测的方法进行解决。例如，上海陆家嘴区域倾斜摄影，就是采用了超过了 90% 的重叠度进行影像采集，以杜绝建筑物互相遮挡的问题。影像重叠与影像数据量密切相关。影像重叠度越高，相同区域数据量就越大，数据处理的效率就越低。所以，在进行航线设计时还要兼顾二者的平衡。

2. 像片倾斜的要求

在《低空数字航空摄影规范》中，对测绘航空摄影的像片倾角有如下规定：倾角不大于 5°，最大不超过 12°。现有的航测软件处理能力已经有了很大的提高，可以在这个标准上，把倾角 15° 以上的都划到倾斜摄影的范畴。但像片倾角最大不能超过多少度，暂时还没有明确的规定。

此外，对摄区边界覆盖保证、航高保持、漏洞补摄、影像质量等方面的要求，与常规无人机摄影测量的要求相同。

6.2.2　像片控制点布设要求

像片控制测量是为了保证空三加密的精度、确定地物目标在空间中的绝对位置。在低空数字航空摄影测量内业、外业规范中对控制点的布设方法有详细的规定，这是确保大比例尺成图精度的基础。倾斜摄影技术相对于传统摄影技术在影像重叠度上要求更高，目前规范中关于控制点布设的要求不适合应用于高分辨率无人机倾斜摄影测量技术。无人机通常采用 GNSS 定位模式，自身带有 POS 数据，对确定影像间的相对位置作用明显，可以提高空中三角测量计算的准确度。

1. 常规三维建模

对常规三维建模，从最终空三加密特征点点云的角度可以提供一个控制间隔，建议值是按每隔 20000~40000 个像素布设一个控制点。其中有差分 POS 数据（相对较精确的初始值）的可以放宽 40000 个像素，没有差分 POS 数据的至少每隔 20000 个像素布设一个控制点。同时要根据每个任务的实际地形、地物条件灵活地布设控制点，如地形起伏较大的大面积植被级面状水域特征点非常少，需要酌情增加控制点。

2. 应急测绘保障建模

发生地震、山体滑坡、泥石流等自然灾害后，为及时获取灾区可量测三维数据，不能按照传统的作业方式进行控制测量，可通过 Google 地图读取坐标、手持 GNSS 测量、RTK 测量等方式快速获取灾区少量控制点，生成灾区真三维模型，为灾后救援提供帮助。

3. 点位选择要求

影像控制点的目标影像应清晰，选择在易于识别的细小现状地物交点、明显地物拐角点等位置固定且便于测量的地方。条件具备时，可以先制作外业控制点的标志点，一般选择白色(或者红色油漆)油漆画十字形标志，并在航摄飞行之前试飞拍摄几张影像，确保十字标志能在倾斜影像上正确辨识。控制点测量完成后，要及时制作控制点点位分布略图、控制点点位信息表，准确描述每个控制点的方位和位置信息，便于内业刺点使用。

6.2.3　倾斜摄影数据处理技术要求

倾斜摄影的影像预处理、空中加密计算要求，与无人机普通摄影测量要求相同，但在空三加密精度要求方面稍有区别。在《数字航空摄影测量　空中三角测量规范》中，对相对定向中像片连接点数量和误差有明显的规定，但在无人机倾斜空三加密中没有相对定向的信息，单个连接点的精度指标也未体现，不能完全按照传统空三加密挑选粗差点，可以从像方与物方两个方面来综合评价空三加密精度。物方的精度评定比较常用，就是对比加密与检查点(多余像片控制点不参与平差)的坐标差；像方的精度评定，通过影像匹配点的反投影中误差进行控制。空三加密常规的精度指标只能表现整体的精度范围，却不能看到局部的精度问题，通过外方位元素标准偏差更能全面地表现整体精度范围。

通俗来讲，空三加密运算的质量指标包括：是否丢片、丢的是否合理；连接点是否正确，是否存在分层、断层、错位；检查点误差、像控点残差、连接点误差是否在限差以内。

6.3　无人机倾斜摄影数据三维实景建模

6.3.1　ContextCapture Master 软件概述

1. 软件概述

ContextCapture Master 原为"Smart3D 实景建模大师"，是一套集合了全球最高端数字影像、计算机虚拟现实以及计算机几何图形算法的全自动高清三维建模软件解决方案，它从易用性、数据兼容性、运算性能、友好的人机交互及自由的硬件配置兼容性等方面代表了目前全球相关技术的最高水准。

ContextCapture Master 以一组对静态建模主体从不同的角度拍摄的数码照片作为输入

数据源，加入各种可选的额外辅助数据：摄像头的属性（焦距、传感器尺寸、主点、镜头失真）、照片的位置（如 GPS）、旋转照片（如 IMU）、控制点等。无须人工干预，ContextCapture Master 可以在几分钟或数小时的计算时间内，根据输入数据的大小，输出高分辨率的带有纹理的三角网络模型。生成输出的三维网络模型能够准确精细地表现出建模主体的真实色泽、几何形态及细节构成。

ContextCapture Master 具有较高的兼容性，能对各种对象、各种数据源进行精确无缝的建模，从厘米级到千米级，从地面或空中拍摄，只要输入的照片有足够的分辨率和精度，生成的三维模型可以实现无限精细的细节。最适合于复杂几何形态及哑光图案表面的物体，包括但不限于艺术品、服装、人脸、家具、建筑物、地形和植被等。

ContextCapture Master 主要应用对象为相对静态的物体，如表 6-1 所示。移动物体（人、车辆、动物等）不作为主要建模对象时，偶尔会出现在生成的三维模型中。如果要针对这些对象单体进行数据制作，在拍摄过程中，人或动物等对象应保持静止或采用多个同步相机来拍摄。

表 6-1 软件使用范围

适合对象（复杂的几何形态及哑光图案表面物体）	小范围	服饰、人面、家具、工艺品、雕塑、玩具等
	大范围	地形、建筑、自然景观等
不适合对象（模型会存在错误的孔、凹凸或噪声）	纯色材料	墙壁、地板、天花板、玻璃、金属、水、塑料板等

ContextCapture Master 针对近至中距离景物建模，应用领域覆盖建筑设计、工程与施工、制造业、娱乐及传媒、电商、科学分析、文物保护、文化遗产等。大场景及自然景观建模应用领域覆盖数字城市、城市规划、交通管理、数字公安、消防救护、应急安防、防震减灾、国土资源、地质勘探、矿产冶金等。图 6.7 为文物建模与建筑物建模的效果。

图 6.7　文物建模与建筑物建模效果

1）软件系统构架

ContextCapture Master 的两大模块是 ContextCapture Master 主控台与 ContextCapture Engine 引擎端，它们都遵循主从模式（Master-Worker）。

ContextCapture Master 主控台是 ContextCapture Master 的主要模块，可以通过图形用户接口，向软件定义输入数据、设置处理过程、提交过程任务、监控这些任务的处理过程与处理结果可视化等，但不会执行处理过程，而是将任务分解为基础作业并将其提交给作业队列（Job Queue）。

ContextCapture Engine 引擎端是 ContextCapture Master 的工作模块，它在计算机后台运行，无须与用户交互。当 ContextCapture Engine 引擎端空闲时，一个等待队列中的作业的执行主要取决于它的优先级与提交的数据。一个作业通常由空中三角测量过程或三维重建组成。空中三角测量过程或三维重建采用不同的且计算量大的密集型算法，如关键点的提取、自动连接点匹配、集束调整、密度图像匹配、三维重建、无接缝纹理映射、纹理贴图集包装、细节层次生成等。

由于采用了主从模式，ContextCapture Master 支持网格并行计算。只需在多台计算机上运行多个 ContextCapture Engine 引擎端，并将它们关联到同一个作业队列上，就会大幅降低处理时间。其网格计算功能主要基于操作系统的本地文件共享机制，它允许 ContextCapture Master 透明地操作存储区域网络（SAN）、网络连接式存储（NAS）或者硬盘驱动器（共享的标准 HDD），无须配备任何特殊的网格运算集群或架构。

2）ContextCapture Master 工具模块

ContextCapture Master 工具模块如图 6.8 所示。

图 6.8　ContextCapture Master 工具模块

ContextCapture Master 主控台用户界面，定义原始数据和处理过程设置，并向作业队列提交相应的三维重建任务。

工作组中空闲的 ContextCapture Engine 引擎端会自动从作业队列中获取三维重建任务并将结果输出至预先设定的存储路径。通过 ContextCapture Master 主控台用户界面，也可以直接监控这些任务的当前状态与处理进度。

ContextCapture Setting：管理软件授权许可证及相关其他软件配置。

3）软件运行环境

ContextCapture Master 支持运行在微软 Windows XP/Vista/7/8 64 位操作系统上，它至

少需要 8GB 的内存和拥有 1GB 显存与 512 个 CUDA 核心的 NVIDIA GeForce 或 Quadro 显卡。该软件对桌面计算机与机架式计算机均支持，甚至可以在多媒体或游戏笔记本电脑上运行，虽然这时的性能显著降低。输入数据、处理数据、输出数据最好是存储在快速存储装置上（如高速 HDD、SDD、SAN 等），而对于基于文件共享的集群运行环境，建议使用千兆或千兆以上的以太网。

ContextCapture Engine 引擎端不能通过 Windows 自带的远程桌面连接来操作，因为它不支持硬件加速，可以利用基于虚拟网络计算机（VNC）的各种远程遥控软件来操作 ContextCapture Engine 引擎端。当 ContextCapture Engine 引擎端运行时，软件不支持切换 Windows 用户，这将会引起运行计算失败，因为在用户未连接时不可以用硬件加速。ContextCapture Master 目前版本还不支持非 ASCII 字符的路径，所有指定的输入与输出文件的路径必须使用 ASCII 字符（即暂时不支持中文文件名和目录名）。

ContextCapture Master 开发了基于图像处理单元的通用计算（GPU）能力，使得这些操作（图像插值、光栅化与 Z 缓存）的处理速度快 50 倍，它也利用多核超线程计算对算法的 CPU 密集部分进行加速。一个运行在 8GB 内存环境的 ContextCapture Engine 引擎端可以在一个作业任务上最大处理 10 亿像素的输入数据和 1000 万个面的模型输出。在完成空中三角测量运算后，获取最终拥有细节层次的三维模型的处理时间，大致与输入图像的像素数量呈线性关系。而每分钟处理量一般为 200 万~1000 万像素，该时间还取决于硬件配置与输入图像之间的重叠量。对于地面分辨率为 10 ~ 15m 的航空影像数据集，每个 ContextCapture Engine 引擎端平均每天可处理 4~6km^2 的数据。

2. 软件安装、授权与配置

下载并运行安装文件，按照软件提示进行安装即可。在安装过程最后，默认 ContextCapture Setting 程序自动打开，可以随时从 Bentley 程序组中运行 ContextCapture Setting 程序。在使用 ContextCapture Master 前，必须将授权许可证文件利用 ContextCapture Setting 安装至计算机。

ContextCapture Setting 可以管理授权许可（开始→程序→Bentley→ContextCapture Setting）。在 ContextCapture Setting 对话框中，单击"产品激活向导"按钮，选择激活方式，如图 6.9 所示，按照提示进行激活即可。

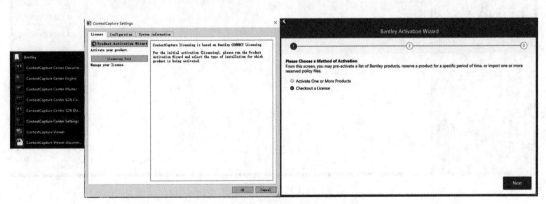

图 6.9 软件激活

ContextCapture Master 主控台与 ContextCapture Engine 引擎端以主从模式向作业队列目录提交作业。ContextCapture Setting 可以设置计算机作业队列的目录。当 ContextCapture Engine 引擎端启动时，它将读取这些设置，并从相应的作业队列目录获取作业。当 ContextCapture Master 主控台启动时，它将读取这些设置，并将相应的作业队列目录分配给新的工程。注意，已存在的工程的作业队列目录不受 ContextCapture Setting 设置的影响，并且可在主控台的工程选项页签中查看或修改。

3. 软件界面

ContextCapture Master 主控台是软件的主模块，图 6.10 为其主界面，主要进行导入数据集、定义处理过程设置、提交作业任务、监控作业任务进度，浏览处理结果等。主控台模块并不执行处理任务，而是将任务分解成基本的作业并将其提交到作业队列。主控台管理整个工作流的各个不同步骤。工程以树状结构组织，工作流的每一步对应一个不同类型的项。

工程（project）：一个工程管理者所有与它对应场景相关的处理数据。工程包含一个或多个区块作为子项。

区块（block）：一个区块管理着一系列用于一个或多个三维重建的输入图像及其属性信息，这些属性信息包括传感器尺寸、焦距、主点、透镜畸变以及位置与旋转等姿态信息。

重建（reconstruction）：一个重建管理用于启动一个或多个场景制作的三维重建框架（包括空间参考系统、兴趣区域、Tiling、修饰、处理过程设置）。

生产（production）：一个生产管理三维模型的生产，还包括错误反馈、进度报告、模型导入等功能。

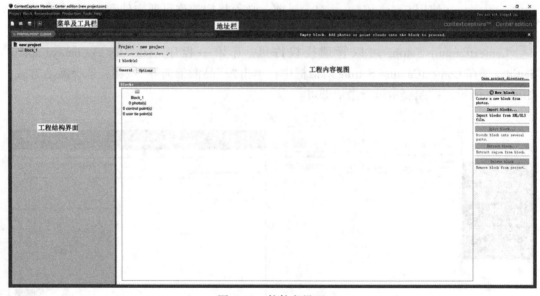

图 6.10　软件主界面

　　一个工程可以以多个分项形式管理工作流中的同名步骤，以支持版本管理和变量管理。这对不同输入数据和不同处理设置生成同一场景的实验非常有用。

　　可以通过工程树或地址栏进行工程内容浏览。地址栏指示工作流中当前项的位置，对返回上一层父项非常有用。项目树可以直接定位到工程中任何项，也包括对工程的整体预览(包括对每一个工程项状态的预览)。中心区域(工程项视图)管理数据和对应活动项的工作，它的内容取决于活动项的类型(工程、区块、重建或生产)。

　　1)工程

　　一个工程管理所有与该场景生产相关的数据，如图 6.11 所示。

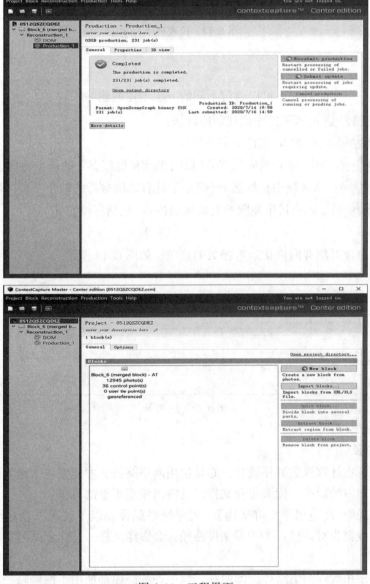

图 6.11　工程界面

工程项由区块列表和工程选项组成，分别通过两个选项卡管理：概括选项卡，管理工程的区块列表；选项选项卡，包含对集群网格化运算相关的选项。

2) 仪表板

仪表选项卡显示项目当前状态的环境信息，如图6.12所示。

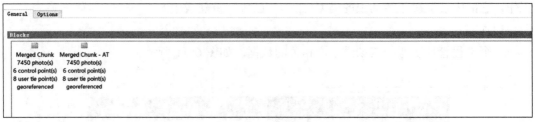

图6.12　仪表选项卡

3) 区块

项目管理一系列的区块，可以通过不同的方法创建或删除区块。

New block：从图像中创建新的区块。

Import blocks...：从 XML 文件中导入区块。

Split block...：将区块分割成几部分(仅限于具有地理参考的航空摄影区块)。

Extract block...：从区块中提取区域(仅限于具有地理参考的航空摄影区块)。

Delete block：从项目中删除所有的区块内容(包括三维重建与生产)。

4) 选项

选项卡中包含对集群网格化运算相关的选项，如图6.13所示。

General　Options

UNC paths

When using ContextCapture on a computer cluster, Universal Naming Convention (UNC) paths are required for distant access to input, project and output file locations.

☐ Warn when a non-UNC path is used (advised when using a computer cluster)

☑ Use proxy UNC path for the project file: `//pc-106/H/jiaozuo/jiaozuo0426/jiaozuo0426.ccm`

Job queue

Define the directory where jobs must be submitted for ContextCapture Engine.

Job queue directory: `//pc-106/E/JOBS`

ProjectWise project

Associate ProjectWise project

图6.13　选项卡

5) 网络路径

当软件运行在计算机集群环境时，必须使用网络路径，才能使各个通域网连接的运算节点正确地获取原始影像、读取工程文件以及输出模型所至的目录。

非网络路径警告(适用于集群架构)。当非网络路径在以下情况下使用时，选项卡会在用户界面产生警告对话框：①工程文件路径；②影像文件；③作业队列目录；④生产输出目录。

工程文件使用代理网络路径。即使在工程中各种路径都使用了网络路径，但是如果工程在本地路径中打开(如在本地目录双击 M3M 文件)，也可能会导致路径错误，进而引起集群运算时的故障，定义后的工程不受项目是否在本地打开的影响。

6）作业队列

设定作业队列文件提交存储的目录路径，以供各主控台引擎端读取并进行处理。该选项允许修改工程的作业队列保存目录，新工程的作业队列目录的默认值在 ContextCapture Setting 中设置。

6.3.2 ContextCapture 功能模块

1. 区块

一个区块项目包含了一系列影像和属性，包括传感器尺寸、焦距、主点、透镜畸变以及位置和旋转等姿态信息，基于这些信息，可以建立一个或多个重建项目。一组信息完整的影像就可以用来做三维重建。区块界面如图 6.14 所示。判断图像是否完整应遵循以下条件：影像文件格式软件是否支持，并且文件没有损坏；影像组的属性和姿态信息应满足已获得的精确数据与其他影像保持一致、连续和重叠。为满足以上两个条件，影像组属性和影像姿态信息必须由在同一区块下的不同影像整体经过联合优化运算而获得。一组联合优化运算的图像称为这个区块的主部件。

可以通过两种方法获得一组完整的影像：将影像导入区块中，并对影像组属性输入粗略精度参数，然后再利用 ContextCapture Master 空中三角测量来估算完整的图像组属性和图像姿态；从 XML 文件（如导入区块）导入具有完整、精确的影像组属性和影像姿态（如从空中三角测量软件中获得）的影像。

区块项包含以下属性：影像，导入或添加的影像以及相关的影像组属性和姿态（空中三角测量的运算成果或导入数据）；控制点，手动输入，该属性是可选项；同名点，ContextCapture Master 自动提取生成；区块类型，如"空中"，该属性是可选项，在当前版本中，仅在从 XML 文件中导入区块时使用。

1）区块操作

区块的概述选项卡包含区块信息面板与区块重建列表，影像带有完整坐标级姿态信息的区块能以三维的形式在 3D 预览选项卡中预览。一个区块有以下几种操作：导入区块，从 XML 文件中导入区块；导出区块，区块可以以 KML 或 XML 格式导出；拆分区块，将较大的航飞区块拆分成较小区块；提取区块，从区块中提取出指定区块；加载/卸载区块，从活动的工程中加载/卸载区块。

2）区块信息面板

区块的概述选项卡包含区块概况以及可用工作流的信息。空中三角测量随时能够重新解算或调整解算一个区块的影像组属性或/和影像姿态。当空中三角测量正在处理区块中，区块的概述选项卡用于监控处理过程。

3）区块重建列表

New reconstruction：创建新的重建框架。

Delete reconstruction：从区块中移除被选中的重建项目。

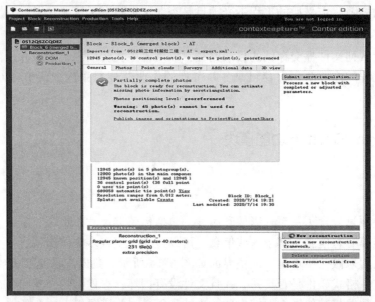

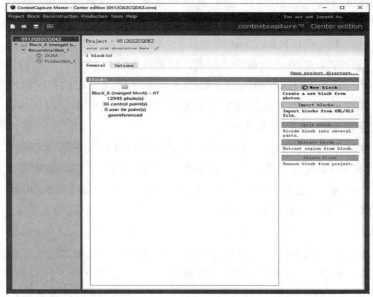

图 6.14　区块界面

2. 影像

1）影像的准备

模型重建对象的每一部分应至少从 3 个不同的视点进行拍摄。一般来说，连续影像之间的重叠部分应超过 60%。物体同一部分的不同拍摄点间的分隔应该小于 15°。对于简单的物体，可以环绕式地从物体周围均匀分隔地采集 30~50 幅影像。对于航空摄影，建议采集航向重叠度不小于 80%、旁向重叠度不小于 50% 的影像。为实现更好的效果，更好地还原建筑物外立面、狭窄的街道和各种庭院，建议同时采集垂直和倾斜影像。虽然软件对非系统化乱序采集的图像具有非常强的适应性，但仍然建议事先准备合适的飞行计划，以系统化地获取影像而避免疏漏。

（1）相机支持。ContextCapture Master 支持广泛多样的影像采集设备，如手机、卡片数码相机、数码单反相机、摄影测量专用相机及多角度摄像机系统。ContextCapture Master 不仅可以处理静态影像，还可以处理从数字摄影机摄像动画中截取的视频帧，但是不支持线性推扫式相机。虽然 ContextCapture Master 对相机分辨率没有最小要求，但是高分辨率的相机可以拍摄较少影像数量以指定精度完成对物体的影像采集，而且处理速度要快于低分辨率的相机。ContextCapture Master 需要知道相机感光体 CCD 的宽度。如果相机型号并未在 ContextCapture Master 的自带数据库中列出，需要将这些信息手动输入。

（2）影像精度。影像精度是指由传统航空摄影的地面分辨率扩展到更加广义（而不仅是航空图像）地获取图像的分辨率设置。生成三维模型的精度和分辨率与采集的影像精度直接相关。为达到预定的影像精度，必须以准确的焦距与拍摄距离来采集影像。相关计算公式如下：

影像精度［米/像素］×焦距［毫米］×图像的最大尺寸［像素］＝传感器宽度［毫米］×拍摄距离［米］

由于 ContextCapture Master 能自动识别应用不同精度的影像来生产三维模型，而无须固定统一精度的影像，因此整个项目可以允许不同影像精度、不同影像重叠度组成多重的数据源。

（3）焦距。建议在整个图像获取过程中采用固定的焦距。如果需要获得非统一的影像精度，可以调整拍摄距离来实现。如果无法避免使用不同的焦距设置，如由于拍摄距离的限制，应在每个焦距设置下各采集一定数量的影像组，避免某个焦距只有非常少量影像的情况。当使用可变焦距镜头时，应需保持在一组影像上使用同一焦距，可以利用胶带将手动可变焦距镜头固定住。不要使用数码变焦，避免使用超广角镜头或鱼眼镜头，因为 ContextCapture Master 较难计算极端的镜头畸变。

（4）曝光。尽量选用可避免重影、散焦与噪声、曝光过度或不足等的曝光设置，因为这些问题将会严重影响三维建模质量。手动曝光设置能有效降低三维模型贴图产生色差的可能性，所以当摄影条件允许，同时有比较稳定和统一的光照条件时，推荐使用手动曝光。如果不具备条件，自动曝光获取的影像也能被处理。

（5）影像后处理。在把原始影像导入 ContextCapture Master 之前，务必不要进行任何编辑，包括改变尺寸、裁剪、旋转、降低噪声、锐化，或调整亮度、对比度、饱和度或色调。某些相机有自动旋转影像的功能，需要在拍摄过程中将其禁用。ContextCapture Master 不支持拼接的全景图作为原始数据，但是可以使用生成这些全景图的原始图像作为导入数据。

（6）影像组。为了获得最优精度和最佳性能，ContextCapture Master 会将同一台相机在同一焦距和影像尺寸（同样的内方位元素）拍摄的影像定义为一个影像组。ContextCapture Master 能够自动建立相关的影像组，如果按采集影像的相机来设置原始影像的目录结构，不同的相机（即使型号相同）拍摄的影像应放置到不同的独立子目录下。相反，由同一台相机拍摄的影像应当都放置在同一子目录下。

（7）遮挡。遮挡是指在图像处理过程中用于某原始影像匹配制作的单色图像将图像指定部分(如遮挡物、反射)进行忽略运算的方法。有效的遮罩文件是黑白单色且与原始影像尺寸匹配的 TIFF 格式图片。被遮罩的黑色部分的图像像素在空中三角测量和重建过程中将被忽略处理。遮罩的文件名必须与原始影像的文件名对应：对一个原始影像文件名为"filename. ext"进行掩膜处理，遮罩文件名必须为"filename_mask. ext"，并且需要将其与原始影像放置在同一目录下。例如，图像名"IMG0002564. jpg"对应的遮罩文件为"IMG0002564_mask. tif"，如果对于目录下所有同样尺寸的原始影像进行遮罩处理，只需将遮罩文件放置在该目录下，且命名为"mask. tif"。

(8)影像格式。ContextCapture Master 能直接支持 JPEG 格式与 TIFF 格式的图像，也能读取一些常见的 RAW 格式，还能直接读取影像文件自带的 EXIF 元数据。目前支持的文件格式有 JPEG、TIFF，松下 Panasonic RAW(RW2)、佳能 Canon RAW(CRW、CR2)、尼康 Nikon RAW(NFF)、索尼 Sony RAW(ARW)、哈苏 Hasselblad(3FR)、Adobe Digital Negatibve(DGN)。

(9)POS 数据。ContextCapture Master 的一大突破性功能是能够处理那些完全不带有定位数据的影像。因此，ContextCapture Master 可以支持任意的位置、旋转与比例的原始影像数据生成三维模型，且通常能还原它的正确姿态方向。同时，ContextCapture Master 也原生支持两种类型的定位数据：GNSS 标签(GNSS tags)和控制点(control points)。如果在原始影像的 EXIF 元数据中包含 GNSS 标签，ContextCapture Master 会自动读取并用它作为生成三维模型的坐标依据。不完整的 GNSS 标签将会忽略(如只具有经度与维度坐标，但不具有高程)。

如果需要优于 GPS 坐标精确度，或者需要控制和消除数字积累误差造成的远距离几何失真，就建议引入控制点。建立地理参照系必须至少有 3 个控制点，更多数量且分布均匀的控制点可以消除远距离几何失真。控制点的精确三维坐标可通过传统测量方法获得。用户可通过 ContextCapture Master 主控台的控制点模块或其他第三方工具在原始影像(最少2 张，建议 3 张以上)中标出该控制点位置的方式来输入控制点。

除了 GNSS 标签与控制点，ContextCapture Master 还能通过专用的 XML 格式导入几乎任何定位信息(如惯性导航系统的数据)或第三方软件的空中三角测量的结果。导入后，ContextCapture Master 可以使用这些数据，或者对它们进行自动微调，从而节约了大量的空中三角测量运算的时间。这一功能使 ContextCapture Master 有了更高的可扩展性和兼容性。

2)添加影像

影像选项卡用于管理一组或多组影像及其属性，如图 6. 15 所示。区块建立任意重建后，影像选项卡就会自动锁定为只读状态，无法再进行修改。

为了获得最佳性能和效果，导入的影像必须被分入一个或多个影像组。同一相机拍摄的且具有完全一样的内部定向(影像尺寸、传感器大小、焦距等)的影像分为一个影像组。如果影像按照拍摄的相机存放在不同子目录下，那么 ContextCapture Master 可以自动确定相关的影像组。

Add photos... ：添加选中的影像文件，可以使用"Shift"键或"Ctrl"键进行多对象选择操作。

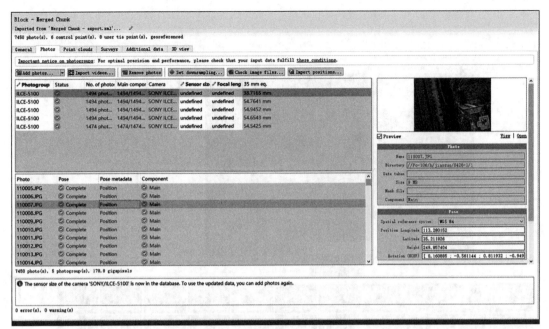

图 6.15 添加影像后界面

Remove photos：从列表中移除选中的影像或影像组，可以使用"Shift"键或"Ctrl"键进行多对象选择操作。

影像组属性代表了相机的内方位元素。三维重建需要精确计算影像组属性。这些属性的精确值的获取方法有：由 ContextCapture Master 根据空中三角测量数据自动运算；基于影像的 EXIF 元数据或使用 ContextCapture Master 相机数据库等获取初值；从 XML 文件中导入，手动输入。

ContextCapture Master 需要获得相机传感器的尺寸，所需的传感器尺寸是指传感器的最大尺寸。如果相机的型号没有在内置数据库中列出，则需要手动输入这些信息。对于一个新创建的影像组，ContextCapture Master 能够从 EXIF 元数据中提取出焦距（单位为毫米）的初值，如果失败，软件将提示要求手动输入这个值。然后，ContextCapture Master 能够自动通过空中三角测量计算出精确的焦距。

对于一个新创建的影像组，ContextCapture Master 默认该影像组的主点在影像的正中心，ContextCapture Master 能够自动通过空中三角测量计算出精确的主点。ContextCapture Master 默认该影像组不存在镜头畸变，能够自动通过空中三角测量计算出精确的透镜畸变。

3. 控制点

控制点选项卡可以对区块的控制点进行编辑与浏览，如图 6.16 所示。一旦区块的一些重建被创建，控制点选项卡则处于只读状态。控制点是在空中三角测量中辅助性的定位信息。对区块添加控制点能够使模型具有更准确的空间地理精度，避免远距离几何失真。

有效的控制点集合需要包含 3 个或 3 个以上的控制点，且每一个控制点均具有 2 幅或

2 幅以上的影像刺点。

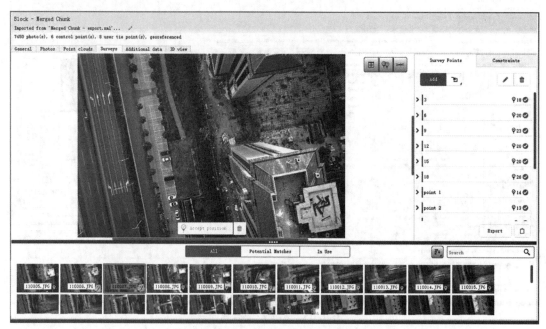

图 6.16　控制点与影像匹配界面

添加控制点的步骤如下。

1) 选择空间坐标系

在坐标系选择框中选择坐标系，笛卡儿坐标系经常在输入没有地理位置的控制点时使用。例如，本地空间参考体系，对于具有空间位置的控制点，如果使用的控制点的坐标系没有在列表中列出，建议选择"WGS84"空间参考体系，并将控制点的坐标转换为 WGS84 坐标再输入系统。也可以制作一个该坐标系的 prj 投影文件，并通过菜单内"其他"选项内的"定义"空格内填入该 prj 的路径导入。

2) 添加新的控制点

单击"添加"按钮，在已选中的坐标系下创建一个新的控制点，在相应的列中输入控制点的坐标，注意每列对应的坐标轴和单位。对于具有精确地理空间坐标的控制点，必须要输入椭球高程，不要输入海拔高程。

3) 输入影像测量点

单击，影像测量编辑器将被打开。在影像测量编辑器中，从左边影像列表中选中需要添加测量点的影像，找到控制点的位置，按住"Shift"键+鼠标左键设定影像测量的位置。单击"确定"，完成对本影像测量点的添加，影像测量编辑器会同时关闭。如果需要再输入一个测量点，需要重新单击。

如果区块已经具有完整的影像组属性和影像姿态，可以单击"开启"来选择自动影像选择模式。在自动影像选择模式下，ContextCapture Master 会自动挑选出包含控制点的影像，并以绿色圆环的形式高亮显示潜在匹配的区域，如图 6.17 所示。

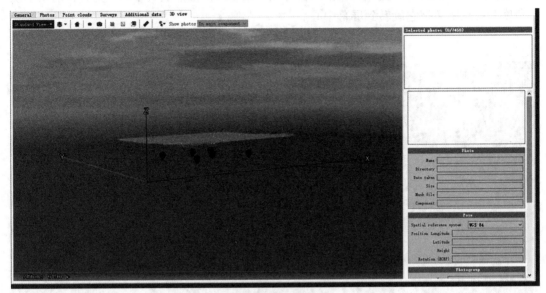

图 6.17 控制的显示

    有时可以基于 GNSS 标签或少量控制点先进行空中三角测量运算，再根据已算出的坐标，利用自动影像选择功能，提高大批量输入控制点的效率。自动影像选择模式仅在本区块内所有影像组属性和影像姿态信息都获得的情况下才能使用。

    如果有少量数据不完全的影像，可以先把这些影像删除。控制点也可以导出 KML 文件，在常用 GIS 软件或者 Google Earth 中浏览。

4. 3D 预览

区块界面的 3D 预览选项卡可以对控制点进行快速简要概览。

    在区块已经部分获知图像位置信息时，可使用 3D 预览功能选项卡观察预览影像的视野、位置，以及旋转角和同名点的三维位置、颜色，如图 6.18 所示。只有已获知位置信息的图像才会被显示，已获知位置信息而未获知旋转信息的图像作为一个简单点显示。

    默认视点：单击该按钮，返回默认的视点位置。

    部件过滤 Show photos：如果一个区块具有几个部件，可以通过该组合框过滤显示的部件。

    ALL：显示所有影像。

    In main component：只显示属于主部件的影像。

    Without component：只显示不属于主部件的影像。

    虚拟相机尺寸：当区块的影像包含空间位置信息和影像姿态信息后，3D 预览界面会出现示意相机位置和角度的虚拟相机感光器，用户可以通过这个按钮对虚拟感光器的尺寸进行放大或缩小的操作。

    可以利用鼠标按键浏览三维场景。单击"影像示意图"可显示它的详细信息。对于具有完整空间位置信息和姿态信息的影像，选中这些影像会在 3D 预览界面显示它的视野，以及虚拟相机感光器。在虚拟相机上双击重设三维场景的缩放旋转中心，并且自动调整镜头角度和视点距离把它旋转到屏幕中心。

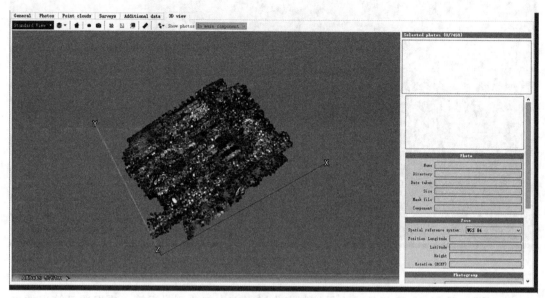

图 6.18　3D 预览

5. 空中三角测量

为了执行三维重建，ContextCapture Master 必须准确地获得每个影像组的属性和影像的姿态信息。如果这些信息缺失或者不够精确，那么 ContextCapture Master 会自动计算这些信息。这个运算的过程即为空中三角测量（Aerotriangulation 或 Aerial Triangulation，AT）。空中三角测量会基于某个现有区块，运算出一个信息包含计算或纠正后属性的区块。空中三角测量可以将当前摄影机的坐标（如 GNSS 值）或者控制点用于地理坐标参考。

1）通过空中三角测量创建一个新的区块

在概述选项卡或菜单中，单击"提交空三运算"按钮 `Submit aerotriangulation...`，通过空中三角测量创建一个新的区块。为空中三角测量运算建立的新区块输入名称和详细描述（不要出现中文字符），如图 6.19 所示。

为空中三角测量运算选择属于某一部件的影像，该选项仅在区块内包含不同组件的影像时才可用，为空中三角测量选择影像。

使用所有影像：使用区块中所有影像进行空中三角测量，无论图像是否属于主部件。该选项适用于以下两种情况：区块内含有新添加的属于主部件的影像；在先前的空中三角测量中，影像没有被使用。

仅有属于主部件影像：不属于主部件的影像将在空中三角测量中被忽略掉。该选项适用于对先前空中三角测量中已经成功匹配的一组影像进行再次精确调整。

2）定位/空间参考

选择空中三角测量的定位模式。可选用的定位模式取决于区块附带的属性信息。

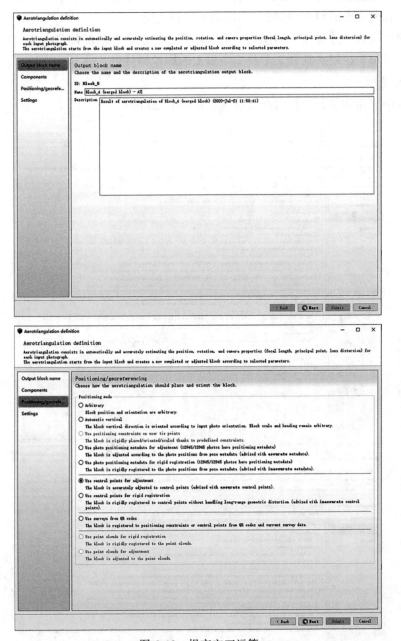

图 6.19 提交空三运算

全方向：区块的位置和方向不受任何限制或预判值。

自动垂直：区块的垂直朝向由参与运算的影像的综合垂直方向决定，区块的比例和水平朝向判定保持和全方向选项一致。与全方向选项相比，这个选项对于处理主要由航空摄影方式获得的影像时，效率有显著提高。

参照影像方位属性（仅在该区块包含不小于 3 幅具有有效定位属性的影像时可用）：区块的位置和方向由影像所具有的方位属性决定。

参照控制点精确匹配(需要有效的控制点集)：利用控制点对区块进行精确方位调整，忽略远距离几何变形的纠正(控制点不精确时推荐使用)。

对于使用控制点进行定位的模式，输入影像必须包含有效的控制点集，即至少包含3个控制点，且每个控制点具有2个及2个以上的影像测量点。

3)设置选项

选择空中三角测量的运算与高级设置，如图6.20所示。

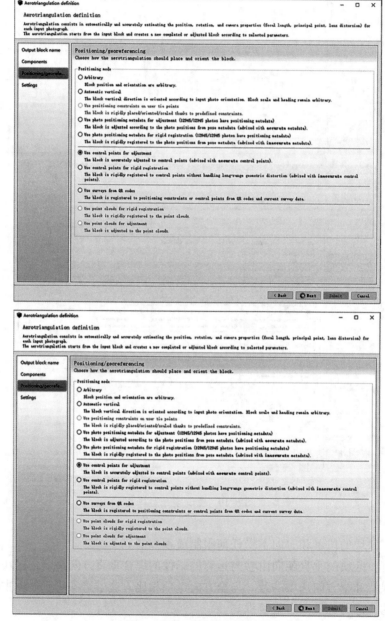

图6.20　空中三角测量参数设置

运算方式：按照输入区块的不同属性及包含的数据来选择合适的运算方式。空中三角测量中，针对不同区块属性的估算方法有以下 5 个。

（1）计算：不借助任何输入的初值进行计算。

（2）调整：参考输入初始运算并调整。

（3）容差范围内调整：参考输入初始值运算并在用户预设的容差范围内进行调整。

（4）保持：保持使用输入的初始值而不参与运算。

（5）同名点匹配模式：同名点匹配的计算算法有以下两种选择：①通用：仅匹配相似类型的要素点；②全面：对所有要素点进行全面匹配。

在大多数情况下，建议使用通用模式，一般可以在合理的计算时间内得出满意的结果。当通用模式不能够运算出所有相机位置时，可以通过全面模式重新进行空中三角测量运算。因为该模式能够匹配尽可能多的影像，适用于影像重叠率较低的情况。然而，全面模式是密集型计算（运算量相比通用模式呈指数增长），因此建议仅在处理较少量影像时（如几百幅）使用。高级设置只能通过加载预置文件设置，它们可以直接控制所有空中三角测量的处理设置。

4）空中三角测量处理进程

在空中三角测量向导的最后一页，单击"Submit"按钮，提交空中三角测量作业。当空中三角测量运算提交后，系统会建立一个新的区块并等待空中三角测量运算结果进行后续操作。空中三角测量运算是由 ContextCapture Engine 引擎端进行运算，工作集群内必须有一个空闲的 ContextCapture Engine 引擎端才能开始空中三角测量运算，如图 6.21 所示。

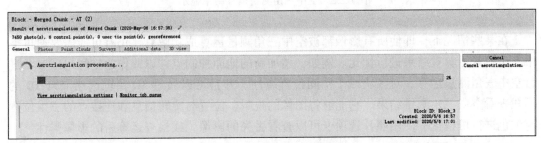

图 6.21　空中三角测量进程

在空中三角测量运算期间，空中三角测量处理进程界面用于监测作业状态和进度。在空中三角测量运算期间，用户可以继续使用主控台进行其他操作，或者关闭。这不会影响空中三角测量的运算，因为空中三角测量运算作业已经提交到三角测量期间，信息面板上会显示空中三角测量丢失影像的数量。如果丢失影像过多，可以取消此次空中三角测量运算，删除这个空中测量区块，选择不同的设置重新执行空中三角测量。如果输入影像的重叠率不够或者某些设置不正确（如像方坐标系等），那么空中三角测量操作也有可能失败。

5）空中三角测量运算结果

空中三角测量运算结果将被保存在当前的空中三角测量区块内，相关结果信息可以在区块的属性页或空中三角测量报告中显示。

一次成功的空中三角测量运算能够计算出每一幅影像的空间位置和旋转角度，如图

6.22 所示。为进行下一步的重建操作，所有影像必须都包括在主部件中。当输入影像的重叠度不够或各种信息不正确时，影像会发生丢失的情况。在这种情况下，可以进行以下操作：返回上一步，修改相关的属性，再重新提交空中三角测量运算；或将空中三角测量运算成果作为中间成果，以此区块为基础进行新的空中三角测量运算。

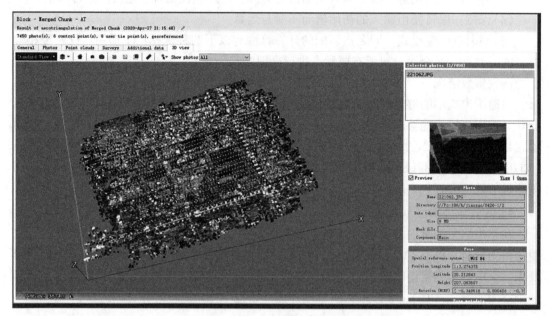

图 6.22　空中三角测量运算结果显示

在某些情况下，即使所有影像都被空中三角测量运算成功解算，仍有可能需要通过空中三角测量运算对结果进行优化。例如，增加新的地面控制点并以此作为空间地理参考进行空中三角测量运算，对区块赋予空间位置属性。并且可以通过 3D 预览选项卡以 3D 的形式查看空中三角测量结果。它能够将图像的视野、位置与旋转信息和连接点的三维位置与颜色进行可视化。使用照片选项卡可以查看丢失的影像，或检查运算后的影像属性。

6) 空中三角测量报告

单击"查看空三报告"链接，显示空中三角测量的运算结果。该报告显示空中三角测量主要的属性和统计结果，如图 6.23 所示。空中三角测量运算的结果有以下应用：用于理解场景和图像的空间结构；可导出 XML 与 KML 文件，供第三方软件使用；用于在 ContextCapture Master 中进行三维重建。

6. 其他设置

1) 分割区块

在处理包含大量影像的区块时(一般大于 5000 幅影像)，需要将区块分割成几个子区块。分割区块功能仅在处理具有地理参考的航空摄影类区块时可用，如图 6.24 所示。

(1) 分割设置。

目标影像数量：输入希望输出区块中包含最大影像数量。

高程范围：输入场景大地高程的最大值和最小值，不能输入海拔数据。

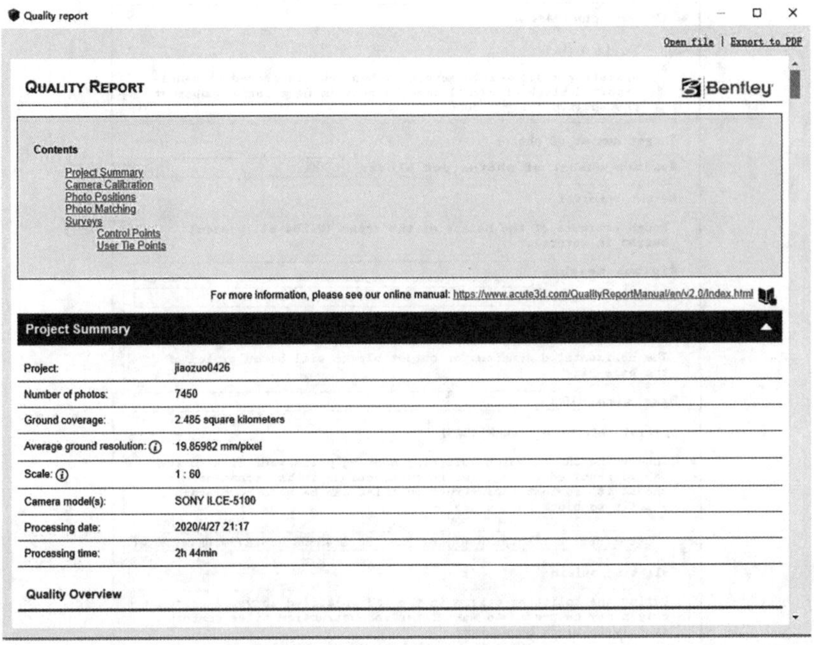

图 6.23 空中三角测量结果报告

导出区块的基础尺寸：导出区块的基础尺寸，实际导出区块的大小将是该基础的倍数。例如，基础尺寸为 500，实际输出区块的尺寸将会是 500、1000、1500…，而具体的尺寸取决于场景的内容与其他分割设置。

空间参考系统(Spatial Reference System，SRS)：为分割区块选择参考的坐标系；自动选择坐标系，以输入影像范围的中心点作为坐标原点定义的东北天坐标系(ENU)；自定义坐标系，输入待定的空间坐标系。

如果后续三维重建需要使用自定义坐标系，建议在这一步使用同样的自定义坐标系，因为这样可使三维瓦片准确吻合区块边界。

分割原点：输入特定空间坐标系的分割原点。需要输入自定义坐标系的原点，使稍后输出的三维瓦片能够精确符合区块边界。

(2)分割运算。单击"分割区块"按钮，启动分割运算，导入的航空摄影区块将被规则二维网格分割为数个部分。为了建立一个完整的三维重建模型，每一个分割区块的坐标都需要进行准确设置，以确保所有输出的三维瓦片能够与相关坐标系准确融合。当对一个分割的子区块定义三维重建时，请按照以下选项定义空间坐标系：使用相同的坐标系定义所有子区块的坐标系；选择规则平面网格作为瓦片模式；选择可被子区块整除的数字作为三维瓦片的尺寸；使用(0，0)或者子区块尺寸的倍数作为自定义原点。

区块分割后，用户可以卸载原始未分割的区块，以节省内存和缩短加载时间(单击右键，在弹出上下菜单中选择"Unload")。分割区块后会产生一个 KML 文件，用户可以通过该文件预览分割后的子区块。这个 KML 文件储存在项目文件夹下，文件名为"myBlocksub-block-regions. kml"。

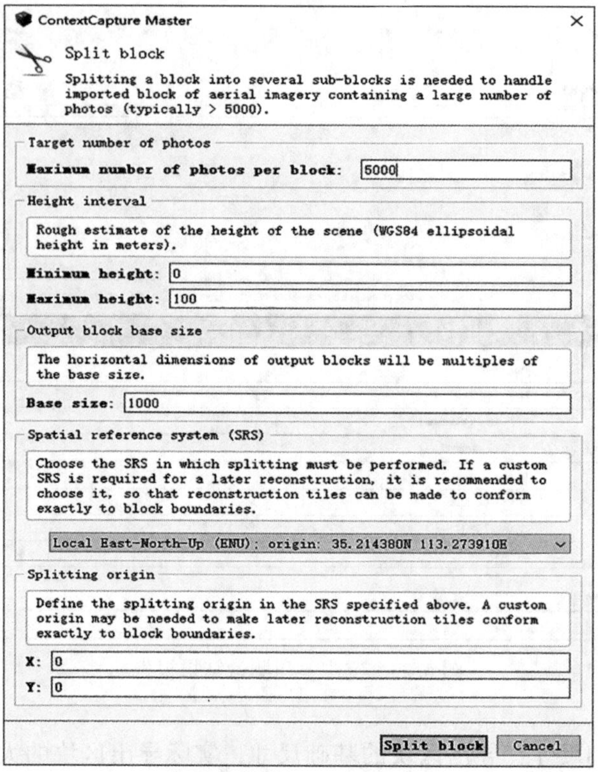

图 6.24　区块分割

2)导出区块

区块属性可以导出 XML 和 KML 两种格式。

(1)导出 XML。菜单"区块"→"导出"→"导出 XML"。将区块主要属性导出为 ATExport XML 格式，其包含了每一幅影像的内外方位元素数据。

ImagePath：影像文件的路径。

ImageDimension：影像的高宽像素值。

FocalLength：焦距的像素值。

AspectRatio：影像的宽高比。

Skew：影像倾斜值。

PrintcipalPoint：影像主点的像素值。

Distortion：镜头畸变参数。

Rotation：影像旋转角。

Center：影像中心坐标。

ATExport XML 格式仅用于导入第三方软件使用，它不能被 ContextCapture Master 重新导入。

(2)导出 KML。菜单"区块"→"导出"→"导出 KML"(仅适用于具有地理参考的区块）。将影像的坐标和其他属性导出为 KML 文件，导出的 KML 文件可以在标准的 GIS 软件或 Google Earth 中显示影像的位置。

3）加载/卸载区块

从当前项目中加载或卸载区块，卸载区块能够节省内存和缩短项目加载时间。

（1）卸载区块。在项目树中，选择需要从当前工程中卸载的区块。在"区块"菜单中，选择"卸载"，如图 6.25 所示。当区块被卸载后，该区块的图标以灰色在项目树中显示。

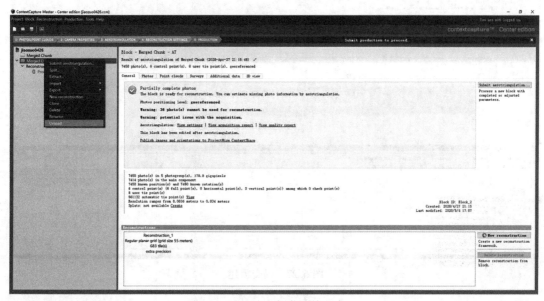

图 6.25　卸载区块

（2）加载区块。在项目树中，选择已经被卸载的区块。在"区块"菜单中，选择"加载"。

4）分布式图形处理

使用 ContextCapture Master 进行图形处理时，往往需要很多时间，而使用多台计算机的 ContextCapture 引擎进行分布式处理，则可以大大节省时间。按以下步骤设置即可。

（1）分布式处理需要另外安装 ContextCapture Center 软件，并且每台机器上都要保证它是激活状态，如图 6.26 所示。注意：它有别于单纯的 ContextCapture Master，在 License 管理工具里也是分开显示的。

图 6.26　分布式处理设置

（2）保证多台计算机在同一内网环境中，然后将要处理的文件路径指定在一个内网服务器上（所有计算机都能正常访问，并且一定要保证具有写入权限）。然后如图 6.27 所示，调出"ContextCapture Settings"对话框，在标记处选择之前指定好的服务器文件路径。

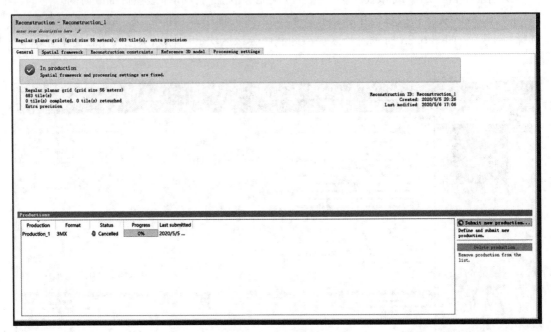

图 6.27　提交重建

（3）打开 ContextCapture Center 开始执行图形处理，也可以通过打开 Tools 下的 Job queue Monitor 查看当前图形处理的状态及参与的计算机引擎个数等。

7. 重建

一个重建项目管理一个三维重建框架（包含空间坐标系、建模区域、瓦片设置、处理设定等），基于一个重建项目可以建立一个或多个生产任务，图 6.27 为提交重建界面。

重建包含以下 4 个属性。①空间框架设定了空间坐标系、目标建模范围及瓦片设置；②模型管理功能管理重建的三维模型瓦片，用户可以从这里对每一块瓦片进行修正后再导入；③处理设定包括建模的几何精度（高或最高）以及一些其他设定；④生产任务列表。

执行生产任务前必须先对空间框架和处理设定进行设定。生产任务一经提交，空间框架将变为只读，不可再更改。如果需要更改，需要使用"克隆"功能建立一个新的重建项目才能重新对空间框架进行修改编辑。

1）重建信息面板

重建信息面板提供了重建任务的状态信息以及主要的空间框架设置，重建信息面板列出了重建包含的生产任务列表，如图 6.28 所示。

一个重建项目下可以建立多个生产任务，它们将包含同样的重建设置（坐标系、瓦块设置、建模范围、处理设置等），从概述选项卡内可以执行以下操作。

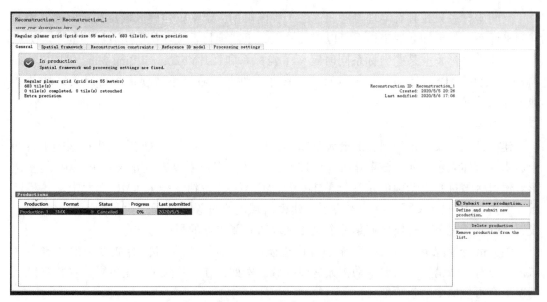

图 6.28　重建信息面板

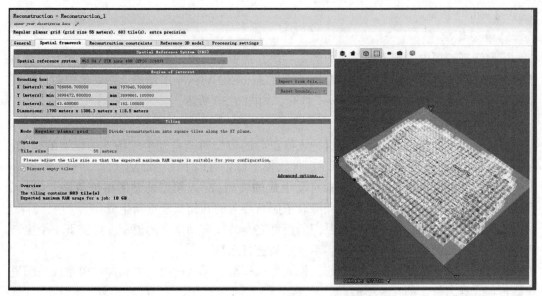：定义并提交一个新生产任务。

：从列表中删除一个生产任务。此功能只是从列表中删除生产任务项，所有已经生产输出的文件将不会被删除。

2）空间参考框架选择

空间框架选项卡管理重建项目的三维空间设定，包括坐标系、建模区域和瓦块设置，如图 6.29 所示。提交生产任务前必须先设定空间框架，生产任务一经提交，空间框架选项卡将变成只读，无法修改。

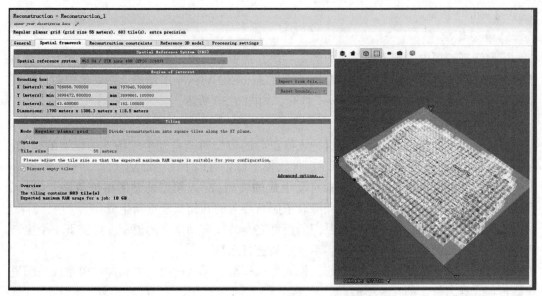

图 6.29　重建设置

空间坐标系只在具有地理参考属性的工程内可用，定义了建模区域及瓦片设置使用的空间坐标系，任何知名的坐标系可以直接输入。重建项目系统默认使用以区块的中心为原点的东北天坐标系。某些坐标系同时定义了坐标系和瓦片设置，如 Bing Maps Tile System（输入"BINGMAPS：15"）。对不具有地理参考属性的工程，重建项目将自定义区块的本地坐标系统。

3）建模区域

建模区域定义了重建项目的最大范围，建模区域通过一个三轴与重建坐标系轴平行的半透明立方体表示。如果该重建带有地理参考属性，用户可以通过导入一个 KML 的多边形对建模区域进行更精确的定义。单击"从 KML 导入"按钮，导入 KML 文件定义建模区域。因为 KML 只定义了二维的多边形，建模区域的高度设定必须通过界面上的 Z_{min}/Z_{max} 设置。默认情况下，建模区域是一个包含区块所有要素点的最小立方体。

绝大部分情况下，建议手动缩小默认建模区域，以去除背景内容或多余的要素点区域。但也有少数情况下需要手动扩大建模区域，例如，在一片大平地上的单一高楼在默认情况下有可能缺少建筑顶部。

4）瓦片设置

设置三维瓦片的分割设置，ContextCapture Master 处理的三维场景往往涉及大片区域甚至整个城市，这样大规模的模型无法在计算机的内存中载入，因此模型需要被分割成较小的瓦片以便于处理运算。可选择的瓦片设置模式有 3 种。

（1）不分割：整个模型不分割瓦片。

（2）规则二维网格：把重建区域在 X、Y 平面上分割成规则的正方形瓦片。

（3）规则三维网格：把重建区域分割成规则的正方体瓦片。

进行瓦片设置时，可以按需自定义瓦片尺寸及瓦片原点（单击"高级选项"）；也可以通过在预览窗口选择瓦片，对瓦片分割进行预览。对应包含地理参考属性的重建任务，瓦片设置可以导出为 KML 格式（菜单"重建"→"瓦片"→"导出 KML"），用以在 GIS 工具或 Google Earth 中预览。

5）模型管理

模型管理选项卡管理重建任务内的每一块瓦片模型，可以对它们进行修正导入以及重置。模型管理中的每一块瓦片模型都能独立在 Acute3D Viewer 中预览；在菜单中对目标模型瓦片右击，并选择"Acute3D Viewer"打开，如图 6.30 所示。

6）导入修正瓦片

修正瓦片中的错误或漏洞。通过导入修正后的模型对全自动生成场景的模型的错误、漏洞等问题进行修正，如图 6.31 所示。导入模型修正有以下两个级别。

几何模型：修正的几何模型替换自动生成的模型（导入模型的贴图将被忽略），导入后模型的贴图将在提交下一个生产任务时依照新导入的几何模型重新生成。

几何模型与贴图：修正的包括贴图的模型完全替代自动生成的模型，提交下一个生产任务时贴图将按照导入模型的贴图，不会重新进行运算。

执行模型修正的流程为：①以修正模式生成模型；②通过第三方软件对模型或贴图进行修正；③导入修正的瓦片模型。

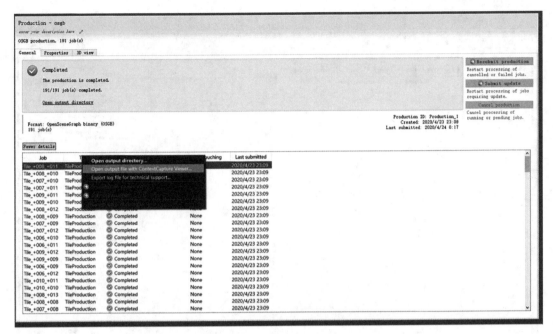

图 6.30　Acute3D Viewer 打开

为保证修正模型成功导入，它们的文件夹命名及文件命名必须与原始输出的模型保持一致。有效修正模型路径及命名：/Tile_xxx/Tile_xxx_yyy.obj。修正模型成功导入修正模型列表中后，用户可双击"修正"来修改导入级别设置。

7)重置瓦片

清空已建立的该瓦片的所有模型及贴图，包括全自动生成的和手动导入的。一个所有瓦片重置并删除所有生产任务的重建项目，它的空间框架和处理设置将重新变成可编辑状态，用户可以重新改变设置并做进一步的运算。

8)处理设置

处理设置选项卡包含了重建运算的设置功能，包括模型几何精度和高级设置等。提交生产任务前必须设置处理设置，如图 6.32(a)所示，一旦生产任务提交后，处理设置将变成只读，不可再进行编辑。

(1)几何模型精度。本选项设置了针对原始影像的匹配及几何建模精度。

最高(默认)：最高级的精度，生产的文件会较大(建模精确到 0.5 个原始影像的像素)。

高：高精度，生产的文件较小(建模精确到 1 个原始影像的像素)。

(2)像对选择参数。本选项允许对立体像对的挑选算法进行设定，以提高工作效率。

通用(默认)：对绝大多数数据适用。

航空摄影：针对规律性的航空摄影数据优化，适用于常规平行航线方式来回飞行并具有基本固定相机对地角度的情况。

(3)高级设定。高级设定只能通过特殊的预设值文件进行配置，它们能直接控制所有与重建相关的设置。

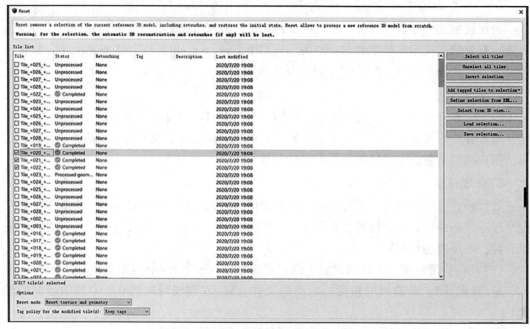

图 6.31　导入瓦片与重设置

瓦片选择：对于应用了瓦片分割的重建项目，用户会在工作流的很多操作中需要使用瓦片选择功能，即对瓦片集进行重置、生产选定的瓦片集等，如图 6.32(b)所示。

(4)通过 KML 文件定义选择集。对于有地理参考的重建项目，用户可以通过一个 KML 定义的多边形来定义一个选择集，导入后重建项目中任何与这个多边形相交的瓦片都会被自动选中。

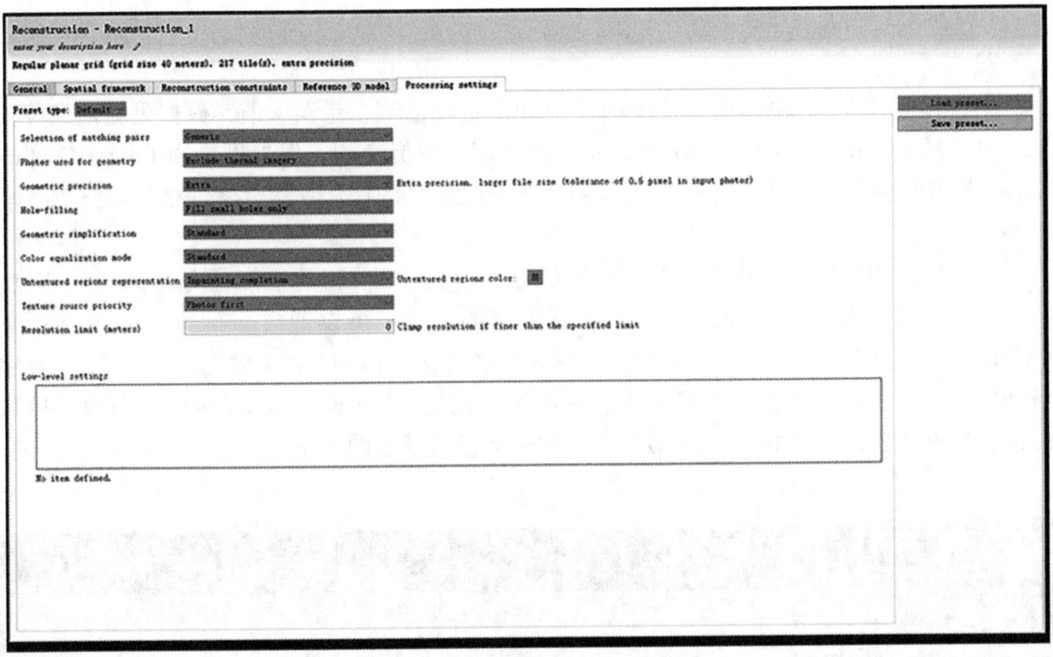

（a）

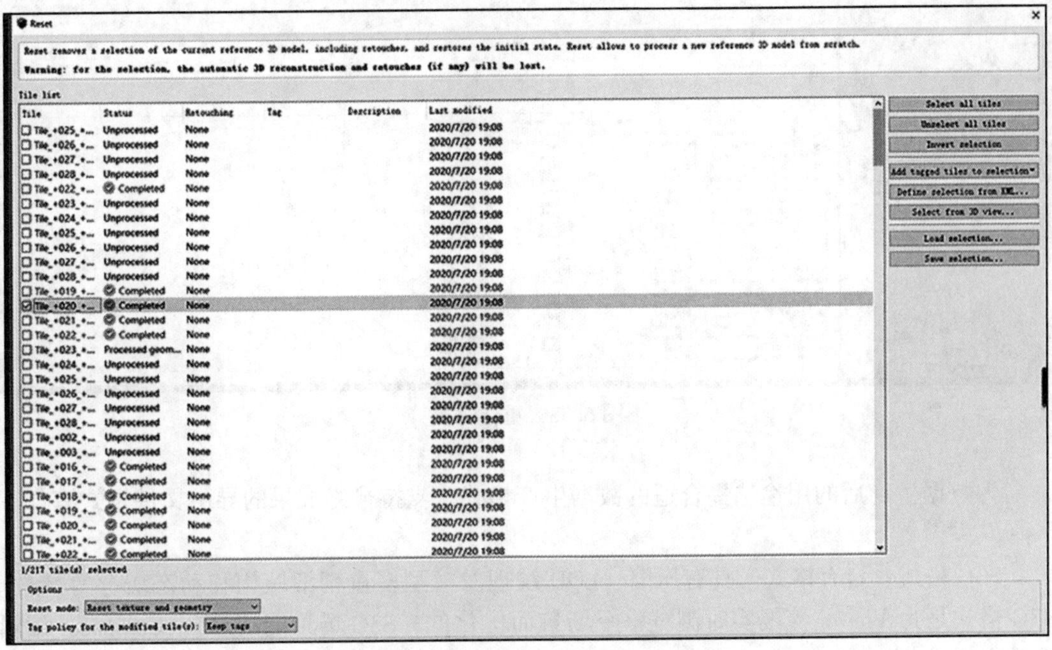

（b）

图 6.32 处理设置与瓦片选择

（5）载入/保存选择集。瓦片选择集可以以一个文本文件的形式保存并载入，并且可以自由以任何文本工具创建。

选择集样例文本：

Tile_+000_+001_+001

Tile_+000_+002_+000

9）生产

生产任务管理三维模型生成的操作，提供了进度监测、错误反馈、模型更新信息等功能。生产任务是由 ContextCapture Master 主控台定义并提交的，但处理是由 ContextCapture Engine 引擎端执行的。一个生产任务是由以下属性定义的：瓦片集、文件格式和选项、输出路径。

在重建选项卡中，单击"提交新生产任务"，建立一个新的生产任务，如图 6.33 所示。输入生产任务名称和简述；选择需要生产的瓦片；可以通过多种方法定义选择集（KML 导入、TXT 导入等）；选择建模的用途，最终成果模型（生产优化的带有 LOD 金字塔结构的模型供 Viewer 或其他第三方软件浏览应用），中间成果模型（生产带有重叠区域的最高精度级别的 OBJ 模型，供第三方软件进行模型及贴图修正工作）。

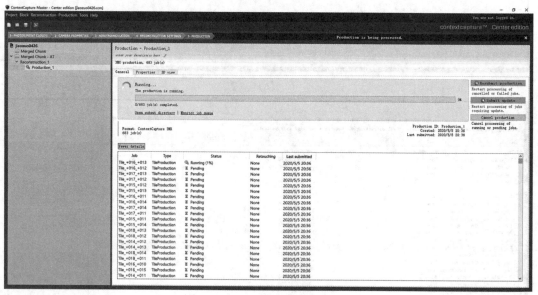

图 6.33　重建进程

为数据生产后的用途选择合适的数据生产格式。支持最终成果的导出文件格式有如下 4 种。

S3C 格式：自有格式，具有压缩、LOD 纹理及模型多重精细结构和动态缓存等特性。S3C 格式是为 Viewer 流畅实时浏览整个场景而优化的，S3C 场景能用 SceneComposer 编辑修改。

OBJ 格式：一个被绝大多数三维软件兼容的开源数据格式。OBJ 只支持单一精度级别的贴图和模型。

Open Scene Graph Binary（OSGB）：开源的 OSG OpenSceneGraph 库自有的二进制格式，具有动态模型精度级别及缓存等特性。

LOD tree export：一个具有多重精度级别的树状三维模型交换格式，基于 XML 文件作为描述及 DAE 格式作为模型文件格式。

在生产任务及数据导出格式相关选项，可用的选项有生产贴图(生产模型时是否生成贴图)、贴图压缩(选择贴图压缩质量级别：50%、75%、90%)、保留不含贴图的三角面(某些情况下，即使场景的某些部分在原始影像中不可见，ContextCapture Master 仍然能够通过周围结构的关系来还原这部分的几何模型，用户可以通过这个选项来选择保留这样的三角面)、不含贴图的三角面的颜色(如果用户在上一个选项中选择保留三角面，就可以通过这个选项来自定义这些三角面的颜色)。

然后，选择空间坐标系，对具有地理参考的重建任务，用户可以通过这个选项选择空间坐标系(只对 LOD 树状格式可选)，确定生产输出路径。

最后单击"提交"按钮，提交生产任务。生产任务一经提交后，处理运算是在 ContextCapture Engine 引擎端运行的，ContextCapture Master 主控台可以继续进行其他工作，或者关闭，不会影响生产任务的运算。

在生产任务的概述选项卡可以查看、管理生产任务的执行进度信息。

重新提交生产：重新提交取消或失败的瓦片生产任务。

提交更新：重新运算已经失效的生产任务(如导出修正模型后)。

取消生产：取消运算中或列表等待的生产任务。

10) 重建成果

三维瓦片模型已经生成，便会被保存在预设的输出路径目录内。单击"打开导出路径"，通过 Windows 资源管理器打开目标目录。如果以 S3C 格式输出，在安装了 Acute3D Viewer 的系统上，可以直接双击导出目录下的 S3C 文件，打开三维场景。在属性选项卡中提供了生产任务的主要设置信息。重建成果如图 6.34 所示。

图 6.34　重建成果

11）任务序列监视器

任务序列监视器是一个独立的任务序列状态显示界面。如果工作集群内包含多个任务序列，监视器允许通过下拉式菜单切换选择不同任务序列。任务序列状态监视器能够显示以下任务序列信息。

（1）引擎：显示任务序列中活动的引擎数量。

（2）等待任务：显示任务序列中等待被处理的瓦片数量。

（3）运行任务：显示任务序列中正在被运算的瓦片数量。

（4）失败任务：显示任务序列中运算失败的瓦片数量。

8. 模型修正流程

某些情况下，生成的三维模型会带有一些错误需要修正（如影像没有包含的位置、高反光的部分、水面等），这种情况下可以通过 ContextCapture Master 的模型修正流程对几何模型或贴图进行修正，之后再导入包含修正贴图的模型，进行下一步的数据生产导出。在大多数情况下，建议通过以下流程进行模型修正作业。

（1）建立需要修正模型瓦片的选择集。建议首先输出一份 S3C 格式的场景模型并用 Acute3D Viewer 打开。

使用"菜单"→"工具"→"瓦片选择"功能，批量选中需要修正的模型，并把选择集导出成 TXT 文档保存。

（2）建立输出中间成果的生产项目。从当前重建任务中提交一个输出中间成果的生产项目选择集；手动从瓦片列表中勾选；导入上一步导出生成的瓦片选择集 TXT 文件；导入一个 KML 文件来定义需要导出的瓦片的范围。

用途：选择"中间成果"。

格式：OBJ。

选项：保留没有贴图的三角面（往往对模型的手工修正有帮助）。

保留导出文件的目录架构以便稍后导入 ContextCapture Master 主控台，也可以选择对模型修改前用"保留备份"这个选项进行备份。建议在对模型修改前备份模型，以免数据丢失。

（3）通过第三方三维编辑软件进行修正。通过选用的三维编辑软件对导出的模型进行修正，通用的软件有 Autodesk 3DS Max、Rhinoceros 3D、Autodesk Maya、Autodesk Mudbox、Autodesk MeshMixer、MeshLab 等。

（4）最后，导入修正的模型回到原始重建项目中。

6.3.3　ContextCapture 软件实景三维模型生产

1. 创建工程

打开 ContextCapture Center Master 软件，首先点击"New project"，建立新的 block，然后导入 photos 文件，设置相机像素、像幅和焦距（Focal Length）等参数。

（1）打开 ContextCapture Center Master 界面，如图 6.35 所示。

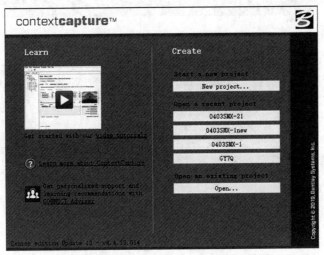

图 6.35 ContextCapture Center Master 界面

（2）选择新建工程，输入工程名称和路径，如图 6.36 所示。

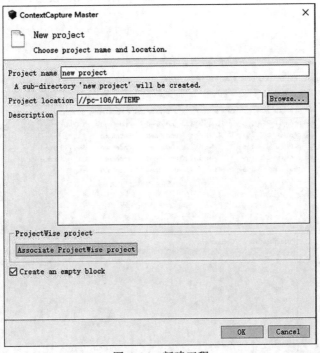

图 6.36 新建工程

（3）建好工程后，进入工程主界面，如图 6.37 所示，选择"Photos"选项，然后点击"Add photos"按钮，添加需要建模的照片。添加影像，可以选择单张添加和整个文件夹添加两种方式。这里添加整个文件夹，添加完成后会出现我们所添加的内容。

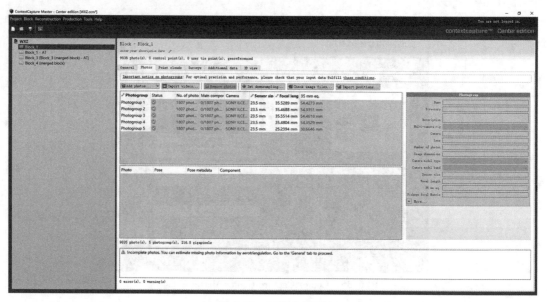

图 6.37 工程主界面

(4)添加建模影像后，点击"Import positions"，添加 POS 数据，添加完成后如图 6.38 所示。

Photogroup	Status	No. of photo:	Main compor	Camera	Sensor siz	Focal leng	35 mm eq.
ILCE-5100	✓	366 photo(s)	366/366 p...	SONY ILCE...	undefined	undefined	55.2867 mm
ILCE-5100	✓	363 photo(s)	363/363 p...	SONY ILCE...	undefined	undefined	54.7828 mm
ILCE-5100	✓	368 photo(s)	368/368 p...	SONY ILCE...	undefined	undefined	54.7799 mm
ILCE-5100	✓	369 photo(s)	369/369 p...	SONY ILCE...	undefined	undefined	54.7434 mm
ILCE-5100	✓	368 photo(s)	368/368 p...	SONY ILCE...	undefined	undefined	55.1699 mm

Photo	Pose	Pose metadata	Component
10409.JPG	Complete	Position	Main
10410.JPG	Complete	Position	Main
10411.JPG	Complete	Position	Main
10412.JPG	Complete	Position	Main
10413.JPG	Complete	Position	Main
10414.JPG	Complete	Position	Main
10415.JPG	Complete	Position	Main
10416.JPG	Complete	Position	Main
10417.JPG	Complete	Position	Main
10418.JPG	Complete	Position	Main

1834 photo(s), 5 photogroup(s), 44.0 gigapixels

图 6.38 添加 POS 数据后的主界面

(5)在添加影像完成后，需要检查影像完整性(包括影像是否丢失、是否损坏)，点击 "Check image files"，如图 6.39 所示，完成影像的检查。

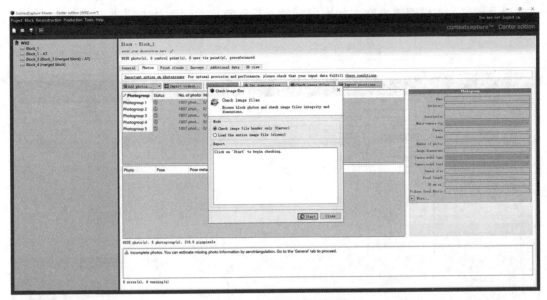

图 6.39　主界面上核查影像

2. 空三加密

空三加密可以多次提交直至符合精度的要求。第一次空三加密完成后添加像控点，添加像控点后再次提交空三加密，完成后以此提交进行精度收敛。具体操作步骤如下。

（1）输入正确影像信息后，在"Block"的"general"选项中，选择"提交空三加密"，如图 6.40 所示。

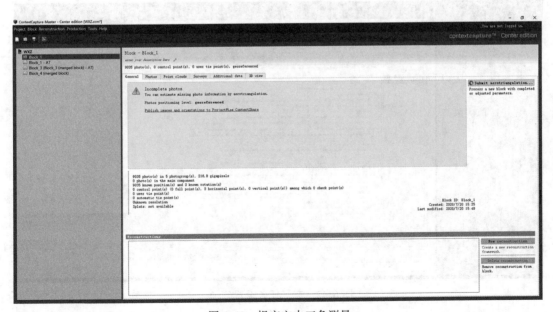

图 6.40　提交空中三角测量

（2）"定义空三加密"对话框弹出，如图6.41所示。可以设置AT的名称，定位、参考方式以及设置。本样例数据空三加密定义的对话框直接按照默认方式进入下一步，最后提交。

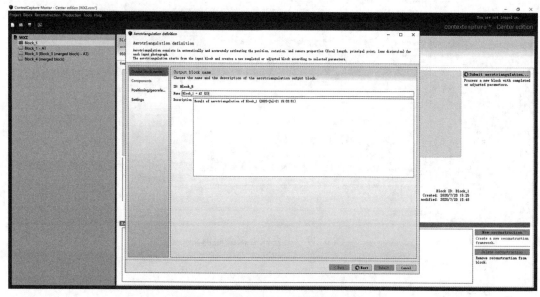

图6.41　"定义空中三角测量"对话框

（3）在"Name"栏中设置空三任务的名称，点击"Next"按钮，弹出窗口界面依次如图6.42和图6.43所示。

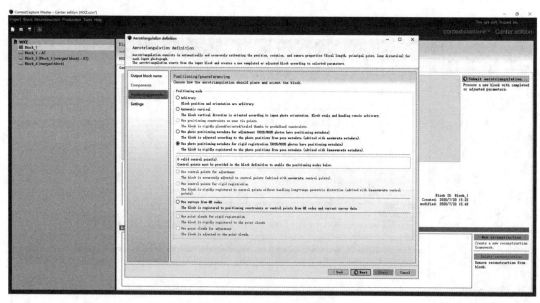

图6.42　空三任务设置（一）

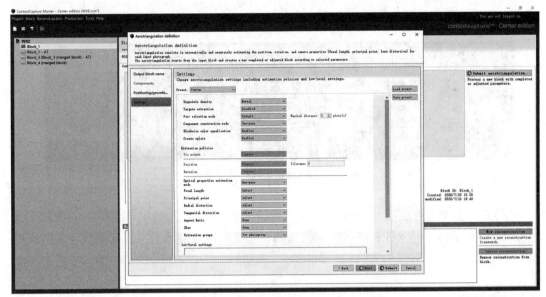

图 6.43　空三任务设置(二)

(4)选择默认设置，点击"Submit"按钮，提交空三任务，左侧的任务栏会显示提交的空三任务。打开监控界面可以查看空三的处理进度，如图 6.44 所示。

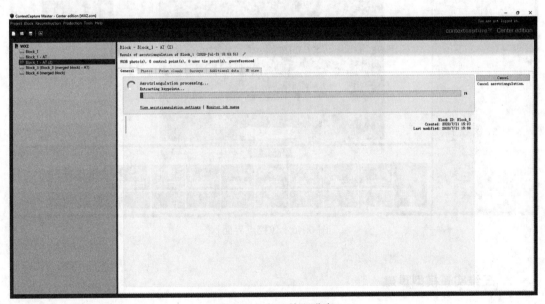

图 6.44　空三处理进度

(5)点击"View quality report"按钮，可以查看空三报告结果。

打开 ContextCapture Center Engine，界面如图 6.45 所示。AT 运算和模型重建需要 Engine 来完成。通过 Engine 可以看见软件版本及空三开始计算时间。

图 6.45　ContextCapture 引擎界面

（6）第一次空三完成后，点击"Surveys"按钮，进入像控点界面，如图 6.46 所示，选择 Common formats，导入像控点进行像控量测，完成像控点量测后，再次提交空三直至符合精度要求。

图 6.46　像控点界面

3. 三维实景模型重建

（1）空三完成后，左侧工程栏信息框中会出现 Block-AT，点击"Block-AT"，然后点击右下角的"New reconstruction"（新建重建项目），如图 6.47 所示。

（2）重建过程完成后，工程信息栏中会出现 Reconstruction_1，软件界面的任务栏会自动生成 Reconstruction。Reconstruction 界面包括 General、Spatial framework、Reconstruction constraints、Reference 3D model、Processing settings 五个设置选项，如图 6.48 所示。

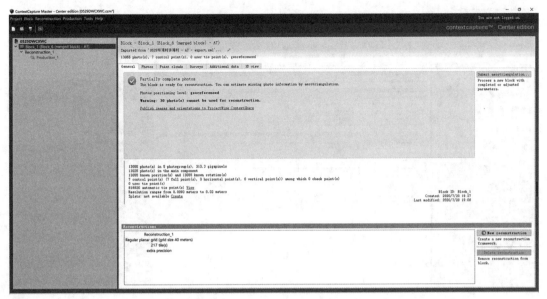

图 6.47 New reconstruction/(新建重建)项目

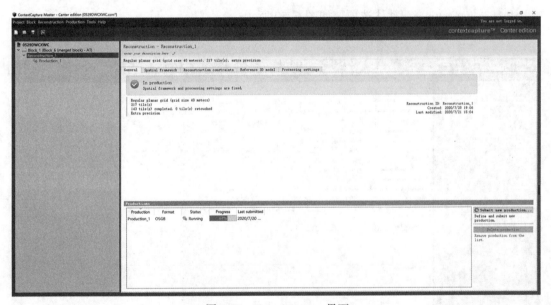

图 6.48 Reconstruction 界面

（3）在 Spatial framework/(空间框架)选项页，如图6.49 所示，对于大块的数据，要选择分块处理。在 Mode 下拉菜单中选择第二项"regular planar grid"，Tile size 的值软件会根据计算机性能给出一个参考值，使用默认或者重新定义任意数字。

Spatial reference system：选择了软件自动生成的默认坐标系统(也可以根据自己的需求添加)。

Mode：选择 Regular planar grid。

Tile size：根据内存设置合理大小(块大小不超内存的 1/3)。

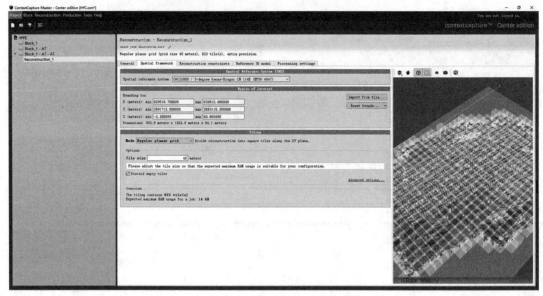

图 6.49　Spatial framework/(空间框架)选项

Processing settings：默认选项，如图 6.50 所示。

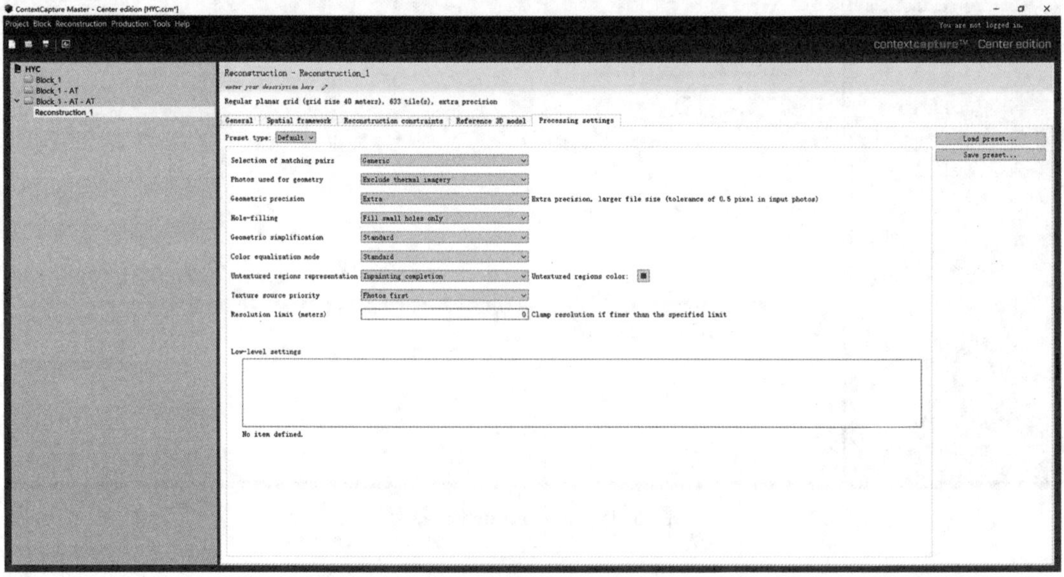

图 6.50　Processing settings 选项

4. 提交三维模型生产

在 Reconstruction_1 项下，右键或右下角"Submit new production"(提交新的生成项目)，弹出"Production"(生产项目)定义；首先是"Name"(名称)，输入产品名称和描述，如图 6.51 所示。

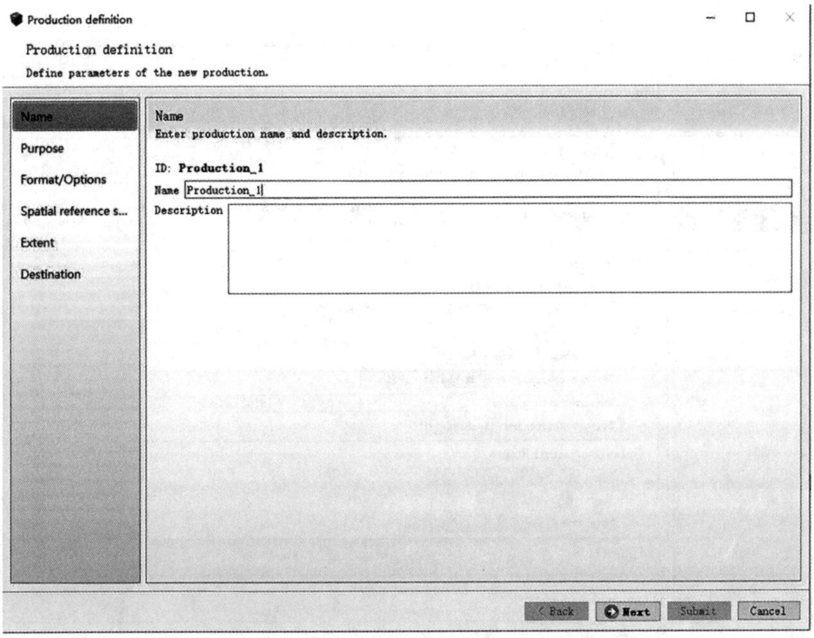

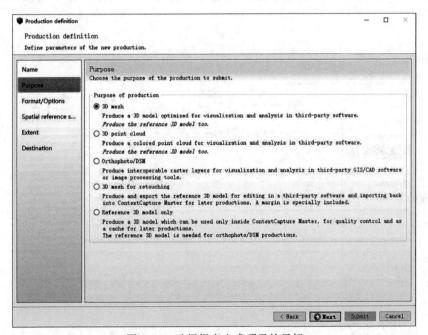

图 6.51 Production(生产项目)定义

点击"Next",如图 6.52 所示,选择提交生成项目的目标。

图 6.52 选择提交生成项目的目标

点击"Next",如图 6.53 所示,选择生成项目的输出格式和选项,包括纹理贴图压缩比例和 LOD 细节层次。

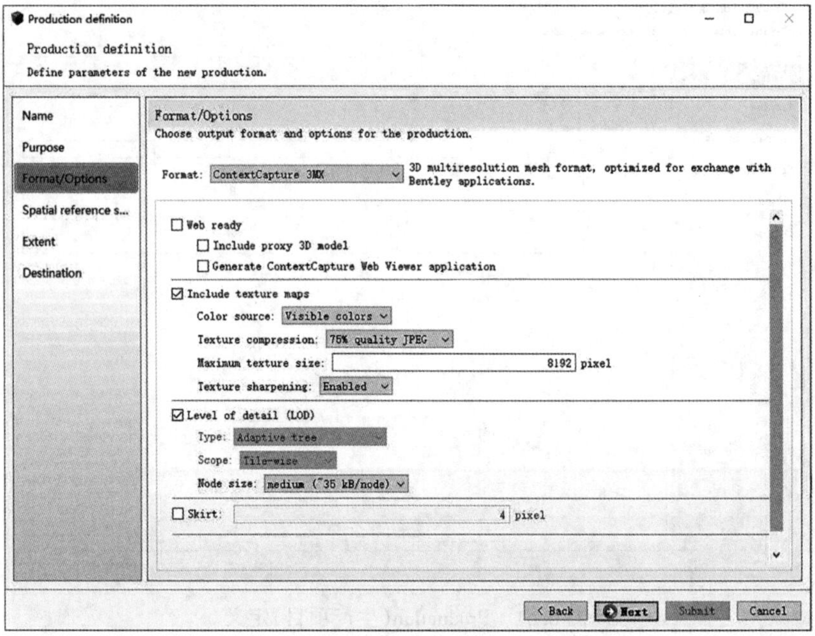

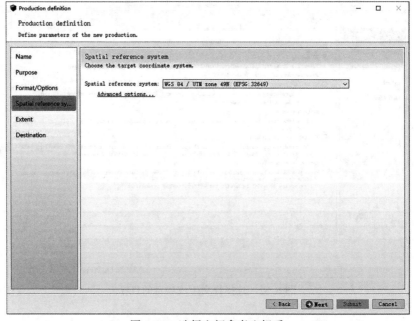

图 6.53　选择生成项目的输出格式和选项

点击"Next"，如图 6.54 所示，选择空间参考坐标系，具体根据项目技术要求进行选择。

图 6.54　选择空间参考坐标系

点击"Next"，如图 6.55 所示，选择成果存放的输出路径。

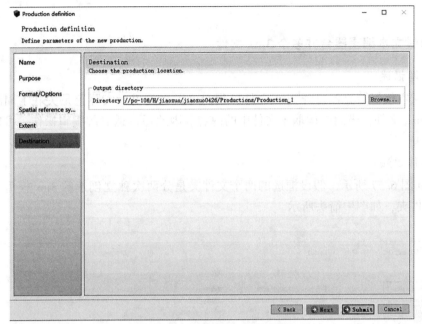

图 6.55 选择成果存放的输出路径

点击"Submit"（提交），如图 6.56 所示，任务栏中点击"产品"，可以查看产品生产过程的进度和属性等信息，更多细节中可查看具体瓦片的进度信息；等到进度条完成，生产过程结束。

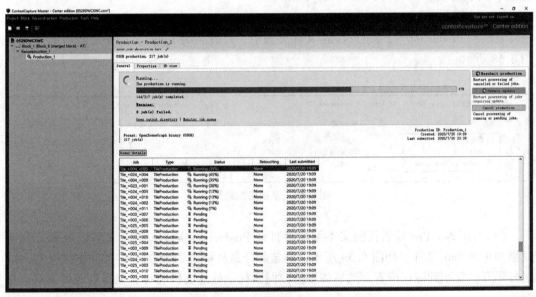

图 6.56 产品生产过程的进度和属性等信息

6.3.4　ContextCapture 相关问题

1. 通过文本编辑器合并多个 3mx 文件

1）问题描述

通过文本编辑器直接打开 3mx 文件，我们可以看到里面实际上是关联了同路径文件夹中的 3mxb 文件，进而再读取子文件中的内容。因此通过适当的编辑操作，可以实现多模型的合并。

2）操作方法

（1）如图 6.57 所示，假设框选的两个文件夹是分两次独立创建的 3mx 模型。新建一个新的文件夹，如图中箭头所示。

图 6.57　新建文件夹

（2）以图 6.57 所示的路径为例，找到"H：\ TEMP \ CC-Test01 \ Production_1 \ Scene"，将 Scene 文件夹拷贝到 Production_12 中，并将 Scene 中的 Data 文件夹改名为 Data1，而 3mx 文件改名为 Production_Merge。

（3）接着复制的是"H：\ TEMP \ CC-Test01 \ Production_2 \ Scene"中的 Data 文件夹，将其复制到 Production_12 下的 Scene 文件夹当中，并改名为 Data2。这样复制后的效果如图 6.58 所示。

图 6.58　复制后的效果

（4）使用 NotePad 或者任何文本编辑器打开 Production_Merge.3mx 文件以及第二个独立模型中的 3mx 文件。如图 6.59 所示，框选部分是从第二个独立 3mx 文件中拷贝的，以逗号隔开，复制到标记位置。然后需要修改圆圈标记处的文件名称，保存后即可预览合并模型。

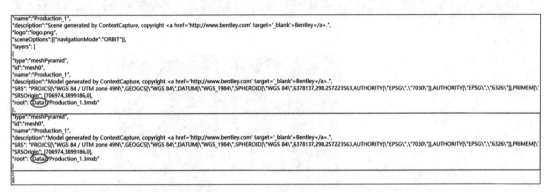

"name":"Production_1",
"description":"Scene generated by ContextCapture, copyright <a href='http://www.bentley.com' target='_blank'>Bentley</a>.",
"logo":"logo.png",
"sceneOptions":[{"navigationMode":"ORBIT"}],
"layers": [
{
"type":"meshPyramid",
"id":"mesh0",
"name":"Production_1",
"description":"Model generated by ContextCapture, copyright <a href='http://www.bentley.com' target='_blank'>Bentley</a>.",
"SRS": "PROJCS[\"WGS 84 / UTM zone 49N\",GEOGCS[\"WGS 84\",DATUM[\"WGS_1984\",SPHEROID[\"WGS 84\",6378137,298.257223563,AUTHORITY[\"EPSG\",\"7030\"]],AUTHORITY[\"EPSG\",\"6326\"]],PRIMEM[\'
"SRSOrigin": [706974,3899186,0],
"root": [Data]/Production_1.3mxb"
},
{
"type":"meshPyramid",
"id":"mesh0",
"name":"Production_1",
"description":"Model generated by ContextCapture, copyright <a href='http://www.bentley.com' target='_blank'>Bentley</a>.",
"SRS": "PROJCS[\"WGS 84 / UTM zone 49N\",GEOGCS[\"WGS 84\",DATUM[\"WGS_1984\",SPHEROID[\"WGS 84\",6378137,298.257223563,AUTHORITY[\"EPSG\",\"7030\"]],AUTHORITY[\"EPSG\",\"6326\"]],PRIMEM[\'
"SRSOrigin": [706974,3899186,0],
"root": [Data2]/Production_1.3mxb"
}
]
}

图 6.59　打开 Production_Merge. 3mx

2. 手动添加尺寸约束

1) 问题描述

对于没有 GNSS 或控制点坐标信息，或者坐标信息不够准确的航片，生成的模型大小可能与实际的有较大偏差，这时可以通过添加 Tie Point 进行尺寸约束。

2) 操作方法

(1) 首先请参考关于添加控制点的方法。

(2) 如图 6.60 所示，选择"add scale constraint"。

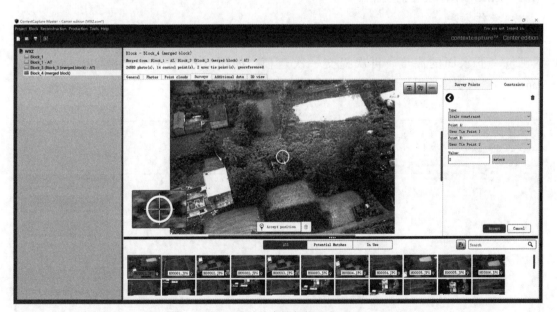

图 6.60　约束添加设置选项

(3) 如图 6.61 所示，约束添加成功后，会显示出来。

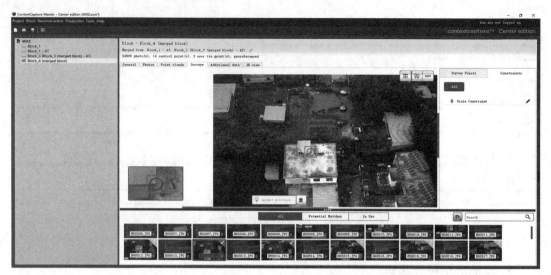

图 6.61　设置成功

3. 水面约束

1）问题描述

对于水面而言，由于特征点较少，软件在计算时很难匹配正确，导致输出模型的水面通常是支离破碎的。软件针对这种情况提供了一个约束工具，用户手动为水面添加平面约束后，输出的水面模型就会非常平整。

2）操作方法

首先，完成空三后，先进行一次常规建模，然后在 Acute 3D viewer 中打开，用测量工具测量一下水面的高度。再次提交一次建模，如图 6.62 所示，选择"Reconstruction constraints"选项，这里提供两种加限制的方式。

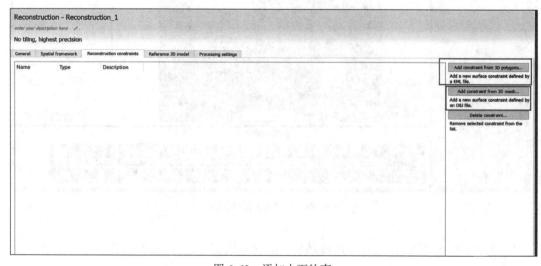

图 6.62　添加水面约束

（1）谷歌地图的 ∗.kml 格式。对 ContextCapture 中已导入照片的 block 点击右键，输出为 ∗.kml 格式，则谷歌地图会根据航片中的 GPS 数据自动匹配到照相的位置；然后如图 6.63 所示，通过在谷歌地图中绘制 polygon 选定水面区域（注意：这里的高度一定要设置正确，可以参考第一次建模后测量出的高度；如果高度不匹配，则 ∗.kml 文件无法导入 ContextCapture），保存这个 polygon 后，会在谷歌地图左侧列表中出现，点击鼠标右键将其保存为 ∗.kml 文件，然后导入 ContextCapture 中，再次进行建模即可。

图 6.63　谷歌地图中绘制 polygon 选定水面区域

（2）导入 ∗.obj 格式文件。如果模型是有地理坐标系的，那么 ∗.obj 文件也要定义相同的坐标系和中心点，高度也要正确。如果用户对 ∗.obj 文件的设置不太熟悉，建议使用谷歌地图的 ∗.kml 文件方式。最后进行建模时，软件会针对手动添加的约束对指定区域进行平面化处理。

案例效果：导入 obj 格式文件修复前、后效果如图 6.64 和图 6.65 所示。

图 6.64　修复前　　　　　　　　　　图 6.65　修复后

209

4. 计算出的模型倒置问题

1）问题描述

对于没有引用 GNSS 坐标或控制点坐标的影像，或者坐标值不够精确的影像，在进行空三运算后，可能会出现模型倒置的问题。这时可以通过添加 Tiepoint 进行 Z 轴方向约束来解决。

2）操作方法

（1）导入影像后，如图 6.66 所示，点击"Add"按钮添加连接点，选中新增连接点号并选择其中一张航片，按住"shift"+鼠标左键来定位第一个点，图中影像上的正方形含圆形图标即为第一个 Tie Point，如选择房顶的一个角。以同样的方式选择第二张影像，在相同位置点击，依次类推，至少要在 3 张航片中标识同一位置。当然影像越多，定位的一致性越精确。

图 6.66　选择航片

（2）同样的方式定义第二个 Tie Point，如选择房顶另一个角与之前房角平行的位置。这样两个 Tie Point 连成的线就可以定义为 Z 轴方向。定义第二个 Tie Point 时，建议使用定义第一个点时用到的那些航片，定义完成后保存工程。

（3）选择添加轴约束。这里的约束可以同样限制 X、Y 方向，可以根据情况使用。

（4）如图 6.67 所示，Point A 选择第一个点，Point B 选第二个点，AB 为 Z 轴方向，点击"Accept"。

图 6.67 点选择

如图 6.68 所示，限制条件被加上了。

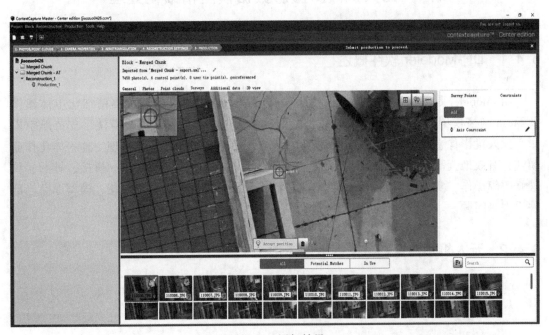

图 6.68 添加结果

（5）如图 6.69 所示，继续进行空三运算，其中一步选择"应用 Tie Point 限制"。

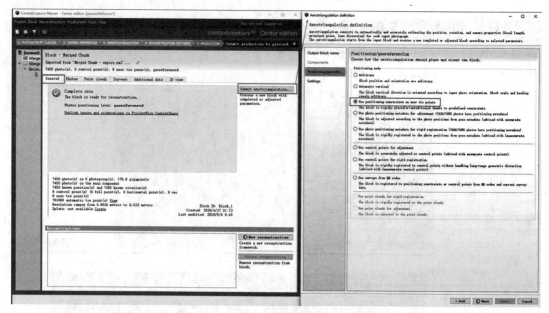

图 6.69　应用

（6）继续进行后续操作，可以看到输出模型不会倒置。

6.4　无人机倾斜摄影数据模型精细化处理

6.4.1　DP-Modeler 软件概述

DP-Modeler 是武汉天际航信息科技股份有限公司自主研发的一款集精细化单体建模及 Mesh 网格模型修饰于一体的新型软件。该软件通过特有的摄影测量算法，支持航空摄影、无人机影像、地面影像、车载影像、激光点云等多数据源集成，实现空地一体化作业模式，有效地提高三维建模的精度及质量；可对实景三维模型进行踏平、桥接、补洞、纹理修改等操作，实现模型整体修饰；解决自动化成果几何变形、纹理拉花、模型浮空、部件丢失等问题。

6.4.2　无人机倾斜摄影数据模型单体化

1. 建筑单体化制作

1）新建模型

点击"解决方案资源管理器"→右键点击"Dpmodel 文件"→点击"新建模型"，如图 6.70 所示。

2) 在建筑顶部设置基准点

点击"工具箱"→"默认工具"→左键激活"设置基准面"→命令属性栏激活"单点模式"→在 mesh 上点击建筑顶部角点，如图 6.71 所示。

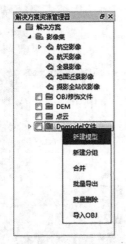 

图 6.70　新建模型　　　　　图 6.71　在建筑顶部设置基准点

在相机视图选择一张下视影像，左键点击一个灰色影像球，此时影像球变橘黄色，投影视图调出相关联下视影像，如图 6.72 所示。

图 6.72　投影视图调出相关联下视影像

3) 在下视影像上采集建筑顶部轮廓

点击"工具箱"→"建模"→"创建"→"多边形"→"一般多边形"→依次点击建筑顶部角

点→右键闭合，结果如图 6.73 和图 6.74 所示。

图 6.73　下视影像上采集建筑顶部轮廓

图 6.74　下视影像上采集建筑顶部轮廓闭合结束

4）切换倾斜影像

点击"相机视图"→鼠标左键点击绿色影像，结果如图 6.75 所示。

图 6.75　切换倾斜影像

5) 创建屋檐结构

点击"挤出柱体"→"封底"→根据倾斜影像挤出柱体,结果如图 6.76 所示。

图 6.76　创建屋檐结构

6) 屋檐纠正

点击"选择要素"→激活"面"→左键点击底部面→"内偏移外扩"→完成,结果如图 6.77 所示。

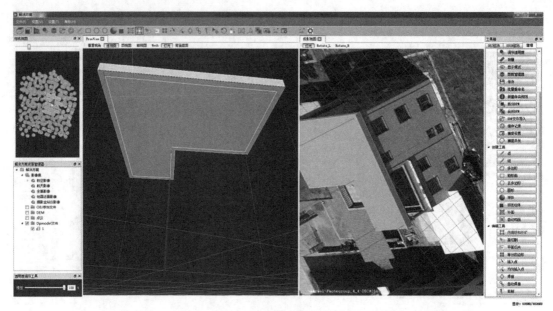

图 6.77   屋檐纠正

7)挤出主体结构

点击"挤出柱体"→根据倾斜影像挤出,结果如图 6.78 所示。

图 6.78   挤出主体结构

8)有顶阳台制作

点击"切割面"→将多余面形状切割出来(图 6.79)→删除多余面→"补面",结果如图 6.80 所示。

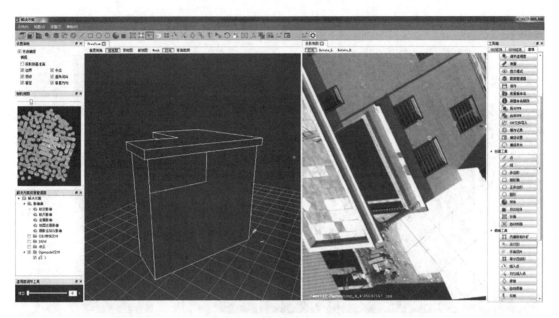

图 6.79 多余面形状切割

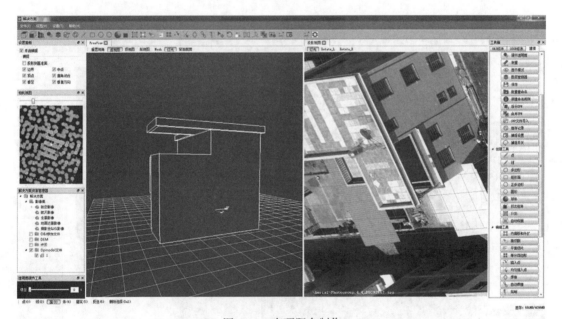

图 6.80 有顶阳台制作

9)女儿墙制作、栏杆制作

点击"相机视图"切换下视影像→"内偏移外扩"(根据影像向内偏移,制作女儿墙厚度,如图 6.81 所示)→"挤出柱体"→切换倾斜影像制作女儿墙高度,结果如图 6.82 所示。栏杆制作与女儿墙制作方法相同。

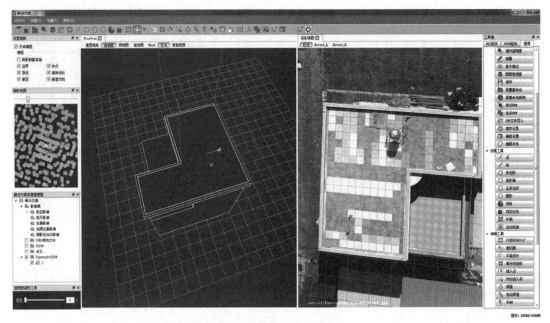

图 6.81　制作女儿墙厚度

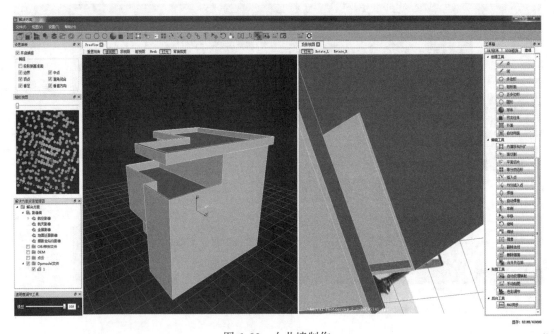

图 6.82　女儿墙制作

10) 附属结构制作(搭连篷房)

设置基准面→"捕捉"设置为投影至基准面(图 6.83)→多边形→挤出柱体→复制面→翻转法线→平移顶点, 结果如图 6.84 所示。

设置面板

☑ 开启捕捉

捕捉

☑ 投影到基准面

☑ 边界　　　☑ 中点

☑ 顶点　　　☑ 直角闭合

☑ 垂足　　　☑ 垂直方向

图 6.83　设置面板

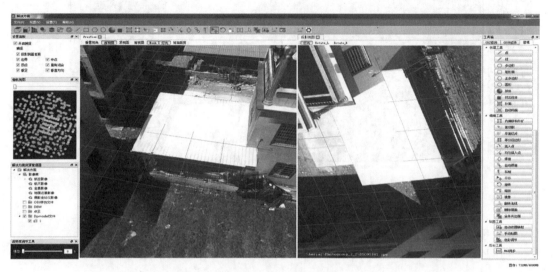

图 6.84　附属结构制作

11）一键纹理贴图

点击"选择要素"→"面"选中需附材质面（如图 6.85 所示，选中面变为黄色）→"自动纹理映射"，结果如图 6.86 所示。

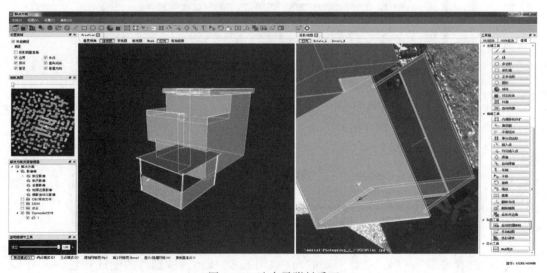

图 6.85　选中需附材质面

图 6.86　纹理贴图

12）纹理修改

（1）Photoshop 路径设置：设置→"全局设置"→图片编辑器路径，如图 6.87 所示。

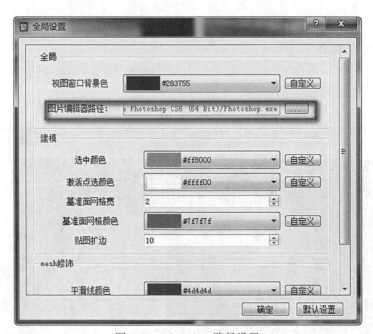

图 6.87　Photoshop 路径设置

（2）"选择要素"→"面"选择需要的面（如图 6.88 所示，所选择的变成黄色）→"手动贴图"→"编辑图片"→Photoshop 修改并保存→"重新加载"，结果如图 6.89 所示。

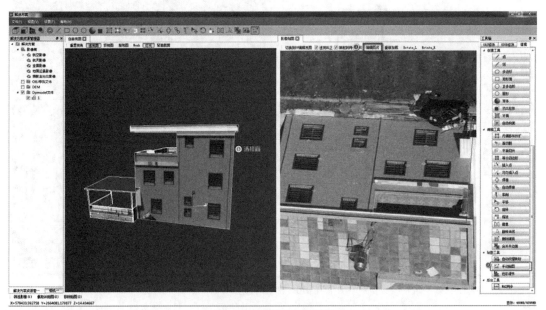

图 6.88 选择需要的面

图 6.89 建筑单体化的成果

2. 古建筑制作

此类建筑模型制作需结合 3DS Max 软件。

（1）打开 DP-Modeler 软件，打开 3DS Max2017 软件，激活联动插件，如图 6.90 所示。

图 6.90　激活联动插件

（2）在 DP-Modeler 采集粗模型，如图 6.91 所示。

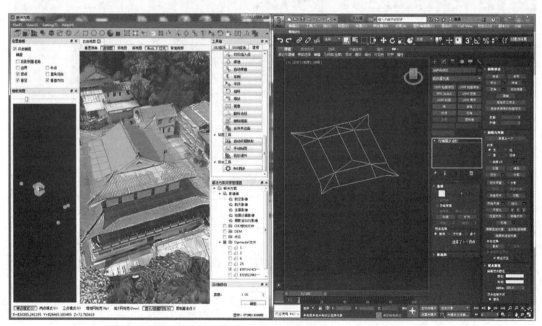

图 6.91　采集粗模型

（3）在 3DS Max 中细化结构，如图 6.92 所示。

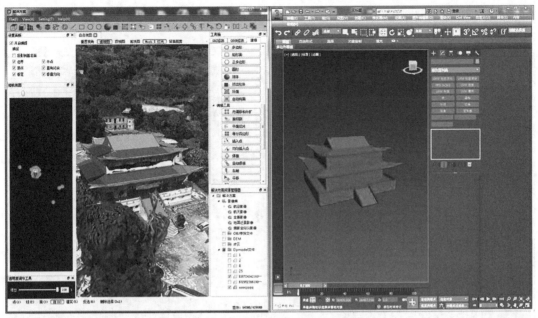

图 6.92 细化结构

（4）DP-Modeler 自动纹理映射，如图 6.93 所示。

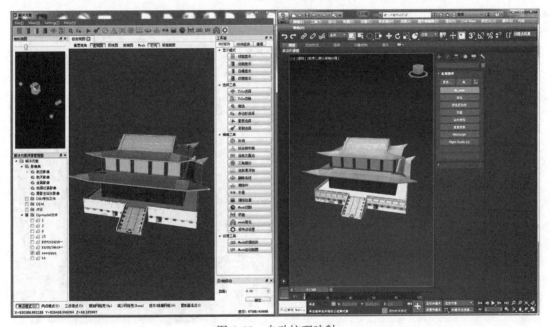

图 6.93 自动纹理映射

3. 电力杆塔制作

此类建筑模型制作需结合 3DS Max 软件。

（1）打开 DP-Modeler 软件，打开 3DS Max2017 软件，激活联动插件，如图 6.94 所示。

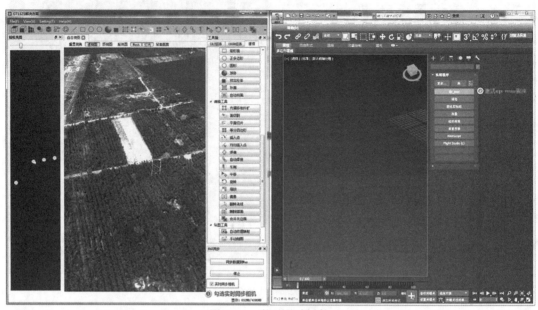

图 6.94　激活联动插件

（2）在 DP-Modeler 采集模型轮廓，如图 6.95 所示。

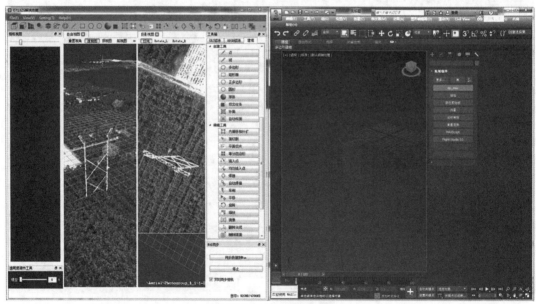

图 6.95　采集模型轮廓

（3）在 3DS Max2017 提取线型，如图 6.96 所示。

（4）选择创建的线，渲染，结果如图 6.97 所示。

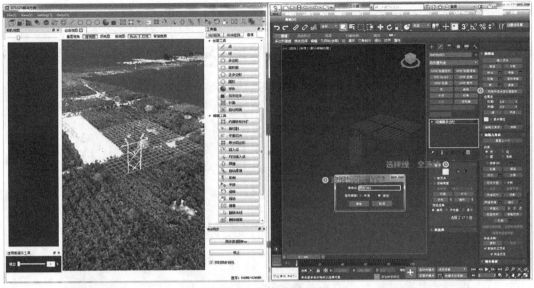

图 6.96　提取线型

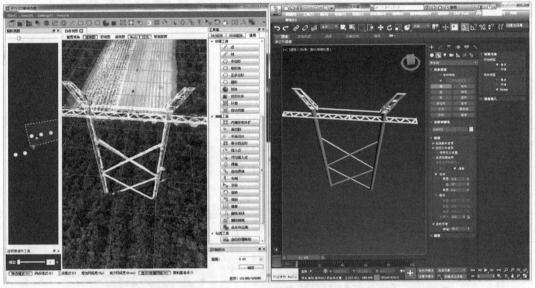

图 6.97　渲染后的成果

6.4.3　无人机倾斜摄影数据模型修饰

1. OBJ 修饰

1）单体化修饰

（1）单个 Tile 内部修饰。

①OBJ 修饰→选择工具→Tile 选择→选择需要修饰 Tile→单击→确认，如图 6.98

所示。

图 6.98 Tile 选择

②选择工具→Mesh 选面、多边形选面等→框选需要修饰建筑，如图 6.99 所示。

图 6.99 框选需要修饰建筑

注意：选择过程中模型不可缩放、平移。

加选：选择工具持续选择。

减选："Shift"+选择工具。

不穿透选择："Alt"+选择工具(忽略背面选择)。

③删除"Delete"(图 6.100)→编辑工具→补洞→双击,如图 6.101 所示。

图 6.100　删除框选建筑物

图 6.101　补删除建筑物的洞

鼠标箭头指向破洞边缘,边缘绿色高亮,即双击。

④纹理工具→Mesh 自动贴图,如图 6.102 所示。

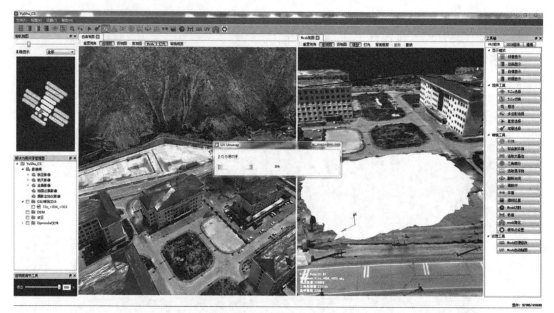

图 6.102　Mesh 自动贴图

　　⑤选择工具→多边形选面等→选择需要修改纹理 Mesh→Mesh 纹理修改→开始修改→图片编辑软件→修改完成后点击"保存"→完成修改，如图 6.103 所示。

图 6.103　Mesh 纹理修改

　　点击"开始修改"前尽量将需要修改区域放大，点击后请勿移动、缩放模型。
　　图片编辑工具：保存"Ctrl+S"，点击"完成修改"后稍等，软件会对修改的纹理进行更新。

（2）两个 Tile 接边位置桥接修饰。

①OBJ 修饰→选择工具→Tile 选择→选择需要修饰 Tile→单击，如图 6.104 所示。

图 6.104 选择需要修饰 Tile

当一栋建筑涉及多块 Tile，可多选，承载 Tile 数量由 PC 端显存决定。

②选择工具→Mesh 选面、多边形选面等→框选需要修饰建筑，如图 6.105 所示。

图 6.105 框选需要修饰建筑

③删除"Delete"→编辑工具→补洞→边界洞模式，如图 6.106 所示。

图 6.106　选择边界洞模式

④补洞，双击选择边界洞(图 6.107)→补洞，如图 6.108 所示。

图 6.107　双击选择边界洞

图 6.108　补洞

⑤选择工具→Tile 切换，如图 6.109 所示。

图 6.109　Tile 切换

单个 Tile 模型修编完成后，需保存：Tile 名称→右键→保存 OBJ。

⑥编辑工具→补洞→边界洞模式，如图 6.110 所示。

图 6.110　选择边界洞模式

⑦纹理工具→Mesh 自动贴图，如图 6.111 所示。

Mesh 自动贴图对象：当前编辑 Tile。

单个 Tile 模型修编完成后，可将贴图一并处理。

图 6.111　Mesh 自动贴图

（3）多个 Tile 交接位置桥接修饰。

①OBJ 修饰→选择工具→Tile 选择→选择需要修饰 Tile→单击"确定"，如图 6.112

所示。

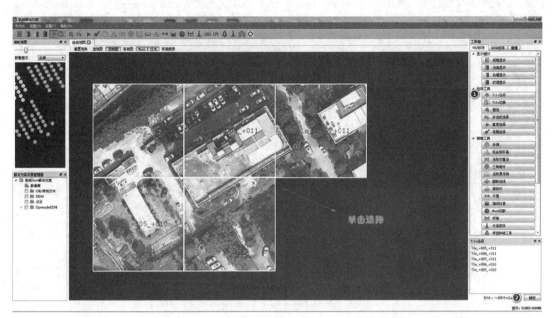

图 6.112　选择需要修饰 Tile

②选择工具→Mesh 选面、多边形选面等→框选需要修饰建筑，如图 6.113 所示。

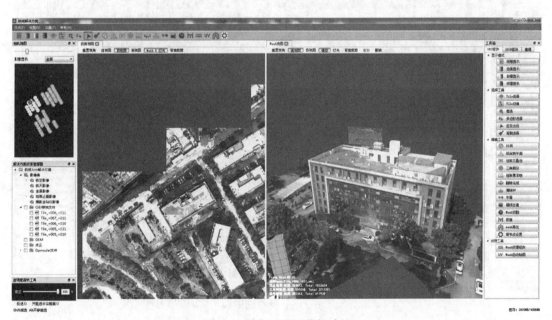

图 6.113　框选需要修饰建筑

选择三角网模型时，可以将模型处于"顶视图"状态。

③拟合到平面，如图 6.114 所示。

图 6.114　拟合到平面

④删除选中面，如图 6.115 所示。

图 6.115　删除选中面

⑤默认工具→桥接，如图 6.116 所示。

图 6.116　桥连

树木连接处网格重新处理，删除，补洞。

⑥纹理自动映射，如图 6.117 所示。

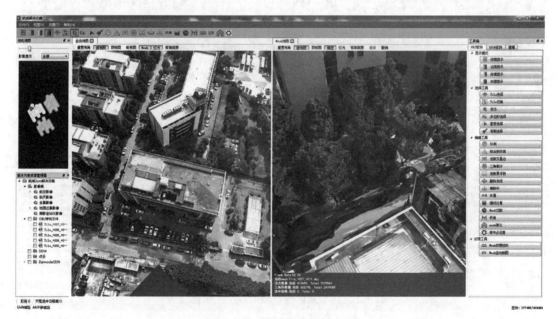

图 6.117　纹理自动映射成果

⑦多 Tile 模型删除后，单个 Tile 缺少一个角，如图 6.118 所示。

图 6.118　单个 Tile 缺少一个角

⑧打开 Tile 网格→默写工具→桥接→"添加面"命令→缺角位置添加一个三角面，如图 6.119 所示。

图 6.119　缺角位置添加一个三角面

添加三角面的大小，保持与 Tile 内三角面大小相仿。

⑨默写工具→"桥接"命令→将缺失边补充，如图 6.120 所示。

图 6.120　补充缺失边

⑩编辑工具→补洞→双击边缘，如图 6.121 所示。

图 6.121　双击边缘

⑪纹理工具→Mesh 自动贴图，如图 6.122 所示。

图 6.122　Mesh 自动贴图

依次将每个 Tile 补充完整，并自动贴图，如图 6.123 所示。

图 6.123　每个 Tile 自动完成贴图

水面修饰同样使用桥接、补洞等功能，可参考建筑地面修饰。

2) 建筑局部修饰

(1) 墙线拉直。

墙线拉直工具→模型选取两点→产生样条线→确定，墙线拉直前、后效果如图 6.124

和图 6.125 所示。

图 6.124　墙线拉直前

图 6.125　墙线拉直后

（2）墙面平整。

①Tile 加载到 Mesh 视图，如图 6.126 所示。

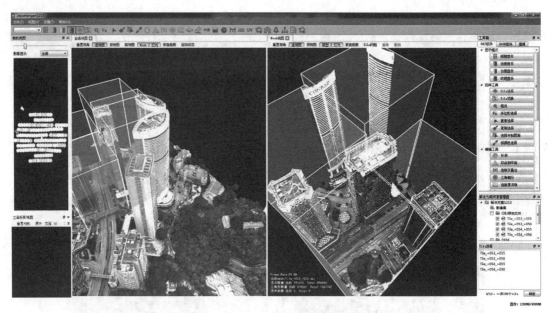

图 6.126　Tile 加载到 Mesh 视图

②多边形选择，按"Ctrl"键选中立面，如图 6.127 所示。

图 6.127　选中立面

③拟合到平面，运用两点模式，在墙面选择两个点(图 6.128)，点击"确定"。平整后的效果如图 6.129 所示。

图 6.128　在墙面选择两个点

图 6.129　平整后效果图

3) 桥隧修饰

①OBJ 修饰→选择工具→Tile 选择→选择需要修饰 Tile→单击"确定"，如图 6.130 所示。

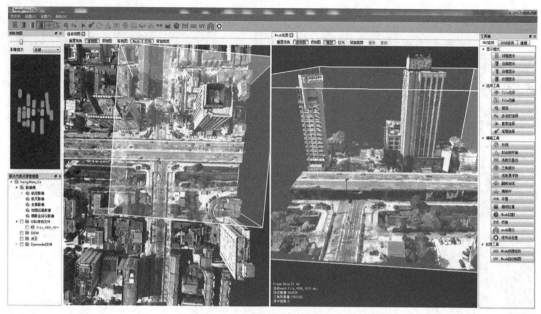

图 6.130　选择需要修饰 Tile

②自由视图→建模→创建工具→线→勾勒范围线→选择范围线，如图 6.131 所示。

图 6.131　选择范围线

③"Mesh 切割"工具→切割 Mesh→调整切割参数→删除，如图 6.132 所示。

图 6.132 删除

④默认工具→桥接→将"侧立面"与底部"路面"分开，如图 6.133 所示。

图 6.133 分开"侧立面"与底部"路面"

⑤使用"补洞"工具将路面补齐，如图 6.134 所示。

图 6.134　路面补齐

⑥Mesh 自动贴图→赋予路面纹理→Mesh 纹理修改→调用 PS 对纹理修改，如图 6.135 所示。

图 6.135　纹理修改

桥底、两侧立面依照此方法进行修改。

4)水域修饰

①使用线功能，沿水域范围勾勒范围线，如图 6.136 所示。

图 6.136 选择线功能

②使用 Tile 选择工具，选择范围内 Tile，如图 6.137 所示。

图 6.137 选择范围内 Tile

③视图→打开 Mesh 视图，如图 6.138 所示。

图 6.138　打开 Mesh 视图

④选择范围线，点击"OBJ 水面修饰"功能，调整范围空间参数，在四周有树的情况下，向上指数尽量调整到合适值，如图 6.139 所示。

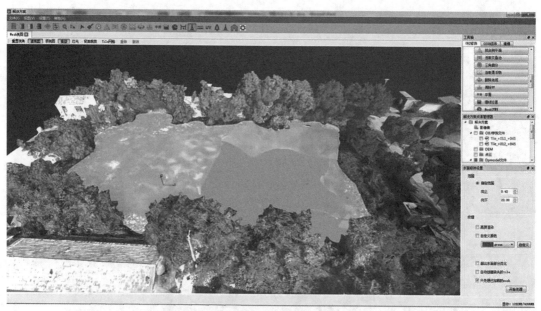

图 6.139　调整范围空间参数

⑤更改纹理方式。现有两种方式，一种为离屏渲染，另一种为自定义填充色，默认将两个都勾选，填充色自定义为当前水面颜色，如图 6.140 所示。

图 6.140　定义填充色

⑥勾选"超出水面优化",自动创建缺失 Tile 及只处理已加载 Tile,如图 6.141 所示。

图 6.141　勾选超出水面优化

⑦点击"开始",处理已加载 Tile,如图 6.142 所示。

图 6.142　处理已加载 Tile 后

⑧点击"Mesh 纹理修改"，开始修改，如图 6.143 所示。

图 6.143　点击纹理修改

⑨完成修改，如图 6.144 所示。

图 6.144　纹理修改成果

批量水面修饰时，可在"自由视图"将水域范围线都勾勒出来，点击"水面修饰"，设置好参数，取消勾选"只处理已加载 Tile"，如图 6.145 所示。

图 6.145　批量水面修饰成果

点击"开始"，处理完成后，将修改的 Tile 加载到 Mesh 视图局部精修。

5）道路修饰

①OBJ 修饰→选择工具→Tile 选择→选择需要修饰 Tile→双击，如图 6.146 所示。

图 6.146　选择需要修饰 Tile

②选择工具→Mesh 选面、多边形选面等→框选需要修饰三角形，如图 6.147 所示。

图 6.147　框选需要修饰三角形

③编辑工具→拟合到平面→平面类型→三点创建→对齐→点击"确定"，拟合前如图 6.148 所示，拟合后如图 6.149 所示。

图 6.148 拟合平面前

图 6.149 拟合平面后

设置 3 个点时，根据周围地形高度进行设置，且分布均匀。点击"对齐"后，查看"透明面"保持与地形一致。

④纹理工具→Mesh 纹理修改→开始修改→图片编辑工具→完成修改，如图 6.150 所示。

图 6.150　完成图片编辑

6）碎片删除

①选择需进行碎片删除的 Tile，如图 6.151 所示。

图 6.151　选择需进行碎片删除的 Tile

②OBJ 修饰，点击"碎片删除"按钮，设置平面类型，设置向下删除，设置参数，如图 6.152 所示。

图 6.152　平面类型参数设置

③点击"确定"，如图 6.153 所示。

图 6.153　设置相应参数处理后的成果

7）悬浮物删除

①选择需进行悬浮物删除的 Tile 加载，如图 6.154 所示。

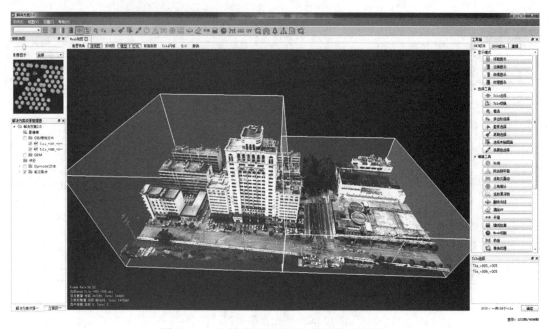

图 6.154　选择需进行悬浮物删除的 tile 加载

②点击选取悬浮物，如图 6.155 所示。

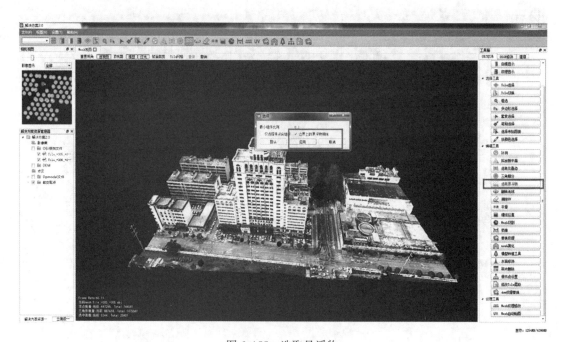

图 6.155　选取悬浮物

③按"Delete"，删除悬浮物，删除前、后效果如图 6.156 和图 6.157 所示。

图 6.156　删除前

图 6.157　删除后

8) 建筑墙面高分辨率纹理替换

①选择立面纹理扭曲 Tile 加载，如图 6.158 所示。

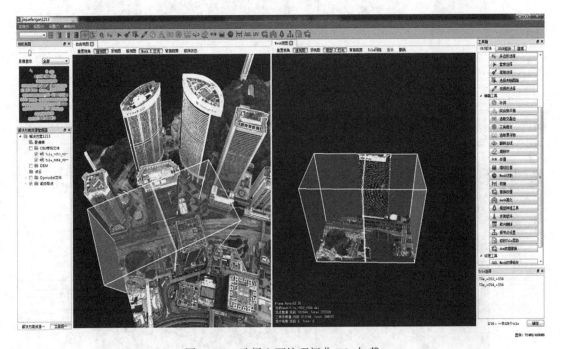

图 6.158　选择立面纹理扭曲 Tile 加载

②激活多边形选择工具，按住"Ctrl"键只选择墙面，如图 6.159 所示。

③激活拟合到平面工具，选择双点确定铅垂面(图 6.160)，进行立面平整，如图 6.161 所示。

④激活纹理替换功能，勾勒需要替换范围，右键单击结束，如图 6.162 所示。

⑤进入影像增强模式，可手动在相机视图选择最优影像，如图 6.163 所示。

图 6.159　选择墙面

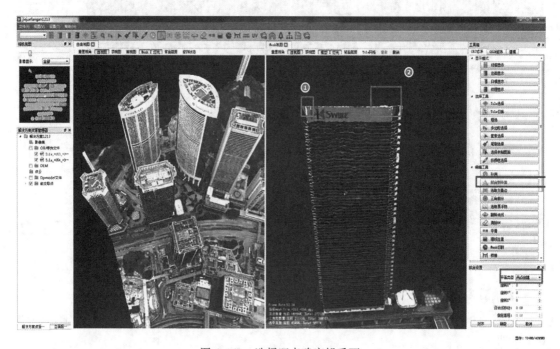

图 6.160　选择双点确定铅垂面

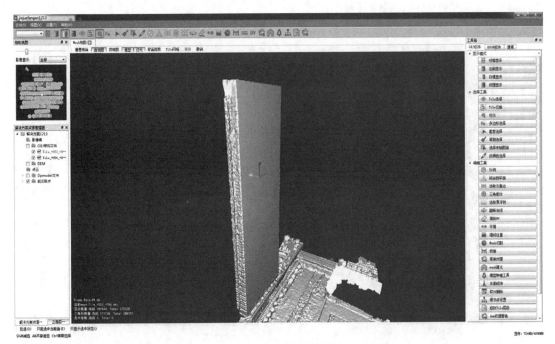

图 6.161 平整后效果

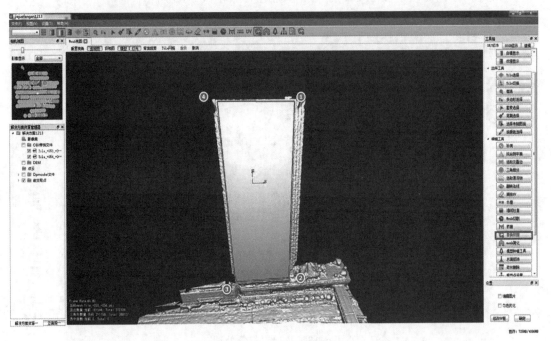

图 6.162 勾勒需要替换范围

图 6.163　选择最优影像

⑥勾选"匀色处理"(图 6.164)，点击"确定"，如图 6.165 所示。

图 6.164　勾选"匀色处理"

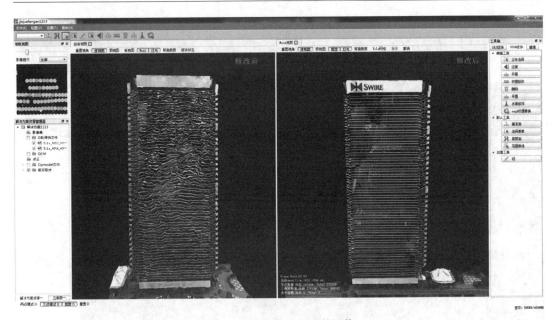

图 6.165　匀色处理后的图像

编辑图片：影像存在遮挡情况，可点击编辑图进入第三方图像编辑软件进行修改。

编辑 UV 框：倾斜外参存在偏差情况下，需要手动调整 UV 框。

9) 树底盲区纹理修改

①选择 Tile，加载到 Mesh 视图，如图 6.166 所示。

图 6.166　加载到 mesh 视图

②激活按颜色选择工具，拾取树底灰色纹理，如图 6.167 所示。

图 6.167　拾取树底灰色纹理

③清除纹理，如图 6.168 所示。

图 6.168　清除纹理

④设置→全局设置(选择"离屏渲染"→"顶视图投影"，取消考虑高程优化，如图
6.169 所示)→自动纹理映射(选择"顶视图离屏渲染"效果更佳)，树底盲区纹理修改结果
如图 6.170 所示。

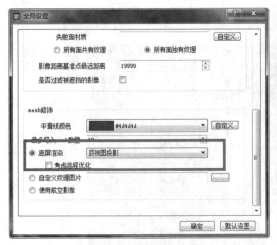

图 6.169 全局设置参数

图 6.170 树底盲区纹理修改后图像

2. OSGB 修饰

1) 单体化修饰

①创建单体化模型, 其步骤与 DBJ 模型单体化一样, 结果如图 6.171 所示。

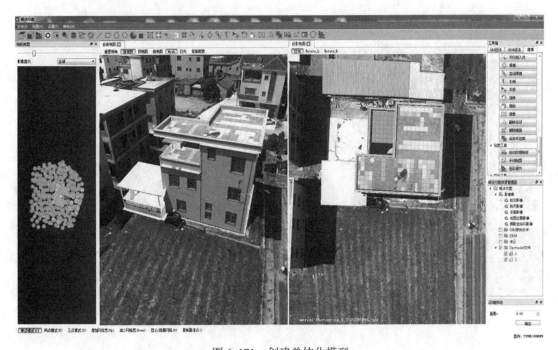

图 6.171 创建单体化模型

②激活"立体选择"功能, 根据建筑勾勒范围线, 如图 6.172 所示。

图 6.172　勾勒建筑范围线

③右键单击结束，处理结果如图 6.173 所示。

图 6.173　勾勒建筑物处理结果

④点击 Mesh 地面，形成包围盒，如图 6.174 所示。

图 6.174　形成包围盒

⑤左键点击面，成黄色高亮显示，编辑包围盒大小，使建筑在包围盒内，如图 6.175 所示。

图 6.175　编辑包围盒

⑥激活"平整"，平面类型选择 3 点模式，勾选"去重叠"，如图 6.176 所示。

图 6.176　勾选"去重叠"

⑦选择 3 个点，点击"确定"，结果如图 6.177 所示。

图 6.177　勾选"去重叠"后的结果

2）建筑 OSGB 修饰

①选中需平整范围，如图 6.178 所示。

图 6.178　选中需平整范围

②激活"平整"功能，两点模式，勾选去除重叠，如图 6.179 所示。

图 6.179　参数设置

③点击"确定"，处理前、后图像结果如图 6.180 所示。

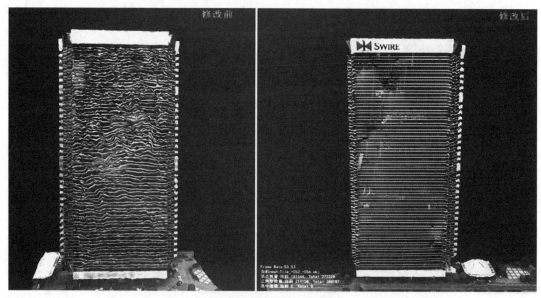

图 6.180 处理前、后图像

3) 悬浮物删除

①激活"线"功能, 采集范围线, 如图 6.181 所示。

图 6.181 采集范围线

②激活"选择要素", 选择线, 如图 6.182 所示。

图 6.182 选择采集的范围线

③点击"删除"，勾选"BOX"，设置参数，点击"确定"，完成删除，其处理结果如图 6.183 所示。

图 6.183 删除悬浮物后的结果

4）道路修饰

①激活"立体选择"功能，采集包围盒，如图 6.184 所示。

图 6.184　采集包围盒

②激活"平整"功能，平面类型选择 3 点模式，去除重叠，如图 6.185 所示。

图 6.185　平整功能参数设置

③点击"确定"，其结果如图 6.186 所示。

图 6.186   平整效果

④激活"OSGB 纹理替换"，选择航空影像，匀光匀色，勾勒修改范围，如图 6.187 所示。

图 6.187   OSGB 纹理替换的过程

⑤右键结束，进入影像增强模式，选择最优影像，如图 6.188 所示。

图 6.188　OSGB 纹理替换选择最优影像

⑥点击"确定"，完成修改，如图 6.189 所示。

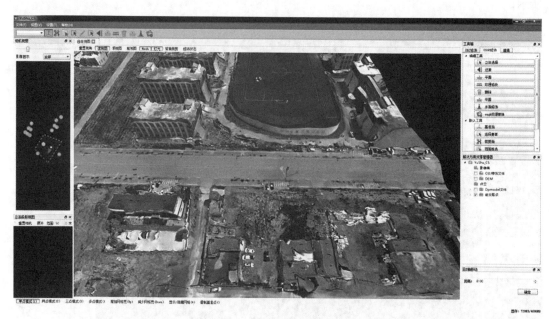

图 6.189　道路纹理修饰结果图

5) 水域修饰

①使用线功能，沿水域范围勾勒范围线，如图 6.190 所示。

图 6.190　沿水域范围勾勒范围线

②选择要素，选择范围线，如图 6.191 所示。

图 6.191　选择范围线

③点击"OSGB 水面修饰"功能，调整范围空间参数，在四周有树的情况下，向上指数尽量调整到合适值，如图 6.192 所示。

图 6.192　调整范围空间参数

④更改纹理方式，现有两种方式，一种为离屏渲染，另一种为自定义填充色，默认将两个都勾选，填充色自定义为当前水面颜色，如图 6.193 所示。

图 6.193　更改纹理颜色

⑤勾选自动创建缺失 Tile，如图 6.194 所示。

图 6.194 勾选自动创建缺失 Tile

⑥点击"开始"处理，其结果如图 6.195 所示。

图 6.195 自动创建缺失 Tile 结果

⑦点击"Mesh 纹理修改"，开始修改，如图 6.196 所示。

图 6.196 点击 Mesh 纹理修改

⑧完成修改，其结果如图 6.197 所示。

图 6.197 水域纹理修饰结果图

批量水面修饰时，可在"自由视图"将水域范围线都勾勒出来，点击"水面修饰"，设置好参数，点击"确认"即可，结果如图 6.198 所示。

图 6.198 批量水面修饰结果图

点击"开始"处理，处理完成后，将修改的 Tile 加载到 Mesh 视图局部精修。

6) 要素分层提取

①导入闭合范围线，或使用线功能手动勾勒范围线，如图 6.199 所示。

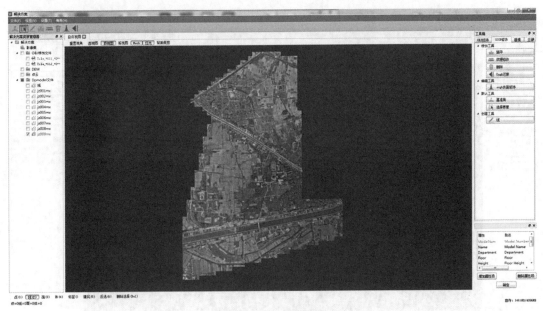

图 6.199 勾勒范围线

②选择范围线，点击"删除"，设置参数、路径，如图 6.200 所示。

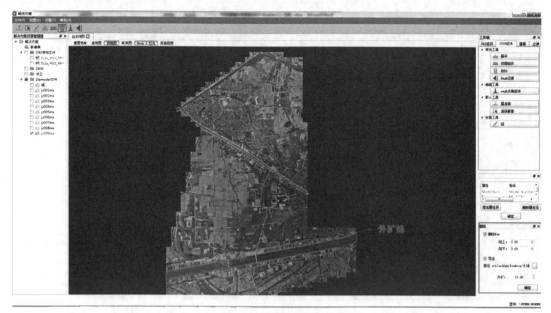

图 6.200　设置参数

③点击"确定"。

7) 高分辨率纹理替换

(1) 建筑墙面。

①立体选择建筑墙面,如图 6.201 所示。

图 6.201　立体选择建筑墙面

②激活"平整"，将建筑立面整平，如图 6.202 所示。

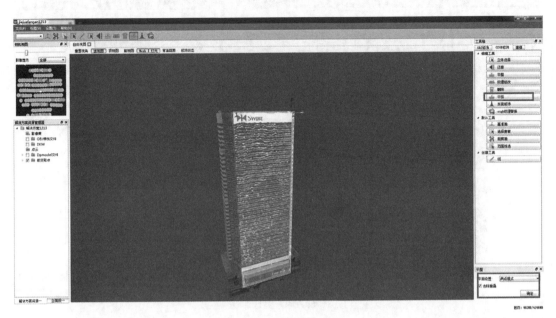

图 6.202 整平建筑立面

③激活"OSGB 纹理替换"，勾勒需纹理替换范围，右键结束，如图 6.203 所示。

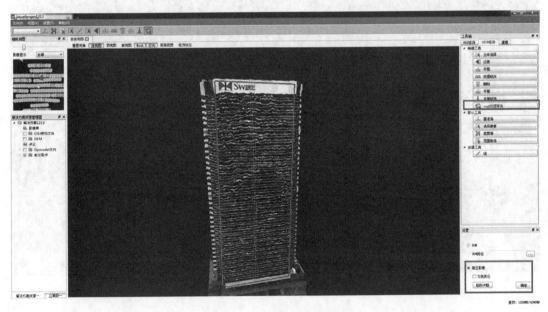

图 6.203 勾勒需纹理替换范围

④进入影像增强模式，可手动在相机视图挑选影像，如图 6.204 所示。

图 6.204　挑选影像

⑤选择最优影像，点击"确定"，如图 6.205 所示。

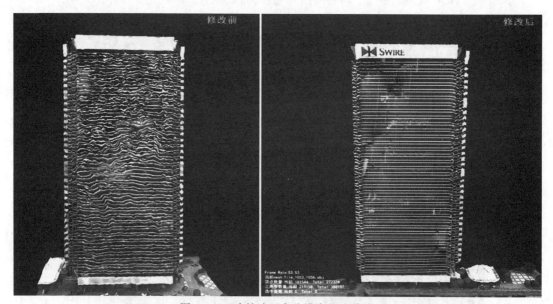

图 6.205　建筑墙面高分辨率纹理替换

（2）地面纹理替换。

①道路平整，激活"Osgb 纹理替换"，如图 6.206 所示。

图 6.206 激活"Osgb 纹理替换"

②选择需替换范围，右键结束，如图 6.207 所示。

图 6.207 选择需替换范围

③进入影像增强模式，如图 6.208 所示。

图 6.208　进入影像增强模式

④选择最优影像，点击"确定"，如图 6.209 所示。

图 6.209　路面纹理替换结果

（3）路面 DOM 纹理修改。

①激活"裁剪面"功能，将树部分裁剪，如图 6.210 所示。

图 6.210 将树部分裁剪

②激活"OSGB 纹理修改"工具，选择"DOM 纹理替换"，设置 DOM 纹理路径，如图 6.211 所示。

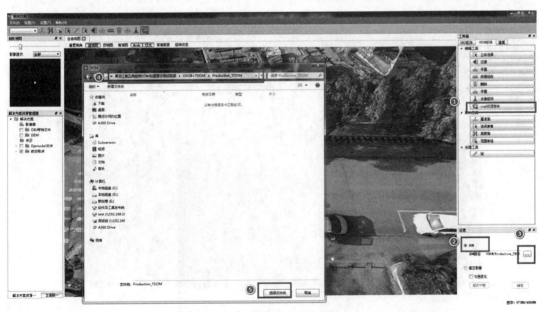

图 6.211 设置 DOM 纹理路径

③勾勒需纹理替换范围，如图 6.212 所示，右键结束，结果如图 6.213 所示。

图 6.212　勾勒需纹理替换范围

图 6.213　修改后结果

④取消裁剪，如图 6.214 所示。

图 6.214　取消裁剪

3. 成果导出

1) 单体化成果导出

(1) 导出 OBJ 格式。

①建模工具箱→后台工具→批量重命名→设置命名规则，如图 6.215 所示。

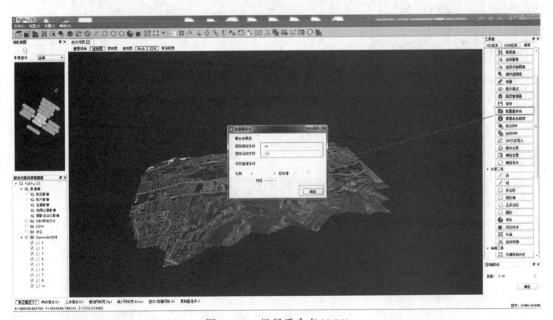

图 6.215　批量重命名(DBJ)

②解决方案资源管理器→Dpmodel 文件→右键(图 6.216)→批量导出，如图 6.217 所示。

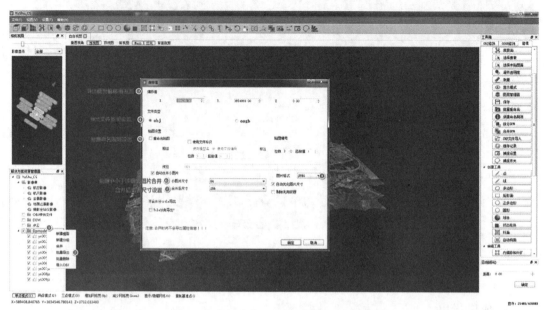

图 6.216　导出参数设置

图 6.217　批量导出存储(DBJ)

(2)导出 OSGB 格式。

①解决方案资源管理器→Dpmodel 文件→右键(图 6.218)→批量导出，如图 6.219 所示。

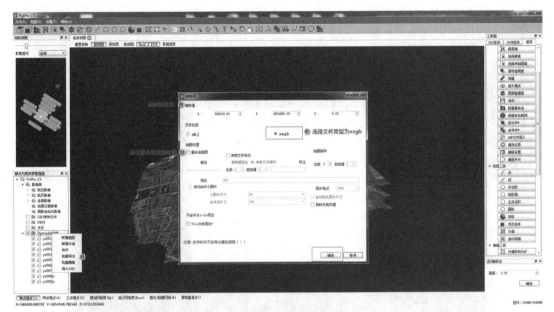

图 6.218 批量重命名(OSGB)

图 6.219 批量导出存储(OSGB)

2)修饰成果导出

(1)单体化成果作为独有 Tile。

①单体化模型导出:解决方案资源管理器→Dpmodel 文件→右键(图 6.220)→批量导出,如图 6.221 所示。

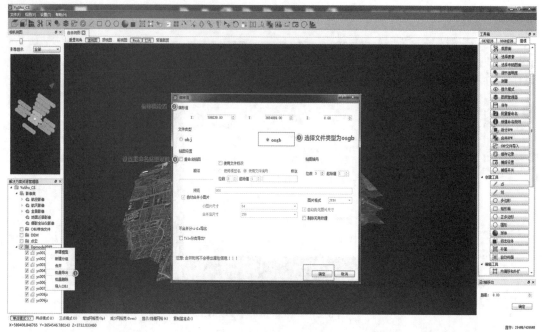

图 6.220　批量重命名

图 6.221　批量导出存储

②OBJ 修饰文件导出：解决方案资源管理器→OBJ 修饰文件→右键→批量导出 OSGB，如图 6.222 所示。

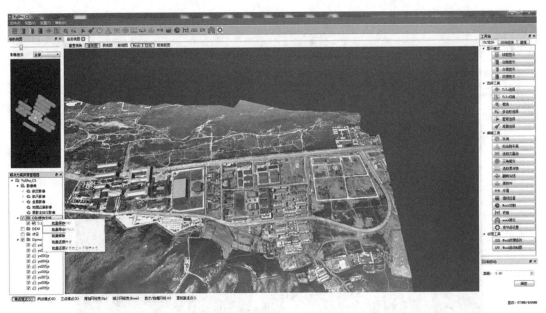

图 6.222 批量导出 OSGB

③存储路径：解决方案工程文件" \ meshset \ osgb_edit"文件夹，如图 6.223 所示。

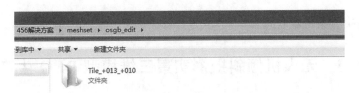

图 6.223 导出的文件夹

④成果导出：右键"解决方案资源管理器"→"导出成果"，如图 6.224 所示。

图 6.224 导出成果

(2)单体化模型合并到原有 Tile。

①OBJ 修饰文件，批量合并模型并导出 OSGB，如图 6.225 所示。

图 6.225 批量合并模型并导出 osgb

②右键"解决方案资源管理器"→"导出成果"。

6.5 无人机倾斜摄影实景三维模型 DLG 生产

6.5.1 清华山维 EPS 地理信息工作站概述

EPS 地理信息工作站是北京清华山维技术开发有限公司结合近 20 年来在测绘和 GIS 领域软件开发的经验，自主创新研发的面向 GIS 数据生产、处理、建库更新的测绘与地理信息系统领域专业软件，是建立信息化测绘技术体系、提高 GIS 数据生产作业效率、保证生产成果质量、实现数据建库更新管理之集成大作。它解决了测绘行业内面向 GIS 数据生产普遍存在的数据格式、数据标准不统一而带来的数据入库难、更新难、质量控制难等一系列问题；从数据采集、成图、编辑处理到数据入库、更新的一系列测绘数据生产流程，用户使用一个平台、一套数据即可完全实现。数据采集提供电子平板、点云数据采编、航测采编、平板调绘等多种数据采集方法，贯穿整个作业过程，直至验收的数据之间监理机制，涵盖数据入库、数据分发等一整套基础地理信息数据生产更新方案以及跨行业、多专业业务生产解决方案。

EPS 地理信息工作站支持"采、编、查、库"的内外业一体化生产。在数据采集时，测绘成果可随手编辑入库，需要更新时可随时下载，不需要转换。用户可方便地进行各种业务的 GIS 数据生产，实现测绘外业、内业、入库更新一体化。目前，EPS 地理信息工作站在横向上支持各种测绘业务进行数据生产、加工,在纵向上贯穿信息化测绘的各个环节,已成为国内广大城市测绘数据生产与管理单位进行测绘生产技术工艺体系改造与升级换代的主体。其包含以下 9 个主要模块。

(1)可读入流行的各种地理数据,如 DWG、SHP、DGN、MIF、E00、ARCGISMDB、VCT 等格式的数据。

(2)支持不同种类、不同数学基础、不同尺度的数据通过工作空间无缝集成;支持跨服务器、跨区域数据集成。

(3)除增删点、线、面、注记基本绘图功能外,提供十字尺、随手绘、曲线注记、嵌入 Office 文档等专业型功能,且图形操作自动带属性。

(4)具有对象选择、基本图形编辑、属性编辑、符号编辑等图属编辑功能。

(5)具有扩展编辑处理、悬挂点处理、拓扑构面、叠置分割、缓冲区处理等批量处理功能。

(6)常用工具有选择过滤、查图导航、数据检查、空间量算、查询统计、坐标转换、脚本定制等。

(7)显示漫游有自由缩放、定比缩放、书签设置、实体显示控制、参照系显示控制等。

(8)提供打印区域设置、打印机设置、打印效果设置、输出到位图(栅格化)等打印输出功能。

(9)系统设置有显示环境设置、投影设置、模板定制、应用程序界面定制等。

EPS 地理信息工作站软件的使用流程如下。

1. 软件启动

双击桌面快捷方式，打开"EPS2016 地理信息工作站"软件界面,如图 6.226 所示。

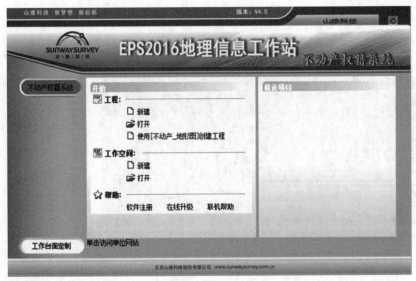

图 6.226　EPS 软件界面

2. 新建工程

单击起始界面"工程"→"新建",选择"不动产_地形图"模板,输入相应的工程名称及目录,点击"确定",如图 6.227 所示。

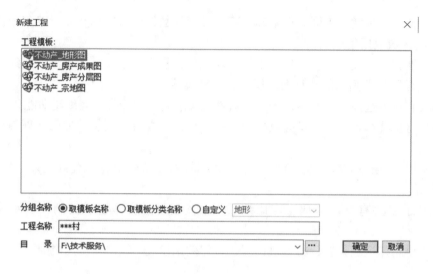

图 6.227 新建工程、命名与路径

3. 软件主界面

新建工程后出现的界面就是软件的主界面,主界面由以下几个区域组成,如图 6.228 所示。

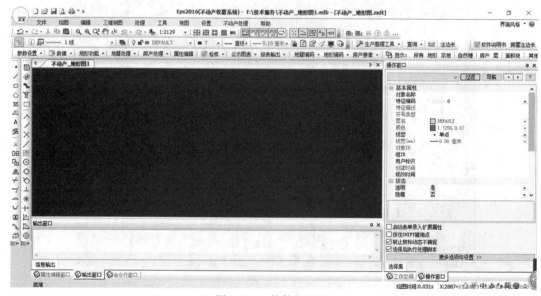

图 6.228 软件主界面

绘图区：图形显示、编辑窗口。

主菜单：列有文件、绘图、编辑、三维测图、处理、工具、视图、设置、不动产处理、帮助共 10 类。

操作区：显示、修改选择集对象的基本属性、扩展属性或切换系统已启动的功能状态。

几何对象编辑条：包含绘图、注记、裁剪、延伸、打断等工具。

对象属性工具条：用来显示输入对象编码、层名(图层管理)、颜色、线形、线宽，还有编码查询、编辑状态设定、背景显示设置、工具箱开关等功能。

视图工具栏：集成了复制、粘贴、撤销和恢复工具、漫游工具和图形显示开关。

捕捉工具条：包含不同捕捉选择方式、捕捉开关。

状态栏：显示当前光标位置、光标位置捕捉的对象信息等。

6.5.2 无人机倾斜摄影实景三维模型绘制

1. 数据准备

1) 生成 OSGB 数据

利用 ContextCapture 等软件生成 OSGB 数据。

2) OSGB 数据转换

在主菜单栏，点击"三维测图"→"OSGB 数据转换"，如图 6.229 所示。

图 6.229　OSGB 数据转换

3) 选择倾斜摄影数据路径

数据路径要指定到模型数据的 Data 文件夹，如图 6.230 所示。

4) 选择元数据文件路径

元数据文件路径指定到 metadata. xml 文件。如果元数据文件和 Data 文件夹同目录的 *. xml 文件，合并 DSM 选择"否"，然后点击"确定"，运行数据转换后，在 Data 文件夹下生成一个 Data. dsm 文件，如图 6.231 所示。

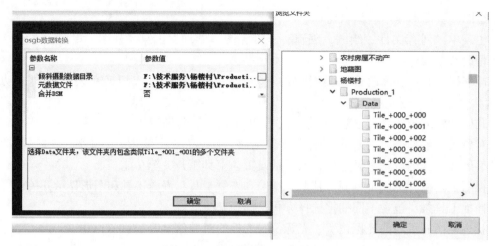

图 6.230　选择倾斜摄影数据路径

图 6.231　选择元数据文件路径

5）加载倾斜模型

主菜单下"三维测图"→"加载本地倾斜模型"功能，在三维窗口加载 ∗.dsm 实景表面模型，选择 Data 目录下生成的 ∗.dsm 文件，如图 6.232 和图 6.233 所示。

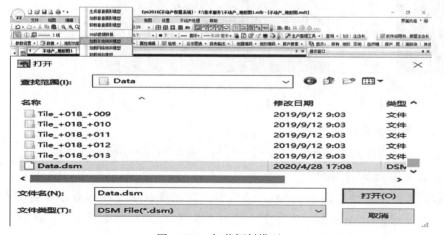

图 6.232　加载倾斜模型

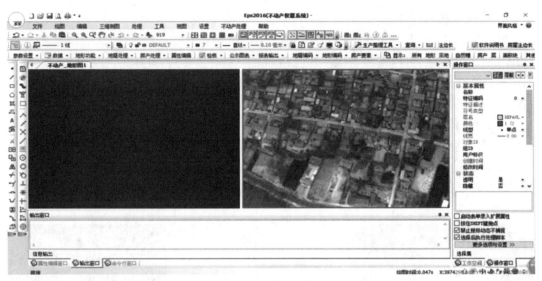

图 6.233　加载倾斜模型后

2. 建成房屋及其附属物的绘制

1) 地物编码的选择方式

(1) 在编码框中输入地物名称进行搜索查找，在编码框输入建成房屋等，或建成房屋的编码 3103013 等，按"Esc"键，如图 6.234 所示。

(2) 工具菜单中点击"地形编码"，选择相应的编码，如图 6.235 所示。

图 6.234　编码框

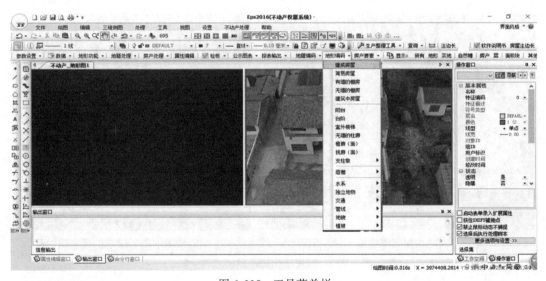

图 6.235　工具菜单栏

2) 建成房屋的绘制

墙体为砖墙(有灰缝)或者其他永久性建筑结构,有门框、窗框,层高大于等于2.2m,有完整顶盖(可以为预制板、瓦、石棉瓦、彩钢瓦等),可认定为建成房屋。对于墙体结构为砖但没有灰缝,或其他简易材料搭建的房屋,或层高不足2.2m的各类房屋,认定为简易房屋或临时房屋。

在编码框输入建成房屋,或建成房屋的编码3103013,按"Esc"键,如图6.236所示。建成房屋绘制采用采集房角模式,具体方法:将光标放在房角处,依次用鼠标左键采集房屋的各个外角点,采集完房角点后,按快捷键"C"闭合,自动弹出窗口录入房屋结构的房屋层数及楼层信息,按实际房屋结构输入房屋结构和层数信息,点击"确定"。

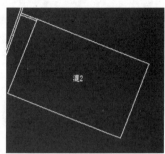

(a)房屋的三维模型 (b)房屋结构设置 (c)绘制的房屋外轮廓图

图 6.236 房屋的绘制

当绘制房屋同轮廓不同层数时,如图6.237所示,先采集外围整个房屋的轮廓,混2,再通过2层与1层房屋相交的墙壁上采集辅助点,然后捕捉点画房屋的平行线;通过延伸或修剪其混1房屋封闭完整,接着采用面分割的方法将其从混2中分割出来;再选中分割出来的混2,并修改其房屋结构和层数为混1,这样混1就从混2中面分割出来。

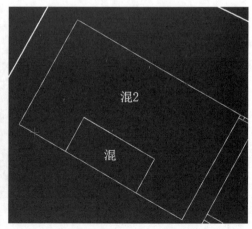

(a)房屋三维模型 (b)绘制的不同层数的房屋图

图 6.237 房屋同轮廓不同层数的绘制

3)檐廊、阳台绘制

檐廊指有顶盖而无支柱，下面可供人通行的通道部位。如图6.236(a)所示的房屋三维模型，建筑房屋混2已经绘制好，其房屋的檐廊的绘制的具体方法：通过在檐廊与房屋三个相交处各采集1个辅助点，然后过辅助点画对应房屋墙的平行线，通过延伸或修剪其檐廊，使其封闭完整；接着，采用面分割的方法，如图6.238(a)所示，将其从房屋中分割出来；再选中其分割出来的混2，并修改其属性为檐廊，最后在相应属性中输入楼层信息和面积计算系数，如图6.238(b)所示。由于上下轮廓一样，楼层是1+2，面积系数半封闭檐廊是0.5；如果不一样，需要分别绘制。

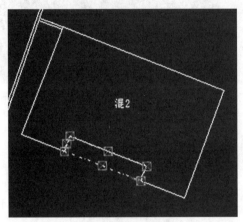

(a)面分割阳台或檐廊   (b)设置楼层信息和面积计算系数

图6.238 檐廊、阳台绘制(一)

阳台是伸出楼房墙外的悬挂部分，如图6.239所示，当采集完房屋外轮廓混3后，还可以在阳台的三面的外墙各采集一个辅助点，通过其三辅助点画相应墙的平行线，通过延伸或修剪其阳台，使其封闭完整，并修改其属性为阳台，最后在相应属性中输入楼层信息和面积计算系数。由于房屋轮廓上下不一致，绘图时，还需要继续将房屋混2部分从混3中分割出来，同时混3的檐廊又同时是混2的房屋，具体方法是：在混3檐廊内墙和混3左右两侧各点1个辅助点，通过3个点画对应墙的平行线，通过延伸或修剪其混2，使其封闭完整，接着采用面分割的方法，将其从房屋混3中分割出来，并修改其属性为房屋，其房屋结构和层数为混2；然后在混3檐廊顶外边缘画1辅助点，通过此点画对应墙的平行线，通过延伸或修剪使其封闭完整，设置属性为檐廊，楼层为3，面积系数为0.5。其2层阳台还有支柱，还需要在其对应定位点画出支柱。

4)室外楼梯或台阶的绘制

室外楼梯是依附楼房外墙的非封闭楼梯。台阶是砖、石、水泥砌成的阶梯式构筑物，图上不足三级台阶的不表示。在编码框输入"室外楼梯"，按"Esc键"，绘制室外楼梯或台阶时，房屋及其他面相邻应使用捕捉键盘S键捕捉，转点时应用S键+J键，平台时应用S键+K键，最后C键闭合结束，如图6.240和图6.241所示两种常见不同类型室外楼梯的画法，图6.242是对应一个平台转弯室外楼梯的三维模型、楼梯的绘制和楼梯属性的设置。

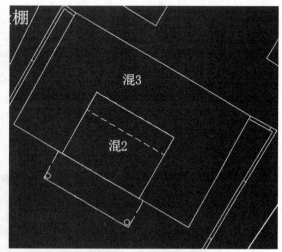

(a)带有檐廊、阳台的房屋三维模型　　　　　(b)带有檐廊、阳台的房屋的绘制

图 6.239　檐廊、阳台绘制(二)

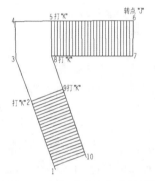

图 6.240　一个平台转弯室外楼梯

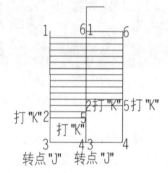

图 6.241　一个平台或者两个平台室外楼梯

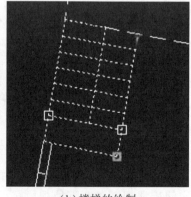

(a)室外楼梯三维模型　　　　　(b)楼梯的绘制　　　　　(c)楼梯属性的设置

图 6.242　室外楼梯的绘制(一)

当楼梯是分开绘制的，如图 6.243(a)所示，需在"编辑"→"符号编辑"→"符号附件

插入",如图 6.243(b)所示,按住"shift"键,依次选择绘制的楼梯,将其合并成一个整体,然后选择楼梯,在相应属性中输入楼层信息和面积计算系数,如图 6.243(c)、(d)所示。

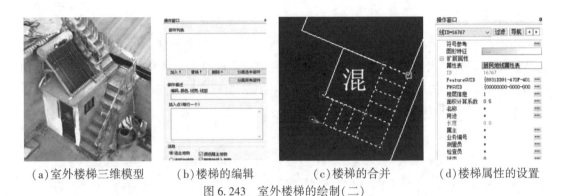

(a)室外楼梯三维模型　　(b)楼梯的编辑　　　　(c)楼梯的合并　　(d)楼梯属性的设置

图 6.243　室外楼梯的绘制(二)

5)围墙的绘制

在编码框输入"围墙",按"Esc"键选择围墙对应符号。以围墙(依比例尺)为例,如图 6.244 所示,选择"围墙(依比例尺)",沿围墙的外边缘顺时针方向绘制围墙,保证围墙的定位点在围墙的外侧。注意用捕捉键(S)和房屋等相交。

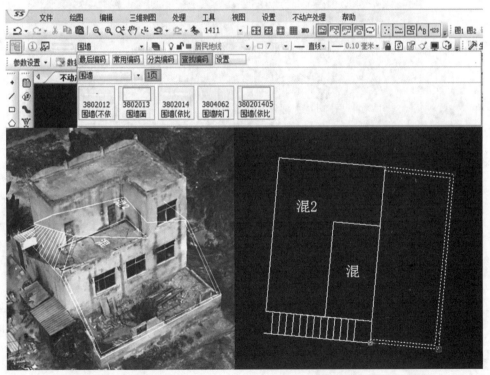

(a)围墙的三维模型　　　　　　　(b)围墙的绘制与显示定位边

图 6.244　围墙的绘制

注意：

在绘制不同地物时，如果地物与地物之间是相互连接的，绘制的时候一定用捕捉快捷键 S，使地物与地物之间连接起来，避免拓扑检查的时候，地物之间连接出问题。

3. 道路的绘制

道路绘制是指道路中线的空间几何形状和尺寸，可能是直线或者折现，在编码框输入道路，按"Esc"键。如图 6.245 所示，绘图时根据道路的等级，选择道路，在此以支路边线为例，沿着道路的边缘采集，当采集完路的一边，鼠标右键道路的另一边结束，此时道路的另外一边按照道路宽度也采集了。

(a)道路的三维模型　　　　　　　　　　(b)道路的绘制

图 6.245　道路的绘制

4. 路灯的绘制

路灯指道路提供照明功能的灯具，泛指交通照明中路面照明范围内的灯具。在编码框输入路灯或路灯的编码 3805011，按"Esc"键，如图 6.246 所示，选择路灯符号，在路灯所在定位点切准路灯中心点所在位置，鼠标左键单击，即可添加路灯。

5. 水系边线绘制

在编码框输入水系，按"Esc"键，绘图时根据需要选择水系边线相应类别，在此以池塘为例，沿水系边缘勾勒出大致轮廓，按"C"键闭合结束绘制，如图 6.247 所示。

(a)路灯的三维模型　　　　　　　　(b)路灯的绘制

图 6.246　路灯的绘制

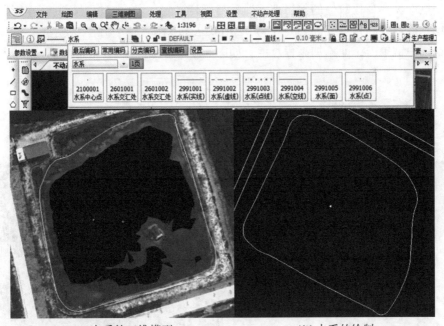

(a)水系的三维模型　　　　　　　　(b)水系的绘制

图 6.247　水系的绘制

6. 行道树绘制

行道树(行树)是指种在道路两旁及分车带，给车辆和行人遮荫并构成街景的树种。在编码框输入"行树"，按"Esc"键，如图 6.248 所示，绘图时根据行树的种类，选择行树的种类，在此以乔木行树为例。

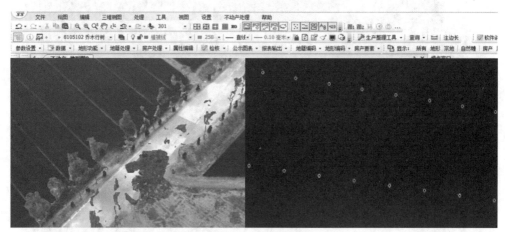

图 6.248　行道树的绘制

7. 高程点绘制

高程点即标有高程数值的信息点，通常与等高线配合表达地貌特征的高程信息。

在编码框输入高程点或高程点符号 7201001，按"Esc"键，在三维模型上，切准所在地面，鼠标左键单击，即添加高程点值，如图 6.249 所示。

图 6.249　高程点绘制

8. 陡坎的绘制

陡坎是指各种天然和人工修筑的坡度在 70°以上的陡峻地段，天然的和人工的用不同的符号表示。天然陡坎分为土质的、石质的两种；人工陡坎分为未加固的、已加固的两种。

在编码框输入陡坎，选择相应的陡坎类型，如图 6.250 所示，为加固的人工陡坎，在三维模型上，切准陡坎边缘逆时针画陡坎，陡坎刺指向高程低的方向。如果方向画反，选中该陡坎，按"Shift+Z"键，地物反向可以将陡坎反过来。

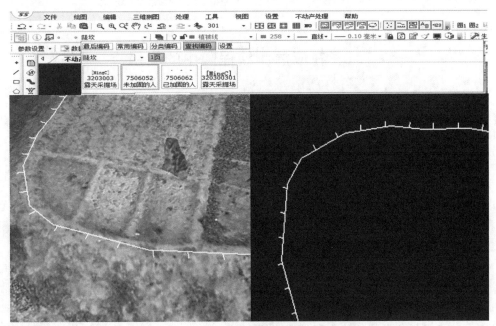

图 6.250　陡坎的绘制

【习题与思考题】

1. 简述倾斜摄影测量的作业流程。

2. 简述倾斜摄影测量的特点与关键技术。

3. 简述倾斜航空摄影的质量要求。

4. 简述无人机倾斜摄影数据三维实景建模的作业流程。

5. 简述无人机倾斜摄影数据模型单体化的作业流程。

6. 简述无人倾斜摄影数据模型修饰的作业流程。

7. 简述无人机倾斜摄影三维模型实景模型 DLG 生产过程。

第7章　无人机测绘技术的应用

【学习目标】　通过学习本章，了解无人机技术在应急测绘保障、数字城市建设、国土资源、矿山监测、电力工程、环境保护、农林业、水利等方面的应用情况。

7.1　在应急测绘保障中的应用

测绘应急保障的核心任务是为国家应对突发自然灾害、事故灾难、公共卫生事件、社会安全事件等突发公共事件，高效有序地提供地图、基础地理信息数据、公共地理信息服务平台等测绘成果，根据需要开展遥感监测、导航定位、地图制作等技术服务。

国外无人机摄影测量技术在应急测绘保障领域的最早应用范例是在 20 世纪 70 年代，美国利用无人机对北卡罗来纳州进行自然灾害调查。美国国家航空航天局（NASA）专门成立了无人机应用中心，利用其对地球变暖开展研究。2007 年，NASA 使用"伊哈纳"无人机评估森林大火。2011 年，日本使用 RQ-16 垂直起落无人机对福岛核电站进行了监测。2012 年，NASA 使用全球鹰无人机对飓风"纳丁"进行了长时间监测。

我国无人机摄影测量技术应用起步不算太晚。20 世纪 80 年代初，西北工业大学就首先尝试利用 D-4 固定翼无人机进行测绘作业。发展至今，国内的主要无人机研发和制造单位，如成飞、贵航、北航、西工大、大疆公司等，生产的固定翼无人机、多旋翼无人机都已具备了应急测绘任务执行能力和成功范例。

无人机摄影测量技术是现代化测绘装备体系的重要组成部分，是测绘应急保障服务的重要设施，也是国家、省级、市级应急救援体系的有机组成部分。无人机摄影测量技术将摄影测量技术和无人机技术紧密结合，以无人驾驶飞行器为飞行平台，搭载高分辨率数字遥感传感器，获取低空高分辨率遥感数据，是一种新型的低空高分辨率遥感影像数据快速获取系统。

无人机摄影测量技术在应急测绘领域的应用，主要集中在无人机遥感（UAVRS）技术的具体实践和应用。无人机遥感技术包括先进的无人驾驶飞行器技术、遥感传感器技术、遥测遥控技术、通信技术、POS 定位定姿技术、DGPS 定位技术和 RS 应用技术。它是自动化、智能化、专业化、快速获取应急状态下空间遥感信息，并进行实时处理、建模和分析的先进新兴航空遥感技术的综合解决方案。

历经数十年的发展，无人机应急测绘已呈现如下一些特点。

1. 应急测绘保障任务的行业性

无人机摄影测量技术在海洋行业由无人机海面低空单视角转换为海面超低空多视角，

并获取 SAR、高光谱、高空间分辨率多种海况海难、海洋环境的监测数据。电力行业主要采用大型无人直升机对高压输电线路及通道进行巡检检查作业。石油行业多使用多旋翼无人机对油气平台、场站、阀室进行监测，使用小型固定翼无人机进行管道巡查等。

2. 系统技术趋于智能化和高集成

无人机遥感系统在应急测试保障技术方面向自主控制、高生存力、高可靠性、互通互联互操作等方向发展，不断与平台技术、材料技术、先进的发射回收技术、武器和设备的小型化及集成化、隐身技术、动力技术、通信技术、智能控制技术、空域管理技术等相关领域的高新技术融合和互动。

3. 任务执行趋于高效性

无人机遥感系统硬件的发展反馈于应用领域，主要体现在任务执行时的无人机续航时间更长、负荷能力更强。随着科技的不断发展及新材料、新技术的应用，无人机续航、载重能力持续提高，任务执行趋于更高效。

4. 载荷多样化平台集群化

针对自然灾害频发易发、灾害种类特点各异等难点，无人机遥感载荷系统已由单一可见光相机，发展成为包括高光谱、LiDAR、SAR 等多传感器综合的载荷系统，获取的应急测绘地理信息更为丰富，数据表达更为明确，实现了无人机的"一机多能"。同时，无人机遥感平台的应用，也陆续由单无人机独立作业发展成为多无人机、集群无人机的协同作业。这样，既可提高执行应急保障的质量，也可扩展应急保障的能力。

5. 有效补充了影像获取手段

无人机低空航摄系统广泛用于小范围局部高分辨率遥感影像的快速、实时获取，成为卫星遥感、传统航空摄影的有效补充，有力地提高了遥感技术在小范围、零星区域获取数据的水平和能力。

7.2　在数字城市建设中的应用

无人机航拍摄影技术作为一项空间数据获取的重要手段，是卫星遥感与载人机航空遥感的有力补充。目前，我国的无人机在总体设计、飞行控制、组合导航、中继数据链路系统、传感器技术、图像传输、信息对抗与反对抗、发射回收、生产制造等方面的技术日渐成熟，应用也日益增多。尤其是近几年，我国民用无人机市场的应用不断拓展，不仅在空管、适航标准等因素突破后实现跨越式发展，在数字城市建设领域的应用前景也越来越广阔。

7.2.1　在数字城市建设中的应用范围及工作原理

无人机空间信息采集完整的工作平台可分为四个部分：飞行器系统部分、测控及信息传输系统部分、信息获取与处理部分、保障系统部分。无人机低空航拍摄影广泛应用于国家基础地图测绘、数字城市勘探与测绘、海防监视巡查、国土资源调查、土地地籍管理、城市规划、突发事件实时监测、灾害预测与评估、城市交通、网线铺设、环境治理、生态保护等领域，且有广阔的应用前景，对国民经济的发展具有十分重要的现实意义。

下面就无人机在数字城市建设的部分应用场景作简单说明。

1. 街景应用

利用携带拍摄装置的无人机，开展大规模街景航拍，实现空中俯瞰城市实景的效果。目前街景拍摄有遥感卫星拍摄和无人机拍摄等几种方案。但在有些地区由于云雾天气等因素，遥感卫星的拍摄质量以及成果无法满足要求时，低空无人机拍摄街景就成了首要选择。

2. 电力巡检

装配有高清数码摄像机和照相机以及 GNSS 定位系统的无人机，可沿电网进行定位自主巡航，实时传送拍摄影像，监控人员可在电脑上同步收看与操控。采用传统的人工电力巡线方式，条件艰苦，效率低。无人机实现了电子化、信息化、智能化巡检，提高了电力线路巡检的工作效率，应急抢险水平和供电可靠率。而在山洪暴发、地震灾害等紧急情况下。无人机对线路的潜在危险，诸如塔基陷落等问题进行勘测与紧急排查，丝毫不受路面状况影响，既免去攀爬杆塔之苦，又能勘测到人眼的视觉死角，对于迅速恢复供电很有帮助。

3. 灾后救援

利用搭载了高清拍摄装置的无人机对受灾地区进行航拍，提供一手的最新影像。无人机动作迅速，起飞至降落仅需几分钟，就能完成 100000㎡ 的航拍，对于争分夺秒的灾后救援工作意义重大。此外无人机拍摄还能充分保障救援工作的安全，通过航拍的形式，避免了那些可能存在塌方的危险地带，将为合理分配救援力量、确定救灾重点区域、选择安全救援路线以及灾后重建选址等提供很有价值的参考。此外，无人机还可实时、全方位地监测受灾地区的情况，以防引发次生灾害。

7.2.2　无人机数字城市测绘应用案例

1. 某小区基础测绘

1）测区概况

有效影像总数：526。总控制点数量：84 个。每条航带有效影像数量：约 48 张。有效航带数量：11 条。有效控制点数量：76 个（有部分点没有给刺点片）。每张影像大小：3744×5616 个像素。60.1MB 计算机存储空间。

2）作业概况

（1）空三加密采用英特尔 i7920 处理器电脑处理，除了前期建工程和添加像控点平差解算外，其余部分全自动处理，整个空中三角测量加密自动化程度达 80%以上。周期为电脑自动处理 12h，加单作业员人工刺像控点平差 4h。

（2）DEM 和 DOM 生产。采用同一区段百兆局域网内 5 台电脑解算，DEM（物方匹配）生产耗时约 4h，单作业员人工编辑 8h。DOM 生产耗时约 1.6h，匀光匀色耗时 3.35h，拼接裁切一体化耗时 45min，部分拼接线单作业员人工重新干预耗时半个工作日。

（3）DLG 生产。采集 1∶1000（城区人工建筑物密集），3 个工作日+编辑半个工作日；采集 1∶2000（城区人工建筑物密集），不到 3 个工作日+编辑 0.75 个工作日。

2. 某县城城区无像控快速成图应用

1）测区概况

测区总共 265 张影像，航向重叠度为 70%、旁向重叠度为 40%，拍摄相机为佳能 5D MARK Ⅱ，24mm 定焦，航高约为 550m。利用的数据为 JPG 格式影像、对应的 POS 参数、相机文件。

2）数据处理

直接使用 JPG 格式影像，没有对影像做去畸变改正，利用 POS 参数自动划分航带，添加相机文件自动内定向，然后程序全自动处理，处理过程中自动提点，自动利用 POS 数据减去相对航高，作为像主点位置的地面点的大地坐标当作地面像控点坐标值，自动调用 PATB 进行平差解算，自动利用空三加密生成的点云内插生成 DEM，然后利用 DEM 纠正影像得到 DOM，自动匀光匀色。自动拼接 DOM 得到全区影像图。整个过程全自动进行，无须人工干预（软件也提供了人工干预功能）。从建工程到得到全区影像图仅需 3.8h，人工调整全区影像图拼接线约需 0.5h。

7.2.3 数字城市建设无人机应用综述

为使城市发展能够适应经济高速发展的需要，城市规划的作用日益明显，对城市规划地图数字化的要求越来越高，对地图的更新周期要求越来越短。航拍航测不仅能为城市制作大比例尺地图提供有效数据，而且为及时更新这些数据提供极大便利。我国的航拍航测大部分依靠有人机，这种手段无论在效率、成本及快速性上都不能满足要求，而无人机正适合于这种快速应用。无人机使用方便灵活，成本低廉，维护方便，尤其适合小面积航空影像的获取，可为需要测量的部门提供高分辨率的影像数据，可测到 1∶500 的高精度地形图。无人机拍摄覆盖面广，一次起落可覆盖 20~80km²，大大提高了勘测工作的效率；无人机可在空中实现 GNSS 定高、定距拍摄，提高成图效率，能在交通不便、地貌复杂、人迹很难到达的区域执行拍摄任务。与传统全野外测量相比，无人机低空遥感技术可大大减少野外工作量，而且超视距自动驾驶，图像实时传输，全面提高了国土资源动态监测的能力。无人机在空间数据采集方面应用优势明显，已成为数字城市建设中应用前景最为广阔的一种测绘手段。现阶段，我国的无人机测绘总体上仍处于起步阶段，应用的范围还较为狭窄，随着数字城市建设对数字测绘信息的需求越来越高，无人机测绘将会发挥巨大的作用。

7.3　在国土资源领域中的应用

无人机遥感监测服务可以为国土资源提供服务，利用无人机搭载光学相机获取影像及地理信息，将无人机遥感的监测成果运用于基础测绘、执法监察、数字城市建设、矿产资源、灾害应急等领域，在国土资源方面发挥重要作用。

1. 大比例尺地形图规模化生产

无人机航测成图是以无人机为飞行载体，以非量测数码相机为影像获取工具，利用数字摄影测量系统生产高分辨率正射影像图(DOM)、高精度数字高程模型(DEM)、大比例尺数字线划图(DLG)等测绘产品。随着无人机技术的广泛应用，客户的需求水平也越来越高，无人机大比例尺航测成图的质量在无人机技术应用中尤为关键，对如何提高产品质量的研究，大大促进了无人机测绘技术的应用。

传统的大比例尺地形图测绘多采用内外业一体的数字化测图方法，即首先采用静态GNSS测量技术布设首级控制网，然后采用GNSS RTK与全站仪相结合的方法进行碎部测量。传统的地形测量方法为点测量模式，即需要测量人员抵达每一个地形特征点，通过逐点采集来获取数据，非常辛苦，测量效率较低，在大范围地形测量中受到了一定的限制。因此，探讨更加灵活机动、高效率的地形测量方法非常必要。近年来，无人机低空摄影测量技术的发展和成熟，提供了新的大比例尺地形测量的方法。

基于无人机测绘技术方法测绘大比例尺地形图的工作主要步骤包括：获取测区影像数据、野外像控点测量、内业空三加密及数字测图。其中记录影像大地坐标、内业空三加密主要输出加密后的影像、DEM数据及三个角元素的文件、相机文件、空三精度报告，以及照片的外方位元素、记录自动提取的特征点的大地坐标文件、精确匹配后确定的用于相对定向和空三平差的定向点影像坐标文件等，经过空三加密后的影像可以直接导入测图软件进行数字测图。

无人机测绘技术在大比例尺地形图中的应用具有很强的可行性，它能够快捷地获得高精度的低空影像，加强测绘的结果的时效性，经过合理处理之后的高精度低空影像，能够应用于新农村建设、城市变形监测、城市规划、国土资源遥感监测、重大工程项目监测、资源开发及应急救灾等许多方面。无人机测绘技术在较大程度上促进了我国测绘行业的快速发展，对于国民经济建设具有十分深远而且重要的意义。

2. 地籍测绘

近年来，科学技术的发展极大地带动了无人机技术水平的提升，并使其在众多领域都得到了有效的应用。尤其是在测绘领域，当前阶段无人机航测技术虽然只是一项较新的测绘技术，但是其所具有的体积小、起落方便、测量精确性高及不受天气影响等众多优势，在测绘领域得到了广泛应用。

1)地籍测绘方面数据的获取

现在地籍测绘方面较多地使用无人机航测，就是因为无人机航测在地籍测绘数据获取的作用极为显著，具有快速、高效、正确的巨大优势。在地籍测绘的数据采集工作中，常常会遇到一些人们难以轻易到达的地方，并且有可能会存在一些风险，还有些地方由于面积过大，难以在短时间内完成，这些都是传统地籍测绘中比较棘手的问题，而无人机航测技术的应用则很好地解决了这些问题。无人机拥有卓越的飞行能力，不论高山、瀑布，都可以轻易到达。加之无人机的飞行速度并不慢，即便是短时间内也可以对一些大面积地区快速采集影像，并且无人机上还携带了专门的摄影机器，采集的资料更为精准。如此种种，使得无人机航测在数据获取上占据领先地位。

2)影像的初步处理

当受到大风天气或其他因素影响时，无人机所拍摄的影像会存在较大的误差。这些误差产生的主要原因在于地物反射的光线发生了变形，因而导致无人机拍摄的图像效果也出现了变化，影响航测工作的质量和进度。对此，可以对无人机内部的射线装置进行处理，其能够在拍摄前对图片影像进行空三加密处理，拍摄的图像则更加清晰。地籍测绘对于拍摄的影像有着极为严格的要求，无人机航测拍摄的图片，原本已做过处理，所以图片的质量和图片本身的精确度都有不小的改善，对于地籍测绘来说可以极大地提高工作效率。

3)影像畸变差修正

当前阶段，无人机所搭载的摄像机以数码相机为主，但是此类摄像机在拍摄过程中，经常会收到各种误差影像，导致光线变形，进而引发畸变，影响拍摄效果。因此，在对像片进行精确检查后，需要对畸变图像进行修正。在具体操作中，首先需要利用投影几何图像变换原理对其进行检测，然后以此为基础对像片进行修正。此外，为进一步保证图像修正效果，还需要消除像片中存在的噪声，同时利用直线约束力强化畸变系数。

4)特殊项目处理

对于一些高海拔地区的地籍测绘项目，由于其地理环境及气候条件等都与低海拔地区存在较大的差异，在应用无人机航测技术进行测量时也会遇到较多的困难：第一，没有起落场地，需要利用弹射起飞及伞降回收等；第二，有时会遇到阵雨情况，为确保航拍质量，需要工作人员随时做好起降准备，并且在回收无人机后第一时间查看像片是否完好；第三，高海拔地区由于风速较大，需要适当加大旁向与航向的重叠度，避免出现航摄漏洞。

总而言之，在地籍工作中，无人机技术的应用有着十分明显的优越性。该技术的应用可以有效收集与整理数据，并且能够在很大程度上保障数据的准确性，提升地籍测绘工作水平。

3. 执法监察

通过无人机遥感监测系统的监测成果，及时发现和依法查处被监测区域的国土资源违法行为。对重点地区和热点地区要实现滚动式循环监测，实现国土资源动态巡查监管，违法行为早发现、早制止和早查处。

4. 数字城市建设

无人机在空间数据采集方面优势明显，对城市进行多尺度、多时空和多种类的三维描述，成为数字城市建设中应用前景最为广阔的一种测绘手段。

5. 灾害应急

应用无人机遥感服务可对地质环境和地质灾害进行及时、循环监测，第一时间采集地质灾害发生的范围、程度和源头等信息，为地质部门制定灾害应急措施提供快速、准确的数据支持。

7.4　在矿山监测中的应用

利用无人机测绘技术，可以在矿山开发状况、矿山环境等多目标遥感调查与监测工作的数字矿山建设、矿产资源监测、村庄压占拆迁快速测量与评估、矿区地质灾害监测、矿区灾害应急救援指挥等方面发挥作用。

1. 数字矿山建设

数字矿山建设是矿山信息化管理的重要手段，它的建设需要基础地理信息数据，包括遥感影像、地形图和 DEM 数据等。随着矿山建设的快速发展，需要及时地更新基础地理数据。

目前，矿山企业主要是采用常规测量手段，周期长、费用高，难以适应数字矿山建设的需求。多数矿山在偏僻山区，不适宜大飞机作业。无人机可以弥补上述不足，可随时获取动态变化数据，满足数字矿山建设的需求。

2. 矿产资源监测

由于矿山资源具有稀缺性和不可再生的特点，所以易出现了乱采、乱挖的现象，特别是对于那些无证开采的矿山，靠人力监管已经无能为力，需要高科技的手段才能有效管理。利用无人机技术可以实现空中监视，无须到达目标区即可取证，可以有效地实现监管，有力地打击违法开采资源的活动。

3. 村庄压占拆迁快速测量与评估

矿山建设发展过程中，需要对矿井周边原有居民地等地面建(构)筑物进行调查，测算征迁补偿费用。这一调查工作任务重，尤其是进入居民区，容易引起民心恐慌，激化企业与地方的矛盾，影响地表附属物的调查结果与质量，不利于企业的可持续发展，更不利于矿业集团公司发展战略的稳步实施。因此，摸清查准地表附属物的补偿数量与结构，对于精确测算补偿费用，切实维护当地政府、居民与企业的利益，具有重要作用。

通过采用传统的拆迁测量方式进行地表附属物的面积及结构统计，显然不能有效满足矿业集团这一特殊需要。利用无人机对矿区村庄压占拟拆迁房屋进行航空摄影测量，可以快速获取拆迁的全部建筑物的真实影像信息，为制定拆迁补偿与评估政策、有效解决拆迁补偿纠纷提供第一手的翔实资料。

4. 矿区地质灾害监测

利用无人机低空遥感技术监测矿区地表沉陷扰动范围、矿石山压占面积，对地表沉陷控制模式及生态景观保护与重建具有重要意义，可以利用无人机影像图进行地裂缝、地面沉降及滑坡体解译。

5. 矿区灾害应急救援指挥

无人机在灾害救助领域具有广泛应用前景。前预警期间可以在高风险地区航拍获取灾前地面影像资料；在灾中应急调查和快速评估期间，可以获取百千米级受灾区域的影像资料，扩大灾调查范围，提高灾害监测能力；灾后恢复重建和损失评估期间，通过航拍可进行灾后恢复重建选址、规划、进度调查和监测，以及进行灾情总体评估和专项评估。

7.5 在电力工程中的应用

近年来，我国的经济快速发展，对电力的需求也变得更加旺盛。随之而来，产生了很多的问题，主要是对电力工程建设的需求也要加强。国家电网公司正进行升级线路大幅扩建，线路将穿越各种复杂地形。如何解决电力线路检测的精度和效率，是困扰电力行业的重大难题。伴随着无线通信技术、航空遥感测绘技术、GNSS 导航定位技术及自动控制技术的发展，无人机的航空遥感测绘技术可以很好地完成对电力巡查和建设规划的任务，也可以在一定程度上降低国家的经济损失。电力无人机主要指无人机在电力工程方面所充当的角色，具体应用于基础建设规划、线路巡查、应急响应地形测量等领域。随着测绘技术的不断提高，电力无人机在未来电力工程建设中将会发挥更加强劲的优势。

1. 测绘地形图

无人机测量地形图的技术用于电力勘测工程上，主要基于以下三个方面。

（1）用于工程规模较小的新建线路航飞。据统计，全国每年有数千千米的线路较短的工程，路径短小，工程时间紧；同时，这些工程规模小，也不便于收集资料。因此，这些工程仍以传统的测绘方法进行路径选择设计，无法贯彻全过程信息化技术的应用，不能对未来整体的智能电网建设提供基础数据。而无人机摄影测量系统的特点可以很好地满足此种类型工程的勘测需要。

（2）用于工程路径局部改线的航飞。电力工程施工定位或建设中可能会遇到一些意想不到的情况，导致路径的调整而超出原有航摄范围。此时再调用大飞机进行航空摄影不仅手续烦琐，成本较高，而且不能保证工期要求。无人机航空摄影测量系统的"三高一低"特点，恰恰弥补了常规摄影测量的不足。

（3）用于运行维护中的局部线路数据更新维护的航飞。随着电力工程的不断建设，输电线路的安全显得尤为重要，线路的运行维护日益得到重视。目前主要有直升机巡线、在线监测系统等手段辅助线路的运行管理工作。在复杂山区，人员难以到达，使用无人机系统，可以快速获取相关数据，保证了数据库不断更新和基础数据的时势性，便于技术人员对比分析，查找对输电线路运行安全有影响的危险因素，以便于及时采取处理措施。

2. 规划输电线路

在对各种各样类型的输电线路进行走廊规划时，对规划的区域要进行详细的信息采集和测绘工作。最好的方式就是采用无人机测绘系统，不仅可以在获得数据时实现高效性，还可以在各方面降低环境对信息采集与勘测的影响。这样可以有效地对数据进行分析，全面考虑各方面的因素，再由各方进行相互协调，对有限的资源充分利用，可以使区域规划与线路的走向更加合理，优化输电线路的路径，同时可以起到降低成本的作用。

3. 无人机架线

最原始的架线方式是人力展放牵引绳，适合一般跨越，但是施工效率低，而对于特殊跨越难度较大。动力伞是目前输电线路工程较常用的展放牵引绳的施工方式，但是需要驾驶员操控，施工过程存在危险，容易出现人身事故，飞行稳定性较差。再者就是现在发展势头迅猛的无人机架线方式。电力无人机架线可以轻松地飞越树木，向地面空投导引绳。在施工中也会遇到沼泽、湖面、农田、高速公路、山地等，当人拉马拽都难以实现架线施工时，电力无人机可以大显身手，完成跨越任务。带电跨越这种情况通常存在于线路改造过程中，需要在一条通电线路的基础上横跨一条新的线路，为了保证施工人员的安全，无论多重要的线路，传统施工只能首先对原线路进行断电后再施工。而用电力无人机来架线，就可避免断电的情况。电动无人机配上自主飞行系统就可以完成巡线等任务，在减少劳动强度和难度的同时，电力工人的人身安全也得到了保障。

4. 无人机巡检

在电力行业，无人机主要被应用于架空输电线路巡检，为此国家电网公司发布了《架空输电线路无人机巡检系统配置导则》，南方电网公司发布了《架空输电线路机巡光电吊舱技术规范(试行)》，中国电力企业联合会发布了《架空输电线路无人机巡检作业技术导则》，对无人机巡检系统及光电吊舱进行规范。

根据国家电网公司发布的《架空输电线路无人机巡检系统配置导则》，无人机巡检系统指利用无人机搭载可见光、红外等检测设备，完成架空输电线路巡检任务的作业系统。

无人机巡检系统一般由无人机分系统、任务载荷分系统和综合保障分系统组成。无人机分系统指由无人驾驶航空器、地面站和通信系统组成，通过遥控指令完成飞行任务。任务载荷分系统指为完成检测、采集和记录架空输电线路信息等特定任务功能的系统，一般包括光电吊舱、云台、相机红外热像仪和地面显控单元等设备或装置。综合保障分系统指保障无人机巡检系统正常工作的设备及工具的集合，一般包括供电设备、动力供给(燃料或动力电池)、专用工具、备品备件和储运车辆等。

无人机输电巡线系统是一个复杂的集航空输电电力、气象、遥测遥感、通信、地理信息图像识别、信息处理于一体的系统，涉及飞行控制技术、机体稳定控制技术、数据链通信技术、现代导航技术、机载遥测遥感技术、快速对焦摄像技术以及故障诊断等多个高精尖技术领域。无人机智能巡检作业过程中，可首先采用固定翼无人机巡检系统，通过遥控图像系统对输电导线、地线、金具、绝缘子及铁塔情况进行监测，对输电线路进行快速、大范围巡检筛查，巡检半径可以达到 100km 以上；如发现异常，利用运载平台无人机智能巡检系统进入作业现场，利用旋翼无人机巡检系统或线航两栖无人机前往异常点进行精细巡检，并利用便携式检测设备进行人工确认。

无人机作业可以大大提高输电维护和检修的速度、效率，使许多工作能在完全带电的环境下迅速完成，无人机还能使作业范围迅速扩大，且不被污泥和雪地所困扰。因此无人机巡线方式无疑是一种安全、快速、高效、前途广阔的巡线方式。

7.6 在环境保护领域中的应用

近几年随着我国经济高速发展，一部分企业忽视环境保护工作，片面追求经济利益，导致生态破坏和环境污染事故频发，甚至有的企业为节约成本，故意不正常使用治污设施而偷排污染物。环境保护形势严峻，环境监管执法任务越来越繁重，深度和难度逐年增加，执法人员明显不足，监管模式相对单一，显然传统的执法方式已很难适应当前工作的需要。利用无人机的遥感系统，可以实时快速跟踪突发环境污染事件，捕捉违法污染源并及时取证，从宏观上观察污染源分布、排放状况及项目建设情况，为环境管理提供依据。

利用无人机航拍巡航侦测生成的高清晰图像，可直观辨别污染源、排污口、可见漂浮物等并生成分布图，实现对环境违法行为的识别，为环保部门环境评价、环境监察执法、环境应急提供依据，从而弥补监察人力不足、巡查范围不广、事故响应不及时等问题，提高环境监管能力。无人机生成的多光谱图像，可直观、全面地监测地表水环境质量状况，形成饮用水源地水质管理的新模式，提高库区环境整体的水生态管理水平。

1. 环境污染范围调查

传统的环境监测，通常采用点监测的方式来估算整个区域的环境质量，具有一定的局限性和片面性。无人机航拍、遥感具有视域广、及时、连续的特点，可迅速查明调查区的环境现状。借助系统搭载的多光谱成像仪、照相机生成图像，可直观、全面地监测地表水环境质量状况，提供水质富营养化、水体透明度、悬浮物排污口污染状况等信息的专题图，从而达到对水质特征、污染物监视性监测的目的。无人机还可搭载移动大气自动监测平台对目标区域的大气进行监测，自动监测平台不能够监测污染因子，可采用搭载采样器的方式，将大气样品在空中采集后送回实验室监测分析。无人机遥感系统安全作业保障能力强，可进入高危地区开展工作，也有效地避免了监测采样人员的安全风险。

2. 突发事件现场勘测

在环境应急突发事件中，无人机遥感系统可克服交通不利、情况危险等不利因素，快速赶到污染事故所在空域，立体地查看事故现场、污染物排放情况和周围环境敏感点污染物分布情况。系统搭载的影像平台可实时传递影像信息，监控事故进展，为环境保护决策提供准确信息。

无人机遥感系统使环保部门对环境突发事件的情况了解得更加全面，对事件的反应更加迅速，相关人员之间的协调更加充分、决策更加有据。无人机遥感系统的使用，还可以大大降低环境应急工作人员的工作难度，同时工作人员的人身安全也可以得到有效的保障。

3. 区域巡查执法取证

当前，我国工业企业污染物排放情况复杂、变化频繁，环境监察工作任务繁重，环境监察人员力量也显不足，监管模式相对单一。无人机可以从宏观上观测污染源分布、污染物排放状况及项目建设情况，为环境监察提供决策依据；同时，通过无人机监测平台对排污口污染状况的遥感监测，也可以实时快速跟踪突发环境污染事件，捕捉违法污染源并及时取证，为环境监察执法工作提供及时、高效的技术服务。

4. 建设项目审批取证

在建设项目环境影响评价阶段，环评单位编制的环境影响评价文件中需要提供建设项目所在区域的现势地形图，在大中城市近郊或重点发展地区能够从规划、测绘等部门寻找到相关图件，而在相对偏远的地区便无图可寻，即便是有图也因绘制年代久远或图像精度较低而不能作为底图使用。如果临时组织绘制，又会拖延环境影响评价文件的编制时间，有些环评单位不得已选择采用时效性和清晰度较差的图件作为底图，势必对环境影响评价工作质量造成不良影响。

无人机航拍、遥感系统能够有效解决上述问题，它能够为环评单位在短时间内提供时效性强、精度高的图件作为底图，并且可有效减少在偏远、危险区域现场踏勘的工作量，提高环境影响评价工作的效率和技术水平，为环保部提供精确、可靠的审批依据。

5. 自然生态监察取证

自然保护区和饮用水源保护区等需要特殊保护区域的生态环境保护，一直以来是各级环保部门工作的重点之一，而自然保护区和饮用水源保护区大多具有面积较大、位置偏远、交通不便的特点，其生态保护工作很难做到全面、细致。环保部门可采用无人机获取需要特殊保护区域的影像，通过逐年影像的分析比对或植被覆盖度的计算比对，可以清楚地了解该区域内植物生态环境的动态演变情况。从无人机生成的高分辨率影像中，甚至还可以辨识出该区域内不同植被类型的相互替代情况，这样对区域内的植物生态研究也会起到参考作用。区域内植物生态环境的动态演变是自然因素和人为活动的双重结果，如果自然因素不变而区域内或区域附近有强度较大的人为活动，逐年影像也可为研究人为活动对植物生态的影响提供依据。当自然保护区和饮用水源保护区遭到非法侵占时，无人机能够及时发现，拍摄的影像也可作为生态保护执法的依据。

6. 监测空气、水质采样分析

气体的取样，其采样方式为无人机搭载真空气体采集器，对大气和工业区经行气体进行采样，适用于各种工业环境和特殊复杂环境中的气体浓度采集和检测。利用无人机平台可以进行高空检查和多方位检测，探测器采用进口气体传感器和微控制器技术，响应速度快，测量精度高，稳定性和重复性好，操作简单，完美显示各项技术指标和气体浓度值，可远程无线在电脑上查看实时数据，具有实时报警功能、数据历史查询和存储功能、数据导出功能等。定点航线飞行检测气体溶度值，可设置不同溶度的报警值。

自动水质的采样，其采样方式为无人机搭载自动水样采集器，悬停在目标区域进行采样取水。系统主要用在江、河、湖，以及环境复杂、人员不易到达的危险地带，通过无人机搭载自动水质采样系统，实现全程全自动飞行及采样，并全程高清影像记录。

7.7　在农林业领域中的应用

1. 在农业方面应用

中国是世界上最大的农业大国之一，拥有 18 亿亩基本农田，随着土地改革及中国农村土地流转和集约化管理的加快，农业科技、农村劳动力日益短缺，无人机参与农业生产已经成为中国农业的发展趋势。近年来，农业科技化的发展越来越受到到重视，以智能机器人取代人工进行劳作与监测逐渐进入大众的视野。农业植保无人机的应用，使喷洒农药，播种等农用技术变得更简便、精确、有效。无论是土壤红外遥感、农作物生长评估还是农业喷药，无人机在精准农业正发挥着来越重要的作用，成为现代精准农业的尖兵，并将掀开精准农业的新篇章。

1）农田药物喷洒

药物喷洒是农用无人机最为广泛的应用，与传统植保作业相比，植保无人机具有精准作业、高效环保、智能化、操作简单等特点，可为农户节省大型机械和大量人力的成本。全国各地不少地区都已使用植保无人机进行药物作业，得到了人们的肯定。

2）农田信息监测

无人机农田信息监测主要包括病虫监测、灌溉情况监测及农作物生长情况监测等。它利用以遥感技术为主的空间信息技术，通过对大面积农田、土地进行航拍，从航拍的图片、摄像资料中充分、全面地了解农作物的生长环境、生长周期等各项指标，从灌溉到土壤变异，再到肉眼无法发现的病虫害、细菌侵袭，指出出现问题的区域，从而便于农民更好地进行田间管理。无人机农田信息监测具有范围大、时效强和客观、准确的优势，是常规监测手段无法企及的。

3）农业保险勘察

农作物在生长过程中难免遭受自然灾害的侵袭，使得农民受损。对于拥有小面积农作物的农户来说，受灾区域勘察并非难事，但是当农作物大面积受到自然侵害时，农作物勘察定损工作量极大，其中最难以准确界定的就是损失面积问题。

农业保险公司为了更为有效地测定实际受灾面积，进行农业保险灾害损失勘察，将无人机应用到农业保险赔付中。无人机具有机动快速的响应能力、高分辨率图像和高精度定位数据获取能力、多种任务设备的应用拓展能力、便利的系统维护等技术特点，可以高效地完成受灾定损任务。通过航拍勘察获取数据、对航拍图片进行后期处理与技术分析，并与实地测量结果进行比较校正，保险公司可以更为准确地测定实际受灾面积。无人机受灾定损，解决了农业保险赔付中勘察定损难、缺少时效性等问题，大大提高了勘察工作的速度，节约了大的人力、物力，在提高效率的同时确保了农田赔付勘察的准确性。

2. 在林业方面应用

日常的林业工作主要包括林业有害生物监测、森林资源调查、野生动物保护管理、森林防火和造林绿化等。外业工作环境艰苦，工作量大。目前，随着我国 3S 技术和图像视频实时传输等技术的发展，无人机和无人机技术逐渐应用于日常林业工作中，大大提高了工作效率和精度，节省了人力、物力，具有明显的优势和广阔的应用前景。

1) 林业有害生物监测防治

目前，我国森林病虫害监测与防治主要通过黑光灯诱杀、昆虫网诱捕、性引诱剂诱捕和人工喷洒农药的方式。随着我国造林绿化面积的增多，以及气候因素的影响，森林病虫害呈现程度增强、面积增加的趋势，传统人工监测与防治手段在应对大面积森林病虫害监测防火时凸显弱势。

通过无人机喷洒药物、监测，能有效提升有害生物监测和防治减灾水平，大大减小林业有害生物对森林资源造成的生态危害。目前在我国也有一些地区使用无人机进行病虫害防治，例如，勐腊县利用植保无人机对县内橡胶树病虫害进行监测和防治，应用结果表明无人机喷洒农药 1h 的工作量相当于 2 个工人工作 1 天，极大地提高了橡胶行业病虫害防治效率，提高了应对橡胶突发病虫害的反应速度；山西临县利用植保无人机对辖区内病虫害发生严重的红枣树进行喷药防治，取得了良好的效果。

2) 森林防火

森林火灾的发生会造成巨大的生态损失、经济损失和人员伤亡，是一种扑救难度大的灾害，因此国家非常重视森林防火工作，要求防患于未然。目前最基础的森林防火方式是派人实地巡逻考察，对于大面积的林区来讲，工作量大，危险性高，火点观测精度低。有人驾驶飞机飞行受管制，拍摄的图像很难满足高精度和高分辨率的要求，在森林火灾发生时，存在很大的危险性。在森林防火中利用无人机具有操作简便、部署快速、使用成本低、功能多样化、图像分辨率高等优点，同时能够实时了解火场发生态势和灭火效果，及时消灭火灾。

3) 野生动物监测

在野生动物资源监测方面，无人机利用其特有的高时效性，能够第一时间获取野生动物资源变化数据。利用无人机技术，可以实现对野生动物种群分布、生长情况的监测，也可以对濒危动物进行跟踪监测，减轻人工巡查对其造成的扰动，大大减少监测巡护的人工成本和经济成本。

4) 森林资源调查

森林资源调查是我国林业工作中非常重要的一项任务，森林资源调查的技术方法经历了航空像片调查方法、抽样调查、计算机和遥感技术调查等阶段，这些方法都离不开工作人员到实地进行调查，尤其是在大规模林区，需要花费大量人力、物力。

利用无人机和遥感技术的结合，可快速获取所需区域的高精度森林资源空间遥感信息，具有高时效、低成本、低损耗、高分辨率等特殊优势。

7.8　在水利相关领域中的应用

由于无人机低空遥感具有高机动性、高分辨率等特点，所以其在水利行业中的应用有着得天独厚的优势，在防汛抗旱、水土保持监测、水域动态监测、水利工程建设与管理等相关业务领域中，无人机测绘技术都能发挥其巨大的作用。

1. 防汛抗旱

无人机测绘技术作为一种空间数据获取的重要手段，具有续航时间长、影像实时传输、高危地区探测、成本低、机动灵活等优点，是卫星遥感与载人机航空遥感的有力补充。无人机在日常防汛检查中，可克服交通等不利因素，快速飞到出险空域，立体查看蓄滞洪区的地形、地貌和水库、堤防险工险段，根据机上所载装备数据，实时传递影像等信息，监视险情发展，为防洪决策提供准确的信息，同时最大限度地规避了风险。小型无人机携带非常方便，到达一定区域后将其放飞，人员可以在安全地域内操控其飞行，并进行相关信息的实时采集、监控，为防汛决策提供保障。

无人机防汛抗旱系统的应用，使相关的政府部门对应急突发事件的情况了解更加全面，应对突发事件的反应更加迅速，相关人员之间的协调更加充分、决策更加有据。无人机的使用，还可以大大降低工作人员的工作难度，在抗洪抢险中的人身安全也可以得到进一步的保障。在防汛抗旱领域，无人机能够保障政府和其他应急力量在洪涝灾害或旱情来临时，通过快速、及时、准确地收集应急信息，以多种方式进行高效沟通，为领导提供科学的辅助决策信息。

2. 水土保持监测

我国是世界上水土流失最为严重的国家之一，由于特殊的自然地理和社会经济条件，水土流失已成为我国主要的环境问题。土壤侵蚀定量调查是水土保持研究的重要内容之一。在土壤侵蚀定量调查中，无人机可以发挥重要作用，其宏观、快速、动态和经济的特点，已成为土壤侵蚀调查的重要信息源。土壤侵蚀过程极其复杂，受多种自然因素和人为因素的综合影响。自然因子包括气候、植被(土地覆盖)、地形、地质和土壤等，人为因素包括土地利用、开矿和修路等。不同的土壤侵蚀类型的影响因子也不同，对于水蚀来说，参考通用土壤侵蚀方程各因子指标，并考虑遥感技术与常规方法相结合，一般选择降水、地形或坡度、沟谷密度、植被覆盖度、成土母质及侵蚀防治措施等作为土壤侵蚀估算的因子指标。同时，根据不同时期土壤侵蚀强度分级的分析对比，评价水保工程治理效果，指导今后水土保持规则和设计工作。

无人机可以在低空、低速情况下对研究区进行拍摄，航拍的像片真实、直观地反映了研究范围内水土流失状况、强度及分布情况。这可利用 GIS 系统建立研究范围内水土流失本底数据库，确定土壤侵蚀类型、强度、范围，以及地形、植被、管理措施等土壤侵蚀影响因子，为利用 GIS 分析研究范围内的水土流失奠定基础。

3. 水域动态监测

水资源是人民生活、生产不可缺少的重要资源，随着人口增加和工业发展，水资源供需矛盾日益突出，水资源的合理开发利用是当前急需解决的问题，而河流水系分布及流域面积的准确计算是开发利用的基础。目前，由于时间变迁和当时技术水平的限制，许多河流水系分布、流域面积等基础资料已不能准确反映当前状况。水域动态监测调查的目标是查清研究范围内的水域变化状况，掌握真实的水域基础数据，建立和完善水域调查、水域统计和水域占补平衡制度，实现水域资源信息的社会化服务，满足经济社会发展及水域资源管理的需要。

利用无人机低空遥感技术进行水资源调查，速度快，准确率高，可节省大量人力、物力、财力。同时，通过对水域利用状况和水域权属界线等进行全面的变更调查或更新调查，按照科学的技术流程，采用成熟的目视解译与计算机自动识别相结合的信息提取技术，进行数据采集和图形编辑，获取每一块水域动态监测的类型、面积、权属和分布信息，建立各级互联、自动交换、信息共享的"省、市、县"水域动态监测利用数据库和管理系统。利用无人机低空遥感信息，还可以监测河道变化、非法水域占用等情况，为预测河道发展趋势、水域占用执法等工作提供数据。无人机水域监测数据还可以应用到水利规划、航道开发等方面，具有十分可观的经济效益和显著的社会效益。

4. 水利工程建设与管理

在水利工程建设与管理方面涉及水利工程建设环境影响分析评价、大型水利工程的安全监测等，无人机低空遥感的快速实施、高分辨率数据等特点，使其在该领域也能发挥特殊的作用。水利工程环境影响遥感监测包括水利工程建设引起的土地植被或生态变化、淹没范围、库尾淤积、土地盐渍化等方面。利用无人机遥感的高分辨率、灵活机动等特征，可以为工程生态环境提供宏观的科学数据和决策依据。同时利用空间信息技术手段，应用无人机的高空间分辨率遥感影像及高精度 GNSS 系统相结合的方法，还可以进行大型水库和堤坝工程的建设施工监测工作。

【习题与思考题】

1. 无人机在应急测绘的特点有哪些？
2. 无人机在数字城市建设的应用有哪些？
3. 无人机在国土资源领域中的应用有哪些？
4. 无人机在矿山监测中的应用有哪些？
5. 无人机在电力工程的应用有哪些？
6. 无人机在环境保护领域的应用有哪些？
7. 无人机在农林业领域的应用有哪些？

参 考 文 献

［1］郭雷，余翔，张霄，等. 无人机安全控制系统技术：进展与展望［J］. 中国科学：信息科学，2020，50：184-194.

［2］Zhu Yukai, Guo Lei, Qiao Jianzhong, et al. An enhanced anti-disturbance attitude control law for flexible spacecrafts subject to multiple disturbances［J］. Control Engineering Practice，2019，84：274-283.

［3］朱海斌，王妍，李亚梅. 基于无人机的露天矿区测绘研究［J］. 煤炭工程，2018，50（10）：162-166.

［4］王春生，杨鲁强，王杨，等. 无人机低空摄影测量系统在水利工程测量中的应用［J］. 测绘通报，2012（S1）：408-410.

［5］任斌，高利敏. 免像控无人机在工程收方中的应用［J］. 测绘通报，2018（8）：156-159.

［6］王凤艳，赵明宇，王明常，等. 无人机摄影测量在矿山地质环境调查中的应用［J］. 吉林大学学报（地球科学版），2020（5）：1-10.

［7］严慧敏. 数字正射影像结合 LiDAR 数据在山区测绘中的应用［J］. 测绘通报，2020（1）：115-119.

［8］万剑华，王朝，刘善伟，等. 消费级多旋翼无人机 1：500 大比例尺测图的应用［J］. 遥感技术与应用，2019，34（5）：1048-1053.

［9］刘磊，刘津，翟永，等. 国家应急测绘调度系统设计［J］. 测绘通报，2019（9）：135-138，146.

［10］郭春海，张英明，丁忠明. 无人机机载 LiDAR 在沿海滩涂大比例尺地形测绘中的应用［J］. 测绘通报，2019（9）：155-158.

［11］乐志豪，杜全维，龚秋全，等. 无人机在电力工程滑坡治理中的应用［J］. 测绘通报，2019（S1）：270-274.

［12］吕立蕾，董玉磊，奉定平，等. 海岸线自动提取方法研究［J］. 海洋测绘，2019，39（4）：57-60.

［13］张兵兵，张中雷，廖学燕，等. 轻小型无人机航测技术在露天矿山中的应用现状与展望［J］. 中国矿业，2019，28（6）：94-98.

［14］牛鹏涛. 基于倾斜摄影测量技术的城市三维建模方法研究［J］. 价值工程，2014，33（26）：224-225.

［15］宋媛媛. 基于 Smart3D 三维模型的大比例尺地形图测绘精度分析［J］. 测绘与空间地理信息，2020，43（2）：219-221.

［16］张灯军，郭军. 无人机在 1：1000 地形图成果质量检查中的应用与精度分析［J］. 测

绘工程，2019，28（4）：64-67.

[17]王永全，李清泉，汪驰升，等. 基于系留无人机的应急测绘技术应用[J]. 国土资源遥感，2020，32（1）：1-6.

[18] Fan B K, Zhang R Y. Unmanned aircraft system and artificial intelligence [J]. Geomat. Inform. Sci. Wuhan Univ., 2017, 42：1523-1529.

[19]国家测绘局. CH/Z 3003—2010 低空数字航空摄影测量内业规范[S]. 北京：测绘出版社，2010.

[20]国家测绘局. CH/Z 3004—2010 低空数字航空摄影测量外业规范[S]. 北京：测绘出版社，2010.

[21]国家测绘局. CH/Z 3005—2010 低空数字航空摄影规范[S]. 北京：测绘出版社，2010.

[22]雷广渊，卢荣，冯文江，等. 地空协同测量在道路工程中的应用[J]. 测绘通报，2018（S1）：235-238.

[23]汪浩洋，杨梅枝. 美军无人机发展现状及趋势[J]. 飞航导弹，2020（2）：46-50.

[24]潘成军. 无人机倾斜摄影在道路工程中的应用与分析[J]. 测绘工程，2018，27（12）：64-69，74.

[25]吴献文. 无人机测绘技术基础[M]. 北京：北京交通大学出版社，2019.

[26]郭学林. 无人机测量技术[M]. 郑州：黄河水利出版社，2018.

[27]麻金继，梁栋栋. 三维测绘新技术[M]. 北京：科学出版社，2018.

[28]潘洁晨，王冬梅，李爱霞. 摄影测量学[M]. 成都：西南交通大学出版社，2016.

[29]段延松，曹辉，王玥. 航空摄影测量内业[M]. 武汉：武汉大学出版社，2018.

[30]刘广社. 摄影测量（第 2 版）[M]. 郑州：黄河水利出版社，2011.

[31]国家测绘局. GB/T 27919—2011IMU/GPS 辅助航空摄影技术规范[S]. 北京：测绘出版社，2011.

[32]国家测绘局. GB/T 23236—2009 数字航空摄影测量 空中三角测量规范[S]. 北京：测绘出版社，2009.

[33]国家测绘局. GB/T 7930—2008 1：500、1：1000、1：2000 地形图航空摄影测量内业规范[S]. 北京：测绘出版社，2008.

[34]国家测绘局. CH/Z 3002—2010 无人机航摄系统[S]. 北京：测绘出版社，2010.

[35]国家测绘局. CH/Z 3001—2010 无人机航摄安全作业基本要求[S]. 北京：测绘出版社，2010.